全国高职高专机械设计制造类工学结合"十二五"规划系列教材

丛书顾问　陈吉红

数控机床加工工艺

主　编　孙帮华　　田春霞

副主编　张国政　　崔国英　　张秀珍

　　　　于　辉　　王立华

参　编　刘　勇　　冯　伟　　马　静

　　　　朱云芬　　王清会

主　审　荣　标

U0303296

华中科技大学出版社

中国·武汉

内 容 简 介

本书是根据高职高专人才培养目标,总结近年来的教学改革与实践,参照当前有关技术标准编写而成的。本书为项目化教材,全书内容共分为 8 个项目 67 个学习任务,分别介绍了机械切削加工基础(项目一)、机械加工质量(项目二)、机械加工工艺设计基础(项目三)、机床夹具设计基础(项目四)、数控车削加工工艺(项目五)、数控铣削加工工艺(项目六)、加工中心工艺(项目七)和数控电加工工艺(项目八)。

本书可作为高职高专机械及近机械类专业基础课程教材,也可供工程技术人员参考。

图书在版编目(CIP)数据

数控机床加工工艺/孙帮华 田春霞 主编.—武汉:华中科技大学出版社,2013.7(2022.1 重印)

ISBN 978-7-5609-8279-3

Ⅰ. 数… Ⅱ.①孙… ②田… Ⅲ. 数控机床-加工-高等职业教育-教材 Ⅳ. TG659

中国版本图书馆 CIP 数据核字(2012)第 182280 号

数控机床加工工艺   孙帮华 田春霞 主编

策划编辑:周忠强
责任编辑:姚同梅
封面设计:范翠璇
责任校对:张 琳
责任监印:张正林
出版发行:华中科技大学出版社(中国·武汉)   电话:(027)81321913
　　　　　武汉市东湖新技术开发区华工科技园   邮编:430223
录　　排:武汉楚海文化传播有限公司
印　　刷:武汉邮科印务有限公司
开　　本:710mm×1000mm　1/16
印　　张:20.75
字　　数:428 千字
版　　次:2022 年 1 月第 1 版第 4 次印刷
定　　价:37.80 元

全国高职高专机械设计制造类工学结合"十二五"规划系列教材

编委会

全国高职高专机械设计制造类工学结合"十二五"规划系列教材

序

目前我国正处在改革发展的关键阶段。深入贯彻落实科学发展观,全面建设小康社会,实现中华民族伟大复兴,必须大力提高国民素质,在继续发挥我国人力资源优势的同时,加快形成我国人才竞争比较优势,逐步实现由人力资源大国向人才强国的转变。

《国家中长期教育改革和发展规划纲要(2010—2020 年)》提出:"发展职业教育是推动经济发展、促进就业、改善民生、解决'三农'问题的重要途径,是缓解劳动力供求结构矛盾的关键环节,必须摆在更加突出的位置。职业教育要面向人人、面向社会,着力培养学生的职业道德、职业技能和就业创业能力。"

高等职业教育是我国高等教育和职业教育的重要组成部分,在建设人力资源强国和高等教育强国的伟大进程中肩负着重要使命并具有不可替代的作用。自从 1999 年党中央、国务院提出大力发展高等职业教育以来,培养了 1300 多万高素质技能型专门人才,为加快我国工业化进程提供了重要的人力资源保障,为加快发展先进制造业、现代服务业和现代农业作出了积极贡献;高等职业教育紧密联系经济社会,积极推进校企合作、工学结合人才培养模式改革,办学水平不断提高。

"十一五"期间,在教育部的指导下,教育部高职高专机械设计制造类专业教学指导委员会根据《高职高专机械设计制造类专业教学指导委员会章程》,积极开展国家级精品课程评审推荐、机械设计与制造类专业规范(草案)和专业教学基本要求的制定等工作,积极参与了教育部全国职业技能大赛工作,先后承担了"产品部件的数控编程、加工与装配"、"数控机床装配、调试与维修"、"复杂部件造型、多轴联动编程与加工"、"机械部件创新设计与制造"等赛项的策划和组织工作,推进了双师队伍建设和课程改革,同时为工学结合的人才培养模式的探索和教学改革积累了经验。2010 年,教育部高职高专机械设计制造类专业教学指导委员会数控分委会起草了《高等职业教育数控专业核心课程设置及教学计划指导书(草案)》,并面向部分高职高专院校进行了调研。根据各院校反馈的意见,教育部高职高专机械设计制造类专业教学指导委员会委托华中科技大学出版社联合国家示范(骨干)高职院校、部分重点高职院校、武汉华中数控股份有限公司和部分国家精品课程负责人、一批层次较高的高职院校教师组成编委会,组织编写全国高职高专机械设计制造类工学结合"十二五"规划系列教材。

本套教材是各参与院校"十一五"期间国家级示范院校的建设经验以及校企

I

结合的办学模式、工学结合的人才培养模式改革成果的总结,也是各院校任务驱动、项目导向等教学做一体的教学模式改革的探索成果。因此,在本套教材的编写中,着力构建具有机械类高等职业教育特点的课程体系,以职业技能的培养为根本,紧密结合企业对人才的需求,力求满足知识、技能和教学三方面的需求;在结构上和内容上体现思想性、科学性、先进性和实用性,把握行业岗位要求,突出职业教育特色。

具体来说,力图达到以下几点。

(1) 反映教改成果,接轨职业岗位要求。紧跟任务驱动、项目导向等教学做一体的教学改革步伐,反映高职高专机械设计制造类专业教改成果,引领职业教育教材发展趋势,注意满足企业岗位任职知识、技能要求,提升学生的就业竞争力。

(2) 创新模式,理念先进。创新教材编写体例和内容编写模式,针对高职高专学生的特点,体现工学结合特色。教材的编写以纵向深入和横向宽广为原则,突出课程的综合性,淡化学科界限,对课程采取精简、融合、重组、增设等方式进行优化。

(3) 突出技能,引导就业。注重实用性,以就业为导向,专业课围绕高素质技能型专门人才的培养目标,强调促进学生知识运用能力,突出实践能力培养原则,构建以现代数控技术、模具技术应用能力为主线的实践教学体系,充分体现理论与实践的结合,知识传授与能力、素质培养的结合。

当前,工学结合的人才培养模式和项目导向的教学模式改革还需要继续深化,体现工学结合特色的项目化教材的建设还是一个新生事物,处于探索之中。随着这套教材投入教学使用和经过教学实践的检验,它将不断得到改进、完善和提高,为我国现代职业教育体系的建设和高素质技能型人才的培养作出积极贡献。

谨为之序。

教育部高职高专机械设计制造类专业教学指导委员会主任委员
国家数控系统技术工程研究中心主任
华中科技大学教授、博士生导师　陈吉红

2012年1月于武汉

前　　言

为了满足新形势下高职教育高素质技能型专门人才培养要求,在总结近年来工作过程导向人才培养教学实践的基础上,来自宁夏工商职业技术学院等多所院校教学一线的教师们编写了本书。

在本书的编写中,在内容的选择上注意与企业对人才的需求紧密结合,力求满足学科、教学和社会三方面的需求;同时,根据本专业培养目标和学生就业岗位实际,在广泛调研基础上,选取来自生产生活的典型零件为教学载体,并以工作过程为导向,结合高职学生的认知规律,分67个学习任务介绍了机械切削加工基础、机械加工生产过程及加工质量、机械加工工艺设计基础、机床夹具设计基础、数控车削加工工艺、数控铣削加工工艺、加工中心工艺和数控电加工工艺。

本书是全国高职高专机械设计制造类工学结合"十二五"规划教材,为项目化教材。本书具有以下特点。

(1)紧紧围绕高技能机械、机电技术应用人才的培养目标,突出"职业教育、机械、机电专业"两大特点。以高职教育理论和现代机械、机电专业知识为指导,结合高职机械、机电专业教学大纲和最新国家职业技能鉴定考试大纲,在机械、机电专业的框架下,精选教材内容,注重"三基",即基本理论、基本知识、基本技能,体现"五性",即思想性、科学性、先进性、启发性、适用性。精简理论推导,删除过时内容,避免"大而全",力求做到深度适中,并以够用为度,使本书知识易教、易学。

(2)以高职学生的认知能力和思维形式为前提,尽量避免"长篇大论、面面俱到"的缺点,使标题醒目、提纲挈领,图文并茂、相得益彰,深入浅出地详尽展示每一个知识点,尽量多用图表说明,出现表格的部分文字讲述从简。在各部分中还插入了形象生动、精美的图片,以吸引学生的注意力,有效地激发学生学习的热情和兴趣。正文中穿插有一些"知识链接",介绍有一定影响的新观点、新技术、新方法及专业技术的发展史,以开阔学生的视野,方便学生获取更多的知识信息,拓宽专业知识面。

(3)整体内容从加工工艺基础、机床夹具、数控车削加工工艺、数控铣削加工工艺到加工中心的加工工艺逐步展开,讲解由浅入深、循序渐进,并配有大量的实物图片,有利于自主学习。

(4)以任务驱动方式进行编写。每个任务均由若干个活动组成,将知识点融于操作过程中,实现"做中学"和"学中做",使学生在认识和操作的过程中掌握理论知识,并在每个任务中明确学习目标及学习要点,以便于探究性学习的开展和实施。

本书既可作为高职高专机械及近机械类专业"数控机床加工工艺"课程或相近课程的教材,也可供工程技术人员参考。

本书由宁夏工商职业技术学院孙帮华、大连职业技术学院田春霞担任主编,由安徽机电职业技术学院张国政、鹤壁职业技术学院崔国英、贵州航天职业技术学院张秀珍、安徽国防科技职业学院于辉、宁夏工商职业技术学院王立华担任副主编,参加本书编写的还有贵州航天职业技术学院的刘勇、冯伟、王清会,宁夏工商职业技术学院的马静、朱云芬等。全书由荣标主审。

本书的编写得到了教育部高职高专机械设计制造类教学指导委员会主任委员陈吉红教授的亲切指导,以及各参编院校领导的大力支持,在此表示衷心的感谢。

由于项目化教学尚在探索之中,且编者水平有限,书中定有错讹和不足之处,恳请广大读者批评指正。

编　者
2012 年 5 月

目　　录

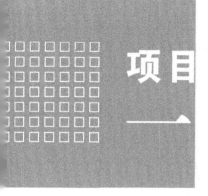

项目 一

机械切削加工基础

模块一　切削运动及切削用量

【学习目标】

了解:切削时的工件表面。

熟悉:切削用量三要素。

掌握:切削运动、主运动和进给运动。

切削运动可分为主运动和进给运动。

主运动是使工件与刀具产生相对运动以进行切削的最基本的运动,主运动的速度最高,所消耗的功率最大。

进给运动是不断地将被切削层投入切削,以逐渐切削出整个表面的运动。也就是说,没有进给运动,就不能连续切削。进给运动一般速度较低,消耗的功率较少,可由一个或多个运动组成,可以是连续的,也可以是间断的。

任务一　切削运动和工件表面

1. 切削运动

金属切削加工是用金属切削刀具切除工件上多余的金属材料,使其形状、尺寸精度及表面精度达到图样要求的一种机械加工方法。刀具切除多余金属是通过在刀具和工件之间产生相对运动来完成的,此运动称为切削运动。切削运动可分为主运动和进给运动两种。

1)主运动

切削运动中直接切除工件上的切削层,使之转变为切屑,以形成工件新表面的运动是主运动。一般来说,主运动是产生主切削力的运动,由机床主轴提供,其运动速度高,消耗的切削功率大。通常主运动只有一个,它可由工件运动实现,也可由刀具运动实现,如:车削时由车床主轴带动工件的回转运动(见图1-1),钻削和铣削时由机床主轴带动的刀具回转运动,刨削时的工件或刀具直线往复运动等。

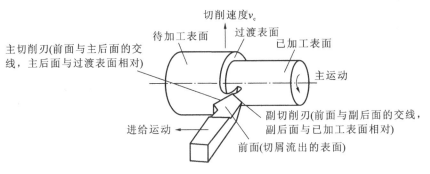

图 1-1　切削运动

2)进给运动

结合主运动,将切削层不断地投入切削,以完成对一个表面切削的运动是进给运动,如车削时刀具的走刀运动,刨削时工件的间歇进给运动,钻削加工中的钻头、铰刀的轴向移动,铣削时的工件的纵向、横向移动等。进给运动速度小,消耗的功率少。切削加工中进给运动可以是一个、两个或多个,也可能没有,如拉削加工中没有进给运动。进给运动可连续也可间断。

2.切削时的工件表面

在切削过程中,工件上的多余金属层不断地被刀具切除而转变为切屑,同时工件上形成三个不断变化的表面,如图1-2所示。

(1)待加工表面　工件上有待切除的表面称为待加工表面。

(2)已加工表面　工件上经刀具切削后产生的表面称为已加工表面。

(3)过渡表面　主切削刃正在切削的表面,它在切削过程中不断变化,是待加工表面与已加工表面的连接表面。

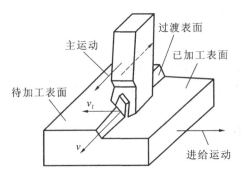

图 1-2　切削时的工件表面

任务二 切削用量

1.切削用量

切削速度 v_c、进给量 f 和背吃刀量 a_p 是切削用量三要素,统称为切削用量,如图 1-3 所示。

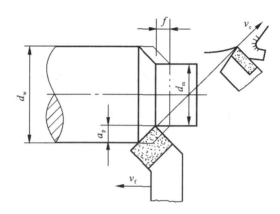

图 1-3 切削用量

1)切削速度

(1)主轴转速 n 主轴转速是指主轴在单位时间内的转数,是表示机床主运动的性能参数,用符号 n 表示,其单位为 r/min 或 r/s。

(2)切削速度 v_c 切削速度是刀具切削刃上选定点相对于工件的主运动的瞬时速度(线速度),用符号 v_c 表示,单位为 m/min 或 m/s。

外圆车削或用旋转刀具切削加工时的切削速度计算公式为

$$v_c = \frac{dn\pi}{1\,000} \tag{1-1}$$

式中　v_c——切削速度(m/min);

　　　d——工件或刀具直径(mm);

　　　n——工件或刀具转速(r/min)。

2)进给量

(1)进给量 f 进给量是刀具在进给运动方向上相对于工件的位移量,用刀具或工件每转(主运动为旋转运动时)或双行程(主运动为直线运动时)的位移量来表达,符号为 f,单位为 mm/r 或毫米/双行程。

(2)进给速度 v_f 进给速度是刀具切削刃上选定点相对于工件进给运动的瞬时速度。进给速度用符号 v_f 表示,单位为 mm/min。

(3)每齿进给量 f_z 对于多齿刀具(如铣刀),每转或每行程中每齿相对于工件在进给运动方向上的位移量称为每齿进给量 f_z,单位为 mm/z(毫米/齿)。

$$f_z = \frac{f}{z} \tag{1-2}$$

式中　f_z——每齿进给量(mm/z)；

　　　f——进给量(mm/r)；

　　　z——刀齿数。

进给速度 v_f 与进给量 f 之间的关系为

$$v_f = nf = nf_z z \tag{1-3}$$

即铣削进给运动的进给量可用每齿进给量 f_z(mm/z)、每转进给量 f(mm/r)或进给速度 v_f(mm/min)来表示。

3)背吃刀量

车削加工中,刀具的横向进给(也称为吃刀)和铣削加工中刀具的横向进给是间歇的进给运动,是由机床的吃刀机构提供的,也称吃刀运动。通常把切削加工中的吃刀深度称为背吃刀量,用符号 a_p 表示,单位为 mm。车削中背吃刀量是指已加工表面与待加工表面之间的垂直距离。车削外圆时,如图 1-3 所示,有

$$a_p = \frac{d_w - d_m}{2} \tag{1-4}$$

式中　d_w——工件待加工表面直径(mm)；

　　　d_m——工件已加工表面直径(mm)。

2. 切削层参数

切削层是指在切削过程中,刀具在切削部分的一个单一动作(指切削部分切过工件的一个单程,或指只产生一圈过渡表面的动作)下所切除的工件材料层。外圆车削时的切削层就是工件旋转一圈,主切削刃移动一个进给量 f 所切除的一层金属层。

切削层的形状和尺寸称为切削层参数,如图 1-4(a)所示。切削层参数在通过切削刃上选定点并垂直于该点切削速度 v_c 的平面内测量,有以下三个。

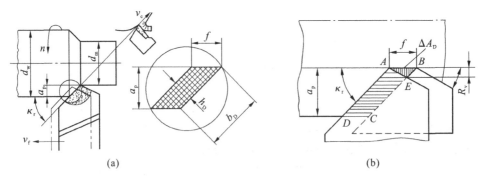

图 1-4　切削层参数与金属层面积

(a)切削层参数；(b)金属层面积

1)切削层公称厚度 h_D

切削层公称厚度 h_D 是垂直于过渡表面测量的切削层尺寸,即相邻两过渡表面之间的距离。它反映了切削刃单位长度上的切削负荷。车外圆时,若车刀主

切削刃为直线,则

$$h_D = f\sin\kappa_r$$

2)切削层公称宽度 b_D

切削层公称宽度 b_D 是沿过渡表面测量的切削层尺寸。它反映了切削刃参加切削的工作长度。当车刀主切削刃为直线形状时,外圆车削的切削层公称宽度为

$$b_D = a_p/\sin\kappa_r$$

3)切削层公称横截面积 A_D

在切削层尺寸平面内切削层的实际横截面积称为切削层公称横截面积,用 A_D 表示,有

$$A_D = b_D h_D = a_p f$$

分析上述公式可知,当主偏角 κ_r 增大时,切削层公称厚度 h_D 将增大,而切削层公称宽度 b_D 将减小;当 $\kappa_r = 90°$ 时, $h_D = f$, h_D 达到最大值, $b_D = a_p$, b_D 达到最小值。即主偏角值的不同会引起切削层公称厚度与切削层公称宽度的变化,从而对切削过程的切削机理产生较大的影响。切削层公称横截面积只由切削用量中的 f 和 a_p 决定,不受主偏角变化的影响,但切削层公称横截面积的形状则与主偏角、刀尖圆弧半径的大小有关。

切削层公称横截面积 A_D 的大小反映了切削刃所受载荷的大小,并影响加工质量、生产率及刀具耐用度,在车削加工时即指车刀正在切削着的 $ABCD$ 这一金属层的面积大小,如图 1-4(b)所示。实际上,由于刀具副偏角的存在,经切削加工后的已加工表面上常有规则的刀纹,这些刀纹在切削层尺寸平面里的横截面积 S_{ABE} 称为残留面积。残留面积的高度直接影响已加工表面的表面粗糙度值。

知识链接

数控加工中切削用量的选择

数控编程时,编程人员必须确定每道工序的切削用量,并以指令的形式写入程序中。对于不同的加工方法,需要选用不同的切削用量。为了获得最高的生产率和单位时间的最高切除率,在保证零件加工质量和刀具耐用度前提下,应合理地确定切削参数。

1)确定背吃刀量 a_p(mm)

背吃刀量的大小主要依据机床、夹具、刀具和工件组成的工艺系统的刚度来决定,在系统刚度允许的情况下,为保证以最少的进给次数去除毛坯的加工余量,根据被加工零件的余量确定分层切削深度,选择较大的背吃刀量,以提高生产效率。在数控加工中,为保证零件必要的加工精度和表面粗糙度,建议留少许的余量(0.2~0.5 mm),在最后的精加工中沿轮廓走一刀。

粗加工时,除了留有必要的半精加工和精加工余量外,在工艺系统刚度允许的条件下,应以最少的进给次数完成粗加工。留给精加工的余量应大于零件的变形量,并应确保零件表面完整性。

2)确定主轴转速 n(r/min)

主轴转速 n 主要根据刀具切削速度 v_c(m/min)确定,由式(1-1)可知

$$n = \frac{1\,000 v_c}{\pi d}$$

式中　v_c——切削速度(m/min);

　　　　d——工件或刀具的直径(mm)。

切削速度 v_c 与刀具耐用度关系比较密切,随着 v_c 的加大,刀具耐用度将急剧下降,故 v_c 的选择主要取决于刀具耐用度。

主轴转速 n 确定后,必须将其数值按照数控机床控制系统所规定的格式写入数控程序中。在实际操作中,操作者可以根据实际加工情况,通过适当调整数控机床控制面板上的主轴转速倍率开关来控制主轴转速的大小,以确定最佳的主轴转速。

3)进给量 f 或进给速度 v_f 的选择

进给量 f 或进给速度 v_f 在数控机床上是用进给功能字 F 表示的。F 是数控机床切削用量中的一个重要参数,主要依据零件的加工精度和表面粗糙度要求,以及所使用的刀具和工件材料来确定。零件的加工精度要求越高、表面粗糙度要求越低时,选择的进给量数值就越小。实际中,应综合考虑机床、刀具、夹具、被加工零件精度、材料的力学性能、曲率变化、结构刚度、工艺系统的刚度及断屑情况,选择合适的进给速度。

程序编制时选定进给量 f 后,刀具中心的运动速度就一定了。在进行直线切削时,切削点(刀具与加工表面的切点)的运动速度就是程序编制时给定的进给量。但是在做圆弧切削时,切削点实际进给量并不等于程序编制时选定的刀具中心的进给量。

在轮廓加工中选择进给量 f 时,应注重在轮廓拐角处的“超程”问题。

随着数控机床在生产实际中的广泛应用,数控编程已经成为数控加工中的重要问题之一。在数控程序的编制过程中,要在人机交互状态下即时选择刀具和确定切削用量。因此,编程人员必须熟悉刀具的选择方法和切削用量的确定原则,确保零件的加工质量和加工效率,以充分发挥数控机床的优点,提高企业的经济效益和生产水平。

小　结

切削加工是利用切削工具从工件上去除多余材料,以获得所需几何形状、尺寸精度和表面粗糙度的机械零件的一种成形工艺方法。要进行切削加工,刀具与工件之间必须有一定的相对运动。在进行分析时,首先将所有的切削运动一一列出,然后根据其各自特征判明哪一个运动是主运动,哪一个运动为进给运动。对于切削用量三要素,要准确把握其概念、单位及计算方法,对切削速度要区分是旋转运动还是直线运动。

能力检测

1. 切削运动由哪几方面的运动组成?其计算公式如何?
2. 切削层参数有哪些?

模块二　切削刀具及其选择

【学习目标】

了解:各角度刀具的功用及选择。

熟悉:常用刀具要求。

掌握:常用刀具类型、刀具材料。

任务三　常用刀具类型

1. 常用切削刀具及选用

生产中所使用的刀具种类很多,按加工方式和具体用途可分为车刀、孔加工刀具、铣刀、拉刀、螺纹刀具、齿轮刀具和磨具等几大类型,按所用材料可分为高速钢刀具、硬质合金刀具、陶瓷刀具、立方氮化硼刀具和金刚石刀具等,按结构可分为整体刀具、镶片刀具、机夹刀具和复合刀具等,按是否标准化可分为标准刀具和非标准刀具等。

1)车刀

如图 1-5 所示,车刀按用途可分为普通车刀、切断与切槽刀和螺纹车刀。图 1-6 所示为常用种类的车刀。

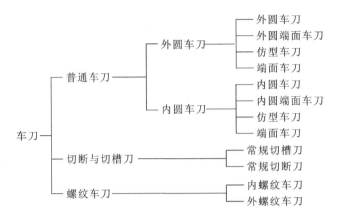

图 1-5　车刀类型

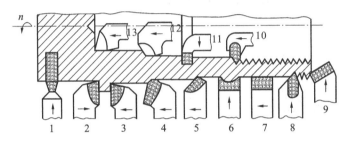

图 1-6　常用车刀的种类

1—切断刀；2—左偏刀；3—右偏刀；4—弯头车刀；5—直头车刀；

6—成形车刀；7—宽刃精车刀；8—外螺纹车刀；9—端面车刀；

10—内螺纹车刀；11—内槽车刀；12—通孔车刀；13—盲孔车刀

车刀按结构的不同，又可分为整体车刀、焊接车刀、机夹车刀、可转位车刀和成形车刀等，分别如图 1-7(a)～(e)所示。其中机夹车刀的装夹方式如图 1-8所示。

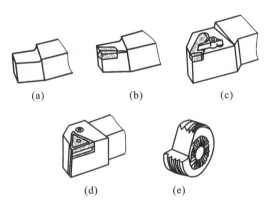

图 1-7　不同结构的车刀

(a)整体车刀；(b)焊接车刀；(c)机夹车刀；(d)可转位车刀；(e)成形车刀

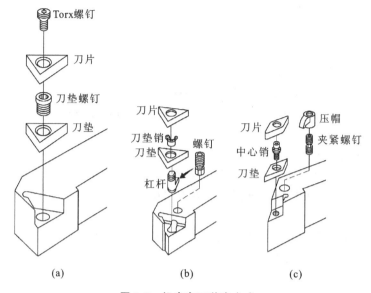

图 1-8　机夹车刀装夹方式

(a)S 类夹紧；(b)P 类夹紧；(c)M 类夹紧

常见数控车削刀具有如下几种。

(1)外圆车刀　外圆车刀按主偏角的大小可分为如下几种。

①主偏角 $\kappa_r = 95°$ 的外圆车刀　95°主偏角车刀主要用于外圆及端面的半精加工及精加工，其刀片为菱形，通用性好，如图 1-9(a)所示。

②主偏角 $\kappa_r = 93°$ 的外圆车刀　93°主偏角车刀的刀片为 D 形，刀尖角为 55°，刀尖强度相对较弱，所以该车刀主要用于仿形精加工，如图 1-9(b)所示。

③主偏角 $\kappa_r = 90°$ 的外圆车刀　90°主偏角车刀只能用于外圆粗、精车削，其刀片为三角形，切削刃较长，刀片可以转位 6 次，经济性好，如图 1-9(c)所示。

④主偏角 $\kappa_r = 75°$ 的外圆车刀　75°主偏角车刀只能用于外圆粗车削，其刀片为四方形，可以转位 8 次，经济性好，如图 1-9(d)所示。

⑤主偏角 $\kappa_r = 45°$ 的外圆车刀　45°主偏角车刀主要用于外圆及端面车削，多用于粗车，其刀片为四方形，可以转位 8 次，经济性好，如图 1-9(e)所示。

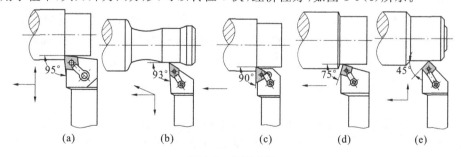

图 1-9　外圆车刀

(a)$\kappa_r = 95°$；(b)$\kappa_r = 93°$；(c)$\kappa_r = 90°$；(d)$\kappa_r = 75°$；(e)$\kappa_r = 45°$

（2）内孔车刀　内孔车刀可分为通孔车刀和盲孔车刀两种。使用内孔车刀时应注意如下几点：

①选择尽可能大的直径；

②选择尽可能短的镗杆悬伸长度；

③选择刚度尽可能大的刀具，以减少振动；

④采用冷却液（或压缩空气）可提高排屑能力和表面质量，特别是在深孔加工中。

应根据基本切削方式选择内孔车削刀具形式与主偏角。

不同形状的刀片有各自不同的特点，在要求强度和经济性时，应选择大的刀尖圆角；在保证通用性时，应选择小的刀尖圆角。

2）孔加工刀具

麻花钻是最常用的孔加工刀具，多用于粗加工钻孔。麻花钻的刀体结构如图 1-10 所示。麻花钻主要由工作部分、颈部和柄部等三部分组成。工作部分担负切削与导向工作；柄部是钻头的夹持部分，用于传递扭矩。

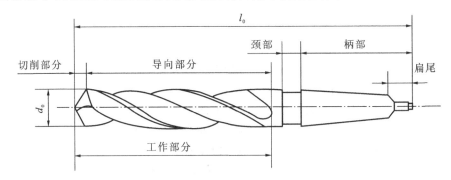

图 1-10　麻花钻的刀体结构

麻花钻有两条主切削刃、两条副切削刃和一条横刃。两条螺旋槽形成前刀面，主后刀面在钻头端面上。钻头外缘上两小段窄棱边形成的刃带是副后刀面，在钻孔时刃带起导向作用，为减小与孔壁的摩擦，刃带向柄部方向有减小的倒锥量，从而形成副偏角。两条主切削刃通过横刃相连接。

麻花钻柄部有莫氏锥柄和圆柱柄两种。直径为 8～80 mm 的麻花钻多采用莫氏锥柄，可直接装在带有莫氏锥孔的刀柄内。直径为 0.1～20 mm 的麻花钻多采用圆柱柄，可装在钻夹头刀柄上。对于中等尺寸的麻花钻，两种形式均可选用。

3）对已有的孔进行加工的刀具

（1）扩孔钻　扩孔钻通常有 3～4 个主切削刃及棱带，没有横刃，前、后角沿切削刃变化小，因此扩孔时导向性好，轴向力小，切削条件优于麻花钻。一般能达到 IT10～IT11 级精度，表面粗糙度为 Ra 3.2～6.3 μm，如图 1-11 所示。

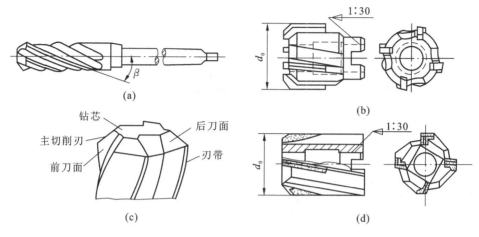

图 1-11　扩孔钻

(a)扩孔钻;(b)套式高速钢扩孔钻端部;(c)锥柄高速钢扩孔钻端部;(d)套式硬质合金扩孔钻端部

(2)锪钻　锪钻有加工圆柱形或圆锥形沉头孔的锪钻和加工端面的端面锪钻。

(3)铰刀　铰刀主要用于对孔进行半精加工和精加工。加工精度可达 IT6～IT8 级,表面粗糙度可达 $Ra\ 0.4～1.6\ \mu m$。根据使用方法,铰刀可以分为手用铰刀和机用铰刀两种。铰刀又可分为锥柄、直柄和套式铰刀三种。锥柄铰刀直径为 10～32 mm;直柄机用铰刀直径为 1.32～20 mm,小孔直柄铰刀直径为 1～6 mm;套式铰刀直径为 25～80 mm。

铰刀工作部分包括切削部分与校准部分。切削部分为锥形,担负主要切削工作。切削部分的主偏角为 5°～15°,前角一般为 0°,后角一般为 5°～8°。校准部分的作用是校正孔径、修光孔壁和导向。

(4)镗刀　当孔径大于 80 mm 时,常用镗刀镗孔,精度可达 IT6～IT7 级,表面粗糙度可达 $Ra\ 0.8～6.3\ \mu m$,能够修正上道工序所造成的轴线歪斜、偏斜等缺陷。

镗刀有单刃镗刀和双刃镗刀之分。单刃镗刀结构简单,制造方便,通用性广,一般都有调整装置。双刃镗刀两端都有切削刃,由高速钢或镶焊硬质合金做成的可调刀块,以动配合状态浮动安装在镗杆的孔中。

2. 铣削刀具

铣刀是多刃刀具,它的每一个刀齿相当于一把车刀,它的切削基本规律与车削相似,但铣削是断续切削,切削厚度和切削面积随时在变化,因此,铣削具有一些特殊性。铣刀在旋转表面上或端面上具有刀齿,铣削时,铣刀的旋转运动是主运动,工件的直线运动是进给运动。各种铣刀及其运动和加工形式如图 1-12(a)～(h)所示。

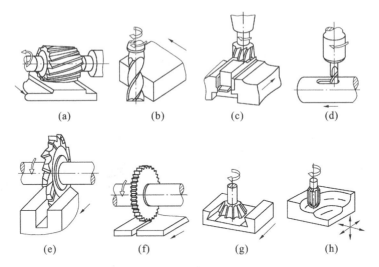

(a)　　　　　(b)　　　　　(c)　　　　　(d)

(e)　　　　　(f)　　　　　(g)　　　　　(h)

图 1-12　铣刀及其运动和加工形式

(a)圆柱平面铣刀;(b)端铣刀;(c)圆盘端铣刀;(d)键槽铣刀;

(e)三面刃铣刀;(f)锯片铣刀;(g)燕尾槽铣刀;(h)球头铣刀

3. 砂轮

磨削是目前半精加工和精加工的主要加工方法之一,砂轮则是磨削加工中的重要刀具。砂轮是由结合剂将磨料颗粒黏结而成的多孔体。常用的砂轮按形状分有平形砂轮、单面凹砂轮、双面凹砂轮、薄片砂轮、筒形砂轮、碗形砂轮、碟形一号砂轮等;按磨料分有棕刚玉砂轮、白刚玉砂轮、黑碳化硅砂轮、绿碳化硅砂轮等。

砂轮一般安装在平面磨床、外圆磨床和内圆磨床上使用,也可安装在砂轮机上用于刃磨刀具,故磨削的方式有外圆磨削、内孔磨削、平面磨削、成形磨削、螺纹磨削、齿轮磨削等,如图 1-13(a)~(f)所示。

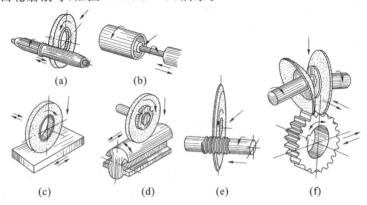

(a)　　　　　(b)

(c)　　　　　(d)　　　　　(e)　　　　　(f)

图 1-13　砂轮及加工方式

(a)外圆磨削;(b)内孔磨削;(c)平面磨削;(d)成形磨削;(e)螺纹磨削;(f)齿轮磨削

任务四　刀具材料

刀具材料的切削性能直接影响着生产效率、工件的加工精度、已加工表面质量和加工成本等,所以正确选择刀具材料是设计和选用刀具的重要内容之一。

1. 刀具材料应具备的性能

金属切削时,刀具切削部分直接和工件及切屑相接触,承受着很大的切削压力和冲击力,并受到工件及切屑的剧烈摩擦,会产生很高的切削温度,即刀具切削部分是在高温、高压及剧烈摩擦的恶劣条件下工作的。因此,刀具切削部分材料应具备以下基本性能。

(1)硬度高　刀具材料的硬度必须高于被加工材料的硬度。一般要求刀具材料的常温硬度必须在 62 HRC 以上。

(2)足够的强度和韧度　刀具切削部分的材料在切削时承受着很大的切削力和冲击力,因此刀具材料必须要有足够的强度和韧度。

(3)耐磨性和耐热性好　刀具在切削时承受着剧烈的摩擦,因此刀具材料应具有较强的耐磨性。刀具材料的耐磨性和耐热性有着密切的关系,其耐热性通常用它在高温下保持较高硬度的能力来衡量(热硬性)。耐热性越好,允许的切削速度越高。

(4)导热性好　刀具材料的导热性用热导率表示。热导率大,表示导热性好,切削时产生的热量就容易传散出去,从而使切削部分的温度降低、刀具磨损减轻。

(5)具有良好的工艺性和经济性　既要求刀具材料本身的可切削性能、耐磨性能、热处理性能、焊接性能等好,又要求刀具材料资源丰富、价格低廉。

2. 常用刀具材料

刀具材料可分为工具钢、高速钢、硬质合金、陶瓷和超硬材料等五大类。

1)高速钢

(1)普通高速钢　普通高速钢指用来加工一般工程材料的高速钢,常用的牌号有以下几种。

①W18Cr4V(简称 W18)　它属钨系高速钢,具有较好的切削性能,是我国最常用的一种高速钢。

②W6Mo5Cr4V2(简称 W6)　它属钼系高速钢,碳化物分布均匀性、韧度和高温塑性均较 W18Cr4V 的好,但其磨削性能较差。

③W9Mo3Cr4V(简称 W9)　它是一种含钨量较多、含钼量较少的钨钼系高速钢。其碳化物不均匀性介于 W18 和 M2 之间,但其抗弯强度和冲击韧度高于 M2,具有较高的硬度和韧度,其热塑性也很好。

(2)高性能高速钢　高性能高速钢是在普通高速钢的基础上,用调整其基本化学成分和添加一些其他合金元素(如 V、Co、Pb、Si、Nb 等)的办法,着重提高其耐热性和耐磨性而衍生出来的。它主要用来加工不锈钢、耐热钢、高温合金和超高强度钢等难加工材料。

2）硬质合金

硬质合金是用高硬度、高熔点的金属碳化物（如 WC、TiC、NbC、TaC 等）做硬质相，用钴、钼或镍等做黏结相，研制成粉末，按一定比例混合，压制成形，在高温高压下烧结而成形的。

硬质合金的常温硬度很高（89～93 HRA，相当于 78～82 HRC）。耐熔性好、热硬性好，可在 800～1 000℃甚至更高的温度下使用，允许的切削速度比高速钢高 4～7 倍，刀具寿命比高速钢刀具长 5～8 倍，是目前切削加工中用量仅次于高速钢的主要刀具材料。但它的抗弯强度和韧度均较低，性脆，怕冲击和振动，工艺性也不如高速钢。

目前常用的硬质合金主要有以下三类。

（1）钨钴类硬质合金 由 WC 和 Co 组成，代号为 YG。常温硬度为 89～91 HRA，可耐 800～900 ℃的高温，适用于加工切屑呈崩碎状的脆性材料。其常用牌号有 YG3、YG6 和 YG8 等，其中数字表示钴的质量分数。钴在硬质合金中起黏结作用，含钴愈多的硬质合金韧度愈好，所以 YG8 适于粗加工和断续切削，YG6 适于半精加工，YG3 适于精加工和连续切削。

（2）钨钛钴类硬质合金 由 WC、TiC 和 Co 组成，代号为 YT。此类硬质合金的硬度比 YG 类合金的硬度高、耐磨性和耐热性（能耐 900～1 000 ℃的高温）均比 YG 类合金的好，但抗弯强度和冲击韧度较后者的低，主要适于加工切屑呈带状的钢料等韧度材料。其常用牌号有 YT30、YT15 和 YT5 等，数字表示 TiC 的质量分数。故 YT30 适于对钢料的精加工和连续切削，YT15 适于半精加工，YT5 适于粗加工和断续切削。

（3）钨钛钽（铌）钴类硬质合金 又称通用合金，由 WC、TiC、TaC(NbC)TCo 组成，代号为 YW。其抗弯强度、疲劳强度、冲击韧度、耐热性、高温硬度和抗氧化能力都较强。常用牌号有 YW1 和 YW2，这两种硬质合金都具有与 YG 类硬质合金相当的韧度，比 YT 类硬质合金的抗刃口剥落能力强。由于 YW 类硬质合金的综合性能较好，除可加工铸铁、有色金属和钢料外，主要用于加工耐热钢、高锰钢、不锈钢等难加工材料。

3）其他刀具材料

（1）陶瓷材料 陶瓷刀具材料的主要成分是硬度和熔点都很高的 Al_2O_3、Si_3N_4 等氧化物、氮化物，再加入少量的金属碳化物、氧化物或纯金属等添加剂。也是采用粉末冶金工艺方法经制粉、压制烧结而成。

陶瓷刀具有很高的硬度（91～95 HRA）和很好的耐磨性，刀具耐用度高；有很好的高温性能，化学稳定性好。陶瓷刀具的最大缺点是脆性大，抗弯强度和冲击韧度低，承受冲击负荷的能力差，主要用于对钢料、铸铁、高硬材料（如淬火钢等）进行连续切削的半精加工或精加工。

（2）人造金刚石 人造金刚石是在高温高压和金属触媒作用下，由石墨转化而成的。

金刚石刀具的性能特点是：有极高的硬度和良好的耐磨性，切削刃非常锋利,有很好的导热性,但其耐热性较差,且强度很低。它主要用于在高速条件下精细车削及镗削有色金属及其合金和非金属材料。但由于金刚石中的碳原子和铁有很强的化学亲和力,故金刚石刀具不适于加工铁族材料。

(3)立方氮化硼 立方氮化硼(CBN)是用六方氮化硼(俗称白石墨)为原料,利用超高温高压技术人工合成的又一种新型无机超硬材料。其主要性能特点是硬度高(高达 8000～9000 HV),耐磨性好,能在较高切削速度下保持加工精度;热稳定性好,化学稳定性好,且有较高的热导率和较小的摩擦系数,但其强度和韧度较低。

立方氮化硼刀具主要用于对高温合金、淬硬钢、冷硬铸铁等材料进行半精加工和精加工。

任务五 刀具几何角度

1. 刀具切削部分的组成

外圆车刀的构造如图 1-14 所示,包括刀体和刀头(切削部分)两部分。刀柄是用于定位和夹持的部分,刀头用于切削工件。

(1)前面 前面又称前刀面,指刀具上切屑流过的表面。

(2)主后面 主后面又称主后刀面,刀具上与工件过渡表面相对的表面。

(3)副后面 副后面又称副后刀面,刀具上与工件已加工表面相对的表面。

(4)主切削刃 刀具前面与主后面相交而得到的刃边(或棱边),用于切出工件上的过渡表面,它承担主要的切削工作。

(5)副切削刃 副切削刃是刀具前面与副后面相交而得到的刃边,它协同主切削刃完成切削工作,并最终形成已加工表面。

(6)刀尖 刀尖是主切削刃与副切削刃连接处相当少的一部分切削刃。刀尖有三种形式:近似的点,即刀尖圆弧半径 $r_\varepsilon=0$,如图 1-15(a)所示;修圆刀尖,$r_\varepsilon>0$,如图 1-15(b)所示;倒角刀尖,即为直线过渡刃,如图 1-15(c)所示。

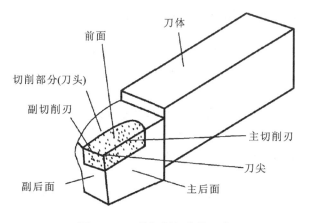

图 1-14 刀具切削部分的组成

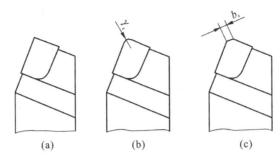

图 1-15 刀尖的形式

(a)刀尖为近似的点;(b)修圆刀尖;(c)倒角刀尖

其他各类刀具,如刨刀、钻头、铣刀等,都可以看做是车刀的演变和组合。刨刀切削部分的形状与车刀相同;钻头可看做是两把一正一反并在一起同时镗削孔壁的车刀,因此有两个主切削刃和两个副切削刃,另外还多了一个横刃;铣刀可看做由多把车刀组合而成的复合刀具,每一个刀齿相当于一把车刀。

2.刀具标注角度

1)正交平面静止参考系

正交平面参考系由三个互相垂直的平面,即基面(P_r)、切削平面(P_s)、正交平面(P_o)组成,如图 1-16 所示。

(1)基面 通过切削刃选定点并垂直于该点切削速度方向的平面。由于刀具静止参考系是在假定条件下建立的,因此对车刀、刨刀来说,其基面平行于刀具的底面,对钻头、铣刀等旋转刀具来说,则为通过切削刃某选定点且包含刀具轴线的平面。基面是刀具制造、刃磨及测量时的定位基准。

(2)切削平面 通过切削刃选定点与主切削刃相切并垂直于基面的平面。当切削刃为直线刃时,过切削刃选定点的切削平面即是包含切削刃并垂直于基面的平面。

(3)正交平面 通过切削刃选定点并同时垂直于基面和切削平面的平面。

2)刀具标注角度

刀具标注角度是指在刀具设计图样上标注的角度,是制造、刃磨刀具的依据。车刀在正交平面参考系中独立的标注角度有六个,如图 1-17 所示,此外,还有两个派生角度。

(1)前角 γ_o 刀具前面与基面之间的夹角,在正交平面内测量。前角有正、负之分,当刀具前面与切削平面夹角小于 90° 时前角为正值,大于 90° 时前角为负值,刀具前面与基面重合时前角也可以为 0°。

(2)后角 α_o 主后面与切削平面之间的夹角,在正交平面内测量。当主后面与基面夹角小于 90° 时后角为正值。为减小刀具和加工表面之间的摩擦等,后角一般为正值。

(3)主偏角 κ_r 主切削刃在基面上的投影与假定进给运动方向之间的夹角,在基面内测量。主偏角一般为正值。

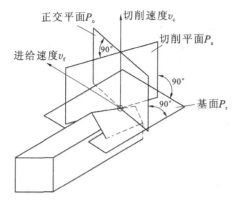

图 1-16　正交平面参考系

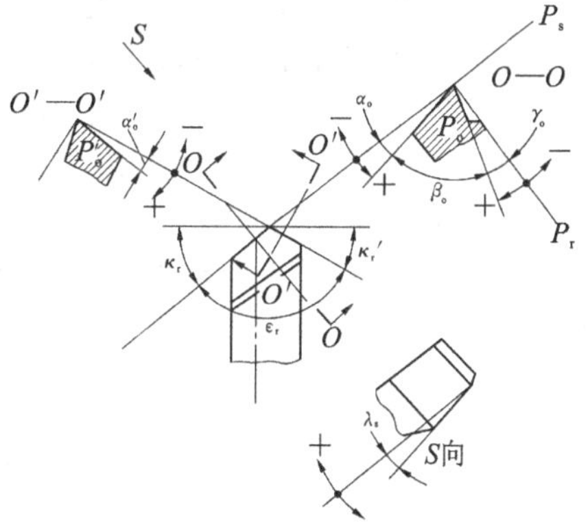

图 1-17　刀具角度的标注

（4）副偏角 κ'_r　副切削刃在基面上的投影与假定进给运动反方向之间的夹角，在基面内测量。副偏角一般也为正值。

（5）刃倾角 λ_s　主切削刃与基面之间的夹角，在切削平面内测量。当刀尖是主切削刃的最高点时刃倾角为正值，当刀尖是主切削刃的最低点时刃倾角为负值，当主切削刃与基面重合时刃倾角为 $0°$，如图 1-18 所示。

图 1-18　刃倾角 λ_s

（6）副后角 α'_o　副后角是副后面与副切削刃的切削平面之间的夹角。过副切削刃选定点垂直于副切削刃在基面上的投影作出副切削刃的正交平面，在副切削刃的正交平面内可测量副后角。副后角决定了副后面的位置。

（7）刀尖角 ε_r　主、副切削刃在基面投影之间的夹角，在基面内测量。此角为派生角度。即

$$\varepsilon_r = 180° - \kappa_r - \kappa'_r$$

（8）楔角 ε_o　刀具前面与后面之间的夹角，在切削平面内测量。此角为派生角度。在正交平面内，前角和后角决定了刀具前面和后面的位置，楔角可由前角和后角派生得到。

3. 刀具的工作角度

1）刀具工作角度的概念

在进行金属切削加工时，由于刀具安装位置和进给运动影响，刀具实际切削角度不等于刀具的标注角度，其变化的原因是切削运动使基面、切削平面和正交平面位置产生变化，不再处在静止参考系中的理论位置上。用切削过程中以实际的基面、切削平面和正交平面为参考系（即工作参考系）所确定的角度称为刀具工作角度。

2）横向进给运动对工作角度的影响

以切断车刀加工为例，设切断刀主偏角 $\kappa_r = 90°$，前角 $\gamma_o > 0°$，后角 $\alpha_o > 0°$，安装时刀尖对准工件的中心高。不考虑进给运动时，前角和后角为标注角度。当考虑横向进给运动后，刀刃上选定点相对于工件的运动轨迹是主运动和横向进给运动的合成运动轨迹，为阿基米德螺旋线，如图 1-19 所示。其合成运动速度 v_e 的方向为过该点的阿基米德螺旋线的切线方向。因此，工作基面和工作切削平面相应地相对转动一个 μ 角，结果引起切断刀的角度的变化。

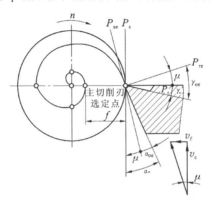

图 1-19　运动轨迹——阿基米德螺旋线

在横向进给切削或切断工件时，随着进给量 f 值的增加和加工直径 d 的减小，工作后角不断减小，刀尖接近工件中心位置时，工作后角的减小特别严重，很容易因后刀面和工件过渡表面剧烈摩擦使刀刃崩碎或工件被挤断，对此应予以充分重视。因此，切断工件时不宜选用过大的进给量 f，或在切断接近结束时，应适当减小进给量或适当加大标注后角。

3）纵向进给运动对刀具工作角度的影响

对于纵向外圆车削，工件直径基本不变，进给量又较小，一般可忽略工作角度变化，不必进行工作角度的计算。但当进给量很大，如车螺纹，尤其是大导程或多头螺纹时，工作角度与标注角度相差很大，必须进行工作角度计算。

如图 1-19 所示，当车螺纹时，工作切削平面与螺纹切削点相切，与刀具切削平面成 α_{oe} 角，由于工作基面与工作切削平面垂直，因此工作基面也绕基面旋转 α_{oe} 角。

车削右螺纹时刀具工作前角增大，工作后角减小，当进给量 f 较小时，影响可忽略，因此在一般的外圆车削中，因进给量小，常不考虑其对工作角度的影响。

4）刀具安装对工作角度的影响

在横车外圆时，忽略进给运动的影响，并假定 $\kappa_r = 90°$，$\lambda_s = 0°$，当刀尖安装位置高于工件中心时，工作切削平面和工作基面将转动 θ 角，使工作前角增大、工作后角减小，如图 1-20 所示。反之，当刀尖安装位置低于工件中心时，刀具工作前角减小、工作后角增大。内孔镗削时的角度变化情况恰好与外圆车削时的情况相反。

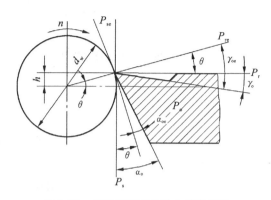

图 1-20 刀具安装对工作角度的影响

4. 前角 γ_o 的功用及选择

1）前角的功用

前角主要影响切削变形和切削力的大小、刀具耐用度和加工表面的质量。增大前角能使刀刃变得锋利，使切削更为轻快；可以减小切削变形和摩擦，从而减小切削力和切削功率，减少切削热，提高加工表面质量。但增大前角会使刀刃和刀尖强度下降，刀具散热体积减小，影响刀具的耐用度。前角的大小对表面粗糙度、排屑及断屑等也有一定影响，因此前角值不能太小，也不能太大，应有一个合理的参数值。

2）前角的选择

（1）根据工件材料选择前角。加工塑性材料时，特别是硬化严重的材料（如不锈钢等），为了减小切削变形和刀具磨损，应选用较大的前角；加工脆性材料时，由于产生的切屑为崩碎切屑，切削变形小，因此增大前角的意义不大，而这时刀屑间的作用力集中在切削刃附近，为保证切削刀具有足够的强度，应采用较小的前角。

工件强度和硬度低时，切削力不大，为使切削刃锋利，可选用较大的甚至很大的前角。工件材料强度高时，应选用较小的前角；加工特别硬的工件材料（如淬火钢）时，应选用很小的前角，甚至选用负前角。因为工件的强度、硬度愈高，产生的切削力愈大，切削热愈多，为了使刀具有足够的强度和散热性能，防止崩刃和磨损，应选用较小的前角。

（2）根据刀具材料选择前角。刀具材料的抗弯强度和冲击韧度较低时应选较小的前角。通常硬质合金车刀的前角为 $-5°\sim20°$，高速钢刀具比硬质合金刀具的合理前角大 $5°\sim10°$，而陶瓷刀具的前角一般取 $-5°\sim-15°$。

（3）根据加工性质选择前角。粗加工时，特别是断续切削或加工有硬皮的铸、锻件时，不仅切削力大、切削热多，而且存在冲击载荷，为保证切削刃有足够的强度和散热面积，应适当减小前角。精加工时，为使切削刃锋利、减小切削变形和获得较高的表面质量，前角应取得较大一些。

对于数控机床、自动机床和自动线用刀具，为保证刀具工作的稳定性，使其不易发生崩刃和破损，一般选用较小的前角。

当工件材料和加工性质不同时,常用硬质合金车刀的合理前角如表 1-1 所示。

表 1-1　硬质合金车刀合理前角的参考值

工 件 材 料	合理前角/(°)		工 件 材 料	合理前角/(°)	
	粗车	精车		粗车	精车
低碳钢 Q235	18～20	20～25	40Cr(正火)	13～18	15～20
45 钢(正火)	15～18	18～20	40Cr(调质)	10～15	13～18
45 钢(调质)	10～15	13～18	40 钢、40Cr 钢锻件	10～15	
45 钢、40Cr 铸钢件或锻件断续切削	10～15	5～10	淬硬钢(40～50 HRC)	—15～—5	
灰铸铁 HT150、HT200、青铜 ZQSn10-1、脆黄铜、HPb59-1	10～15	5～10	灰铸铁断续切削	5～10	0～5
			高强度钢($\sigma_b < 180$ MPa)	—5	
铝合金 1050、2A12	30～35	35～40	高强度钢($\sigma_b \geqslant 180$ MPa)	—10	
紫铜 T1～T4	25～30	30～35	锻造高温合金	5～10	
奥氏体不锈钢(185 HBS 以下)	15～25		铸造高温合金	0～5	
马氏体不锈钢(250 HBS 以下)	15～25		钛及钛合金	5～10	
马氏体不锈钢(250 HBS 以上)	—5		铸造碳化钨	—10～—15	

5. 后角 α_o 的功用及选择

1)后角的功用

后角的功用是减小后刀面与工件的摩擦和后刀面的磨损,其大小对刀具耐用度和加工表面质量都有很大影响。后角增大,摩擦减小,刀具磨损减少,同时刀具刃口的钝圆弧半径减小,刃口锋利程度增大,易于切下薄切屑,从而可减小表面粗糙度值,但后角过大会降低刀刃强度和散热能力。

2)后角的选择

(1)根据切削厚度选择后角。合理的后角大小主要取决于切削厚度(或进给量),切削厚度 h_D 愈大,则后角应愈小;反之亦然。如进给量较大的外圆车刀后角取为 $6°\sim8°$,而每齿进刀量不超过 0.01 mm 的圆盘铣刀后角取为 $30°$。这是因为切削厚度较大时,切削力较大,切削温度也较高,为了保证刀口强度和改善散热条件,所以应取较小的后角。切削厚度愈小,切削层上被切削刃的钝圆半径挤压而留在已加工表面上并与主后面挤压摩擦的这一薄层金属占切削厚度的比例就越大。若增大后角,就可减小刃口钝圆半径,使刃口锋利,便于切下薄切屑,可提高刀具耐用度和加工表面质量。

(2)适当考虑被加工材料的力学性能。工件材料的硬度、强度较高时,为保证切削刃强度,宜选取较小的后角;工件材料的硬度较低、塑性较大以及易产生加工硬化时,主后面的摩擦对已加工表面质量和刀具磨损影响较大,此时应取较大的后角;加工脆性材料时,切削力集中在刀刃附近,为强化切削刃,宜选取较小的后角。

(3)考虑工艺系统的刚度。工艺系统刚度差,易产生振动,为增强刀具对振动的阻尼,应选取较小的后角。

(4)考虑加工精度。对于尺寸精度要求高的精加工刀具(如铰刀等),为减小重磨后刀具尺寸的变化,保证有较高的耐用度,后角应取得较小。车削一般钢和铸铁时,车刀后角常选为 $4°\sim8°$。

当工件材料和加工性质不同时,常用硬质合金车刀的合理前角如表 1-2 所示。

表 1-2　硬质合金车刀合理后角的参考值

工 件 材 料	粗车合理后角/(°)	精车合理后角/(°)
低碳钢	$8\sim10$	$10\sim12$
中碳钢	$5\sim7$	$6\sim8$
合金钢	$5\sim7$	$6\sim8$
淬火钢	$8\sim10$	
不锈钢(奥氏体)	$6\sim8$	$8\sim10$
灰铸铁	$4\sim6$	$6\sim8$
铜及铜合金(脆)	$4\sim6$	$6\sim8$
铝及铝合金	$8\sim10$	$10\sim12$
钛合金 $\leqslant$ 1.177 GPa	$10\sim15$	

6. 主偏角 κ_r、副偏角 κ'_r 及过渡刃的功用及选择

1)主偏角和副偏角功用

主偏角和副偏角对刀具耐用度影响很大。减小主偏角和副偏角可使刀尖角 ε_r 增大,刀尖强度提高,散热条件改善,因而刀具耐用度提高;还可降低加工表面残留面积的高度,故可减小加工表面的表面粗糙度。主偏角和副偏角还会影响各切削分力的大小和比例。如车削外圆时,增大主偏角,可使背向力 F_p 减小、进给力 F_f 增大,因而有利于减小工艺系统的弹性变形和振动。

2)主偏角和副偏角的选择

工艺系统刚度较高时,主偏角宜取较小值,如 $\kappa_r=30°\sim45°$,例如选用 45° 偏刀;当工艺系统刚度较低或强力切削时,一般取 $\kappa_r=60°\sim75°$,例如选用 75° 偏刀。车削细长轴时,取 $\kappa_r=90°\sim93°$,以减小背向力 F_p。

副偏角的大小主要根据表面粗糙度的要求选取,一般为 $5°\sim15°$,粗加工时取大值,精加工时取小值。切断刀、锯片刀为保证刀头强度,只能取很小的副偏角,一般为 $1°\sim2°$。

主偏角和副偏角的参考值如表 1-3 所示。

表 1-3 主偏角和副偏角的参考值

加 工 情 况		主偏角/(°)	副偏角/(°)
粗车	工艺系统刚性好	45,60,75	5~10
	工艺系统刚性差	65,75,90	10~15
车细长轴、薄壁零件		90,93	6~10
精车	工艺系统刚性好	45	0~5
	工艺系统刚性差	60,75	0~5
车削冷硬铸铁、淬火钢		10~30	4~10
从工件中间切入		45~60	30~45
切断、切槽		60~90	1~2

7. 刃倾角 λ_s 的功用及选择

1)刃倾角功用

刃倾角主要影响切屑流向和刀尖强度。

刃倾角对切屑流向的影响如图 1-21 所示。若刃倾角为正值,切削开始时刀尖与工件先接触,切屑流向待加工表面,可避免缠绕和划伤已加工表面,对精加工和半精加工有利,如图 1-21(a)所示。刃倾角为负值时,切削中切屑流向已加工表面,如图 1-21(b)所示,容易缠绕和划伤已加工表面。

采用负刃倾角有利于提高刀尖强度。当刃倾角为负值时,切削运动中刀具与工件接触的瞬间,刀具切削刃中部先接触工件,刀尖后接触工件,尤其是断续切削时,切削刃承受刀具与工件接触瞬间的冲击力,可避免刀尖受冲击,起保护刀尖的作用。采用负刃倾角也有利于刀尖散热。当刃倾角为正值时,刀具与工件接触的瞬间是刀尖先接触工件,刀尖承受刀具与工件接触瞬间的冲击力,容易受冲击而损坏。

2)刃倾角的选用

加工一般钢料和铸铁时,对于无冲击的粗车取 $\lambda_s=0°\sim-5°$,对于精车取 $\lambda_s=0°\sim$

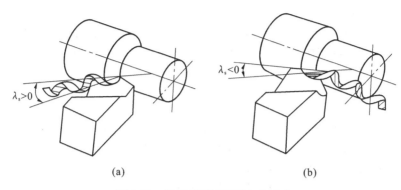

图 1-21　刃倾角对切屑流向的影响

(a)$\lambda_s > 0$；(b)$\lambda_s < 0$

$5°$，有冲击载荷时取 $\lambda_s = -15° \sim -5°$，冲击载荷特别大时取 $\lambda_s = -45° \sim -30°$。切削高强度钢、冷硬钢时，为提高刀头强度，可取 $\lambda_s = -30° \sim -10°$。

应当指出，刀具各角度之间是相互联系、相互影响的，孤立地选择某一角度并不能得到所希望的合理值。例如，在加工硬度比较高的工件材料时，为了增加切削刃的强度，一般取较小的后角，但在加工特别硬的材料如淬硬钢时，通常采用负前角，这时如适当增大后角，不仅使切削刃易于切入工件，而且还可提高刀具耐用度。

任务六　刀具失效及耐用度

1. 刀具磨损的形式

1）正常磨损形式

正常磨损主要包括以下三种形式，如图 1-22 所示。

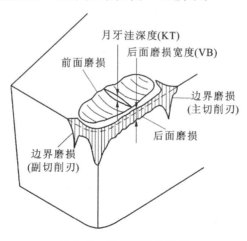

图 1-22　刀具磨损的形式

（1）前面磨损　在切削塑性材料、切削速度较高、切削厚度较大的情况下，当刀具的耐热性和耐磨性稍有不足时，切屑在刀具前面上经常会磨出一个月牙洼，称为月牙洼磨损。

(2)后面磨损 由于工件表面和刀具后面间存在着强烈的挤压、摩擦,在刀具后面上毗邻切削刃的地方很快被磨出后角为零的小棱面,这就是后面磨损。

(3)边界磨损 切削钢料时,常在主切削刃靠近工件外皮处以及副切削刃靠近刀尖处的刀具后面上,磨出较深的沟纹,这就是边界磨损。

2)刀具磨损的原因

(1)硬质点磨损 切削时切屑、工件材料中含有的一些碳化物、氮化物和氧化物等硬质点以及积屑瘤碎片等,可在刀具表面刻划出沟纹,造成刀具的硬质点磨损。

(2)黏结磨损 切屑与刀具前面、工件加工表面与刀具后面在高温高压作用下,发生黏结现象,由于接触面滑动时在黏结处将产生剪切破坏,造成刀具表面的微粒被带走,由此产生磨损,这种磨损称为黏结磨损。

(3)扩散磨损 当切屑温度达 900～1 000 ℃时,刀具材料中的 Ti、W、Co 等元素会逐渐扩散到切屑或工件材料中,工件材料中的 Fe 元素也会扩散到刀具表层里,从而使硬质合金刀具表层变脆、变软,加剧刀具磨损,这种磨损称为扩散磨损。

(4)化学磨损 当切削温度达 700～800 ℃时,空气中的氧气易与硬质合金中的 Co、WC、TiC 等发生氧化作用,在刀具表面生成较软的氧化物,被工件或切屑摩擦掉而形成磨损。

综上所述,刀具磨损是由机械摩擦和热效应两方面作用造成的。在不同的切削条件下,刀具磨损的原因不同,在低、中切削速度范围内,硬质点磨损和黏结磨损是刀具磨损的主要原因。在中等以上切削速度下,热效应会使高速钢刀具产生相变磨损,使硬质合金刀具产生黏结、扩散和氧化磨损。

2. 刀具磨损的过程及磨钝标准

1)刀具磨损的过程

刀具磨损的过程如图 1-23 所示。

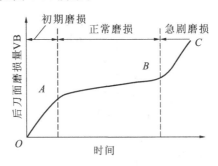

图 1-23 刀具磨损的过程

(1)初期磨损阶段(OA 段) 在开始切削时,由于新刃磨的刀具表面粗糙不平或表面组织不耐磨,因而磨损较快。另外,新刃磨的刀具锋利,与工件接触面积小,压力大,因此刀具后面上很快被磨出一个窄的棱面。

(2)正常磨损阶段(AB 段) 经初期磨损后,刀具与工件接触面积增大,压力减小,故磨损量随时间的增加而均匀增长,磨损比较缓慢、稳定。这是刀具工作的有效阶段。

（3）急剧磨损阶段（BC段）　磨损量达到一定值后，切削刃变钝，切削力增大，切削温度升高，刀具强度、硬度降低，磨损急剧加速。在这个阶段之前应及时更换刀具，或及时刃磨刀具。

刀具磨损是由机械摩擦和热效应两方面作用造成的，因此，影响刀具磨损的因素基本上与影响切削温度的因素相同。

2）刀具的磨钝标准

在使用刀具时，在刀具产生急剧磨损前必须重磨或更换新切削刃。这时刀具的磨损量称为磨钝标准或磨损限度。由于后刀面磨损显著，且易于控制和测量，因此规定将后刀面上的磨损宽度，即后刀面均匀磨损区平均磨损量 VB 值所允许达到的最大值作为刀具的磨钝标准。实际生产中磨钝标准应根据加工要求制订。精加工主要保证加工精度和表面质量，因此磨钝标准 VB 定得较小；粗加工时，为了减少磨刀次数、提高生产率，磨钝标准 VB 定得较大。

 知识链接

数控加工刀具的选择

刀具的选择是在数控编程的人机交互状态下进行的。应根据机床的加工能力、工件材料的性能、加工工序、切削用量以及其他相关因素正确选用刀具及刀柄。刀具选择总的原则是：安装调整方便，刚性好，耐用度和精度高。在满足加工要求的前提下，尽量选择较短的刀柄，以提高刀具的刚度。

选取刀具时，要使刀具的尺寸与被加工工件的表面尺寸相适应。加工平面零件周边轮廓时，常采用立铣刀；铣削平面时，应选硬质合金刀片铣刀；加工凸台、凹槽时，选高速钢立铣刀；加工毛坯表面或粗加工孔时，可选取镶硬质合金刀片的玉米铣刀；对一些立体型面和变斜角轮廓外形的加工，常采用球头铣刀、环形铣刀、锥形铣刀和盘形铣刀。

在进行自由曲面（模具）加工时，由于球头刀具的端部切削速度为零，因此，为保证加工精度，切削行距一般采用顶端密距，故球头刀具常用于曲面的精加工。而平头刀具在表面加工质量和切削效率方面都优于球头刀具，因此，在保证不过切的前提下，无论是曲面的粗加工还是精加工，都应优先选择球头刀具。另外，刀具的耐用度和精度与刀具价格关系极大。必须引起注意的是，在大多数情况下，选择好的刀具虽然会增加刀具成本，但由此带来的加工质量和加工效率的提高，可以使整个加工成本大大降低。

在加工中心上，各种刀具分别装在刀库上，可按程序规定随时进行选刀和换刀动作。因此必须采用标准刀柄，以便将钻、镗、扩、铣削等工序用的标准刀具迅速、准确地装到机床主轴或刀库上去。编程人员应了解机床上所用刀柄的结构尺寸、调整方法以及调整范围，以便在编程时确定刀具的径向和轴向尺寸。目前我国的加工中心采用 TSG 工具系统,其刀柄有直柄(3 种规格)和锥柄(4 种规格)2 种,共包括 16 把不同用途的刀柄。

在经济型数控机床的加工过程中,由于刀具的刃磨、测量和更换多由人工手动进行,占用辅助时间较长,因此,必须合理安排刀具的排列顺序。一般应遵循以下原则:①尽量减少刀具数量;②一把刀具装夹后,应完成其所能进行的所有加工步骤;③粗、精加工的刀具应分开使用,即使是相同尺寸规格的刀具;④先铣后钻;⑤先进行曲面精加工,后进行二维轮廓精加工;⑥在可能的情况下,应尽可能利用数控机床的自动换刀功能,以提高生产效率等。

小　结

刀具的选择和切削用量的确定是机械加工工艺中的重要内容,它不仅影响机床的加工效率,而且直接影响加工质量。本学习任务从刀具类型、刀具材料、刀具几何角度、刀具磨损进行详细讲解,并配以图形,学习后应能正确地进行刀具的选择。

能力检测

1.刀具的分类方法有哪些?

2.对已有孔进行再加工的刀具有哪些?其精度如何?

3.在铣削加工中,顺铣与逆铣的特点及区别是什么?

4.简述刀具材料应具备的性能要求。

5.简述刀具磨损的原因及磨钝的标准。

模块三　金属切削过程

【学习目标】

了解:切削中的冲击与振动。

熟悉:切削热的产生与传出。

掌握:切屑的形成及种类;积屑瘤的形成及对切削过程的影响;影响切削温度的因素。

任务七 切屑的形成及种类

1. 切屑形成

切削过程中的各种物理现象都是以切屑形成过程为基础的。了解切屑的形成过程对理解切削规律及其本质是非常重要的,现以塑性金属材料为例,说明切屑的形成及切削过程的变形情况。

1)切屑的形成过程

切削塑性材料时,切削过程一般分为挤压、滑移、挤裂和切离四个阶段。当刀具与工件开始接触时,接触处的金属会发生弹性变形,随着挤压力的增大,材料沿45°剪切面滑移,即产生塑性变形。刀具继续挤压工件,使金属内应力超过强度极限,这部分金属则沿滑移方向产生裂痕,最终被分离,形成切屑。

切削过程中,切削层受刀具挤压后也产生塑性变形,由于受下部金属母体的阻碍,切削层只能沿 OM 方向滑移,产生以剪切滑移为主的塑性变形而形成切屑,如图 1-24 所示。

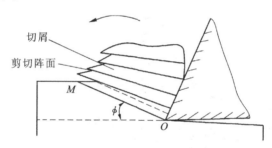

图 1-24 切屑的形成过程

2)切屑的种类

(1)带状切屑 带状切屑连续不断,呈带状,内表面光滑,外表面无明显裂纹,呈微小锯齿形。一般在加工塑性金属材料(如低碳钢、合金钢、铜、铝等),采用较大的刀具前角、较小的切削层公称厚度、较高的切削速度时,最易形成这种切屑。形成带状切屑时,切削力波动小,切削过程比较平稳,加工表面质量高,但需采取断屑措施,否则会产生缠绕以致损坏刀具,尤其是在数控机床和自动机床加工中。

(2)挤裂切屑 挤裂切屑又称节状切屑,这种切屑底面较光滑,背面局部裂开,呈较大的锯齿形。这是剪切面上的局部切应力达到材料强度极限的结果。一般加工塑性较低的金属材料(如黄铜),在刀具前角较小、切削层公称厚度较大、切削速度较低时,或加工碳钢材料、工艺系统刚性不足时,易形成这种切屑。形成挤裂切屑时,切削力波动较大,切削过程不太稳定,加工表面粗糙度较大。

(3)单元切屑 单元切屑又称粒状切屑。切削塑性材料时,若在挤裂切屑整个剪切面上的切应力超过了材料断裂强度,所产生的裂纹贯穿切屑断面时,被挤裂为均匀的颗粒状切屑,这种切屑称为单元切屑。采用小前角或副前角、以极低的切削速度和大的切削层公称厚度切削时,会形成这种切屑。形成单元切屑时,切削力波动大,切削过程不平稳,加工表面粗糙度大。

(4)崩碎切屑 切削铸铁、青铜等脆性材料时,切削层在弹性变形后未经塑性变形就被挤裂,形成不规则的碎块状的崩碎切屑。形成崩碎切屑时切削力波动大,且切削层金属集中在切削刃口碎断,易损坏刀具,加工表面也凹凸不平,使已加工表面粗糙度增大。如果减小切削层公称厚度,适当提高切削速度,可使切屑转化为针状或片状。

2. 切削过程

金属的切削过程实质上是被切削金属层在刀具挤压作用下产生剪切滑移、塑性变形,直至断裂的过程。

通常将切削过程中切削层内发生的塑性变形区域划分为三个变形区,如图1-25所示。

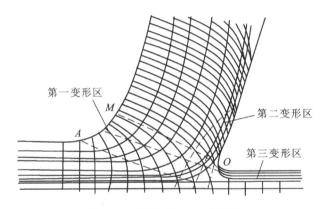

图 1-25 切削时的三个变形区

(1)第一变形区 在第一变形区,被切削金属层在刀具前面挤压力的作用下,首先产生弹性变形,当达到材料的屈服强度时,沿 OA 面(称为始滑移面)开始产生剪切滑移,到 OM 面(称为终滑移面)晶粒的剪切滑移基本完成,切削层形成切屑,沿刀具前面流出。

(2)第二变形区 当剪切滑移形成的切屑在刀具前面流出时,切屑底层进一步受到刀具的挤压和摩擦,使靠近刀具前面处的金属再次产生剪切变形,这一变形区称为第二变形区。第二变形区主要集中在和刀具前面发生摩擦的切屑底面的薄层金属里。

(3)第三变形区 工件与刀具后面接触的区域受到刀具刃口与刀具后面的挤压和摩擦,造成已加工表面变形,这一变形区称为第三变形区。已加工表面的形成与第三变形区(刀具后面与工件接触区)有很密切的关系。由于已加工表面是经过多次复杂的变形而形成的,已加工表面金属存在纤维化和加工硬化,并会产生一定的残余应力,将影响工件的表面质量和使用性能。

任务八　积屑瘤

1. 积屑瘤的形成

在切削过程中,用中等或低的切削速度切削钢、铝或塑性金属时,经常会发现有一小块金属牢固地黏附在所用刀具的前面上,这一小块金属就是积屑瘤。积屑瘤是被切金属在切削区的高压和大摩擦力作用下与刀具刃口附近的前面上黏结形成的。这块金属受到加工硬化的影响,其硬度可比基体高 2～3 倍,因此可以代替刀刃切削。积屑瘤在切削过程中是不稳定的。它开始生长到达一定高度以后,会发生脆裂,被工件和切屑带走而消失,以后又开始生长,从小到大,又破碎消失,周而复始地循环。由于它时有时无、时大时小,会使工件表面呈现高低不平状,表面粗糙度增大,工件尺寸精度降低。此外,它的生长与消失,还改变着刀具前角,影响着刀具在切削过程中的挤压、摩擦和切削能力,会造成工件表面硬度不均匀,还会引起切削过程振动,加快刀具磨损。因此,在精加工时应采取措施,避免产生积屑瘤。但是,当刀具有负倒棱时,在切削过程中积屑瘤比较稳定,可以代替刀刃切削。由于它长大以后将使刀具工作前角增大,使切削力降低,所以,在粗加工时,允许产生积屑瘤。

积屑瘤的形成原因主要是:由于切削加工时,在一定的温度和压力的作用下,切屑与刀具前面发生强烈摩擦,致使切屑底层金属流动速度降低而形成滞流层,如果温度和压力合适,滞流层就与刀具前面黏结而留在刀具前面上。由于黏结层经过塑性变形硬度提高,连续流动的切屑在黏结层上流动时,又会形成新的滞留层,使黏结层在前一层的基础上积聚,这样一层又一层地堆积,黏结层愈来愈厚,最后形成积屑瘤。由于外力、振动等的作用,在生成过程中的或已生成的积屑瘤会局部断裂或脱落;另外,当切削温度超过工件材料的再结晶温度时,由于加工硬化消失,金属软化,积屑瘤也会脱落和消失。由此可见,产生积屑瘤的决定性因素是切削温度,形成积屑瘤的必要条件是加工硬化和黏结。

2. 积屑瘤对切削过程的影响

(1)增大实际前角　积屑瘤黏结在刀具前面刀尖处,可代替刀具切削,增大了实际前角,可减小切屑变形和切削力。

(2)增大切入深度　积屑瘤前端伸出切削刃之外,加工中会出现过切,使刀具切入深度比没有积屑瘤时增大,因而将影响加工尺寸。

(3)增大已加工表面粗糙度　由于积屑瘤很不稳定,使切削深度不断变化,导致实际前角发生变化,在切削过程中易引起振动;积屑瘤脱落时的碎片可能黏附在已加工表面上,积屑瘤凸出刀刃部分可在已加工表面上形成沟纹,这些都会使已加工表面的粗糙度增大。

(4)影响刀具耐用度　积屑瘤覆盖着刀具部分刃口和刀具前面,对切削刃和刀具前面有一定保护作用,从而可减小刀具磨损,但积屑瘤脱落时,又可能使黏结牢固的硬质合金表面剥落,加剧刀具磨损。

3. 影响积屑瘤的主要因素与控制

精加工时必须避免或抑制积屑瘤的生成。可采取的措施有如下几种。

(1)控制切削速度 尽量采用很低或很高的切削速度。切削速度是通过切削温度和摩擦因数来影响积屑瘤的。低速切削时,切屑流动较慢,切削温度较低,刀具前面摩擦因数小,不易发生黏结,不会形成积屑瘤;高速切削时,切削温度高,切屑底层金属软化,加工硬化和变形强化消失,也不会生成积屑瘤;中速切削时,切削温度在 300～400 ℃,是形成积屑瘤的适宜温度,此时摩擦因数最大,积屑瘤生长得最高,因而表面粗糙度最大。

(2)降低工件材料塑性 通过热处理降低材料塑性,提高其硬度,可抑制积屑瘤的生成。

(3)其他措施 减小进给量、增大刀具前角、减小刀具前面的表面粗糙度,合理使用切削液等,均可使切削变形、切削力减小,切削温度下降,从而抑制积屑瘤的生成。

任务九 切削力和切削热

1. 切削力

1)切削力的来源与分解

金属切削时,工件材料抵抗刀具切削时所产生的阻力称为切削力。这种力与刀具作用在工件上的力大小相等、方向相反。切削力来源于两方面:一是三个变形区内金属产生的弹性变形抗力和塑性变形抗力;二是切屑与刀具前面、工件与刀具后面之间的摩擦抗力。如图 1-26 所示。

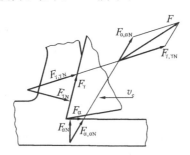

图 1-26 作用在刀具上的力

切削力是一个空间力,其方向和大小受多种因素影响而不易确定,为了便于分析切削力的作用和测量、计算其大小,便于生产应用,一般把总切削力 F 分解为三个互相垂直的切削分力 F_c、F_p 和 F_f。车削外圆时力的分解如图 1-27 所示。

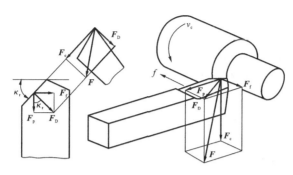

图 1-27 车削外圆时力的分解

（1）切削力 F_c　又称主切削力，是总切削力在主运动方向上的正投影（分力），单位为 N。它与主运动方向一致，垂直于基面，是三个切削分力中最大的。切削力作用在工件上，并通过卡盘传递到机床主轴箱，是计算机床切削功率，校核刀具、夹具的强度与刚度的依据。

（2）背向力 F_p　又称径向力，是总切削力在垂直于工作平面上的分力，单位为 N。由于在背向力方向上没有相对运动，所以背向力不消耗切削功率，但它作用在工件和机床刚度最差的方向上，易使工件在水平面内变形，影响工件精度，并易引起振动。背向力是校验机床刚度的主要依据。

（3）进给力 F_f　又称轴向力，是总切削力在进给运动方向上的正投影（分力），单位为 N。进给力作用在机床的进给机构上，是校验机床进给机构强度和刚度的主要依据。

总切削力在基面上的投影用 F_D 表示，是 F_p 和 F_f 的合力。

2）单位切削力和切削功率

单位切削力是指单位切削面积上的主切削力，用 p 表示，单位为 N/mm^2。可按下式计算：

$$p = \frac{F_c}{A_D} = \frac{F_c}{a_p f} \tag{1-5}$$

式中　A_D——切削面积（mm^2）；

　　　a_p——背吃刀量（mm）；

　　　f——进给量（mm/r）。

切削功率是在切削过程中消耗的功率，等于总切削力的三个分力消耗功率的总和，用 P_c 表示，单位为 kW。由于 F_f 消耗的功率所占比例很小（1%～1.5%），故通常略去不计。F_p 方向的运动速度为零，不消耗功率，所以切削功率为

$$P_c = \frac{F_c v_c \times 10^{-3}}{60} \tag{1-6}$$

式中　v_c——切削速度（m/min）。

根据切削功率选择机床电动机功率时，还应考虑机床的传动效率。机床有

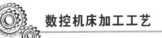

效功率 P'_E 为

$$P'_E \geqslant P_E \eta$$

式中　P_E ——机床电动机功率(kW);

　　　η ——机床的传动效率,一般为 $0.75 \sim 0.85$。

3)影响切削力的主要因素

(1)工件材料　工件材料的强度、硬度越高,材料的剪切屈服强度越高,切削力越大。工件材料的塑性、韧度好,加工硬化的程度高,由于变形严重,切削力也大。此外,工件的热处理状态、金相组织,也会影响切削力的大小。通常情况下,对韧度材料主要以强度、脆性材料主要以硬度来判别其对切削力的影响。

(2)切削用量　背吃刀量、进给量、切削速度对切削用量都有影响。

①背吃刀量 a_p 与进给量 f 的影响　当 a_p 或 f 加大时,切削层的公称横截面积增大,变形抗力和摩擦阻力增加,因而切削力随之加大。

②切削速度 v_c 的影响　在低速切削范围内,随着切削速度的增加,积屑瘤逐渐长大,刀具实际前角逐渐增大,切削变形减小,使切削力逐渐减小。在中速切削范围内,随着切削速度的增加,积屑瘤逐渐减小并消失,使切削力逐渐增至最大。在高速切削阶段,由于切削温度升高,摩擦力逐渐减小,使切削力得以稳定降低。

2. 切削热与切削温度

1)切削热的产生与传出

金属切削加工中,切削热来源于切削时切削层金属发生弹性、塑性变形时所产生的热,以及刀具前面与切屑、刀具后面与工件表面摩擦产生的热。其中:切削塑性金属时,切削热主要来源于剪切区变形和刀具前面与切屑的摩擦所消耗的功;切削脆性材料,切削热主要来源于刀具后面与工件的摩擦所消耗的功。总的来说,切削塑性材料时产生的热量要比切削脆性材料时产生的多。

切削时所产生的切削热主要以热传导的方式分别由切屑、工件、刀具及周围介质向外传散。各部分传出热量的百分比,随工件材料、刀具材料、切削用量、刀具几何参数及加工方式的不同而变化。在一般干切削的情况下,大部分切削热由切屑带走,其次传至工件和刀具,周围介质传出的热量很少。

2)影响切削温度的因素

切削热是通过切削温度对刀具和工件产生影响的。切削温度一般指切屑与前刀面接触区域的平均温度。在生产中,切削温度可根据切屑表面氧化膜的颜色来大致判断。如切削钢件时,银灰色代表切削温度在 200 ℃ 以下,淡黄色代表切削温度在 220 ℃ 左右,深蓝色代表切削温度在 300 ℃ 左右,淡灰色代表切削温度在 400 ℃ 左右,紫黑色代表切削温度在 500 ℃ 以上。

(1)工件材料的影响　工件材料的强度越大、硬度越高,切削时消耗的功越多,产生的切削热越多,切削温度升高。工件材料的热导率大,热量容易传出,若产生的切削热相同,则热容量大的材料切削温度低。工件材料的塑性越好,切削变形越大,切削时消耗的功越多,产生的切削热越多,切削温度越高。

(2)切削用量的影响 切削用量中,切削速度对切削温度影响最大。切削速度 v_c 增加,切削的路径增长,切屑底层与刀具前面将发生强烈摩擦从而产生大量的切削热,使切削温度显著升高。

进给量 f 对切削温度有一定的影响。进给量的增大,会使单位时间内金属的切除量增加,消耗的功率增大,切削热增大,切削温度上升。

背吃刀量 a_p 对切削温度影响很小。随着背吃刀量的增加,切削层金属的变形与摩擦成正比例增加,产生的热量按比例增加。

(3)刀具几何角度的影响 刀具几何参数对切削温度影响较大的是前角和主偏角。

前角 γ_o 增大,切削变形及切屑与刀具前面的摩擦减小,产生的热量小,切削温度下降;反之,切削温度升高。但是如果前角太大,刀具的楔角减小,散热体积减小,切削温度反而升高。

主偏角 κ_r 增大,刀具主切削刃工作长度缩短,刀尖角 ε_r 减小,散热面积减少,切削热相对集中,从而使切削温度升高;反之,主偏角减小,切削温度将降低。

(4)其他因素 刀具后面磨损较大时,会加剧刀具与工件的摩擦,使切削温度升高。切削速度越高,刀具磨损使切削温度升高越明显。

任务十 切削加工中的振动

金属切削加工中产生的振动是一种十分有害的现象。若加工中产生了振动,刀具与工件间将产生相对位移,会使加工表面产生振痕,严重影响零件的表面质量和性能;工艺系统将持续承受动态交变载荷的作用,刀具极易磨损(甚至崩刃),机床连接特性受到破坏,严重时甚至使切削加工无法继续进行;振动中产生的噪声还将危害操作者的身体健康。为减小振动,有时不得不降低切削用量,导致机床加工的生产效率降低。因此,分析金属切削加工中的振动原因并掌握控制振动的途径是很有必要的。

1. 产生振动现象的原因

以车削加工为例。在车床安装时加设了隔振地基、传动系统无缺陷及切削过程中无冲击存在的情况下,车削振动的主要类型是不随车削速度变化而变化的自激振动,而主要是加工过程中工件及刀架系统变形而产生的低频振动(其频率接近工件的固有频率)以及因车刀的变形而产生的高频振动(其频率接近车刀的固有频率)。这类振动常常使机床尾座、刀架松动并使硬质合金刀片碎裂,且在工件切削表面留下较细密的痕迹。车削中的低频振动通常是工件、刀架都在振动(工件振动较大),它们时而相离(振出)、时而趋近(振入),产生大小相等、方向相反的作用力与反作用力(即切削力 F_y 和弹性恢复力 $F_弹$)。刀架的振出运动是在切削力 F_y 作用下产生的,对振动系统而言,F_y 是外力。在振动过程中,当工件与刀架作振出运动时,切削力 F_y 与工件位移方向相同,对振动系统做正功,振动系统则从切削过程中吸收一部分能量 $W_{出}$,储存起来。刀架的振入运动则是在弹性恢复力 $F_{弹}$ 作用下产生的。当刀架振入时,$F_{y入}$ 与工件位移方向相反,振动系统对切削过程做负功,即振动系统要消耗能量 $W_{入}$。由于切削力周期性变化,使得 $W_{出}>W_{入}$ 或 $F_{y出}>F_{y入}$,从而使工件或刀具获得能量补充,产生低频的自激振动。此时,在力和位移的关系图中,振出过程曲线处在振入过程曲线的上部。而高频振动产生的原因是在某速度区段内,刀具后面与切屑之间的摩擦,使切削力 F_y 随切削速度的增加而减小,即具有下降特性,造成 $F_{y出}>F_{y入}$,故加工系统有自激振动产生。

2. 控制或减小振动的途径

自激振动与切削过程本身有关,也与工艺系统的结构性能有关。因此控制自激振动的基本途径是减少或消除激振力。有如下几种控制方法。

1) 合理选择切削用量

车削加工在速度 $v=20\sim60$ m/min 时容易产生自振,高于或低于此范围则振动减弱。因此,在精密加工时宜采用低速切削,一般加工宜采用高速切削。进给量 f 增大,自振强度下降。可知在允许条件下应尽量加大进给量 f。车削加工时切削深度 a_p 与切削宽度 b 的关系为 $b=a_p/\sin\kappa_r$(κ_r 为主偏角),即 a_p 越大,切削宽度 b 越大,产生振动的趋势越强。

2) 合理选择刀具几何参数

主要影响参数为主偏角 κ_r 和前角 γ_o。当 $\kappa_r=90°$ 时振幅最小,此时切削力在 y 方向上最小,x 方向上最大。由于一般工艺系统的刚度在 x 方向上比在 y 方向上好得多,因此不易起振。在相同切削速度 v_c 时随前角 γ_o 的增大,切削力减小,振幅也减小。因此通常采用双前角消振刀,以减小切削力,可取得很好的减振效果。

减小后角有利于减振。一般后角取 $2°\sim3°$ 为宜,必要时在刀具后面上磨出带负后角的消振棱,形成倒棱减振车刀。其特点是刀尖不易切入金属,且后角小,有减振作用,切削时稳定性好。

3) 合理提高系统刚度

(1) 车削细长轴($L/D>12$)时,工件刚度差,易弯曲变形和产生振动。此时应在采用弹性顶尖及辅助支承(中心架或跟刀架)来减振的同时,用冷却液冷却以减小工件的热膨胀变形;当用细长刀杆进行孔加工时,应采用中间导向支承来减振。

(2) 在增加工艺系统刚度的同时,应尽量减小构件自身的质量,应把"以最轻的质量获得最大的刚度"作为结构设计的一个重要原则。

(3) 减小刀具悬伸长度。一般情况下刀具伸出长度不宜超过刀杆高度的两倍。

(4) 采取消振措施,使用消振刀具。如采用切向刚度较高的弹性刀杆,将不易产生刀杆的高频弯曲振动。刀具高速自振时,宜提高转速和切削速度,以提高切削温度,消除刀具后面摩擦力下降特性和由此引起的自振,但切削速度不宜高于 1.33 m/s(80 m/min)。对于机床主轴系统,要适当减小轴承间隙,对滚动轴承应施加适当的预应力以增加接触刚度,提高机床的抗震性能。

合理安排刀具和工件的相对位置。在车床上安装车刀的方位对提高车削加工过程的稳定性、避免自激振动具有很大的影响。试验表明,将普通车床车刀安装在水平面上时其稳定性最差,而将车刀装在 $\alpha = 60°$ 的方位上,车削过程的稳定性最好。

知识链接

切削热的影响

在铣削镍基合金时,会产生大量的切削热。所以在加工时,应用充足的冷却液将切削区淹没,这对小直径铣刀容易实现,但对大直径刀具(如面铣刀),切削时就不可能将切削区全部淹没,只能关掉冷却液,采用干铣方式。

当铣刀不能被冷却液覆盖时,热量在刀片上快速传入、传出,导致产生许多垂直于切削刃的很小裂纹,裂纹逐渐扩展,最终就会引起硬质合金刀片碎裂。

在有些场合可使用比较小的铣刀,加工时不用冷却液,如果刀具切削正常且刀具寿命有所改善的话,说明也能进行有效的干铣。

医疗和航天工业中的零件常用镍基合金制造,应注意如何根据这类材料的成分选用适当的切削参数和切削方法。

镍基合金的两个主要元素是镍和铬。当金属冶炼厂调整其中每种金属的含量时,镍基合金的耐蚀性、强度、硬度等特性都会改变,同样它的可加工性也会随之变化。

设计切削坚韧或硬质工件的刀具并不难,但要设计出切削这两种性质兼备的工件的镍基合金刀具却是不容易的。

小　　结

在机械切削加工过程中,由于切削热的产生,加工工件、刀具、切屑等的温度都会升高。这些物体温度的升高,将直接导致刀具的磨损和耐用度降低,也会影响工件的加工精度和已加工表面质量。因此,研究切削加工过程中切削温度变化的规律对生产实践是十分重要的。切削温度变化的规律和切削条件密切相关,材料切削加工性能的难易、切削用量的选择、刀具几何参数的选定、冷却润滑条件等因素,对切削温度都有较大的影响。本模块从切屑的形成、种类,积屑瘤

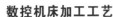

的产生,切削热的产生及影响因素等方面来进行阐述,便于我们在工作中合理运用刀具,从而提高工件的加工质量。

能 力 检 测

1.切屑是怎样形成的?分为哪几类?

2.积屑瘤的形成对切削过程有何影响?

3.影响切削温度的因素有哪些?

模块四　材料的切削加工性

【学习目标】

了解:难切削材料及其特点。

熟悉:常用材料的切削加工性。

掌握:常用材料的切削加工性及改善途径;材料的力学性能。

任务十一　切削加工性的概念和指标

1.材料的切削加工性

工件材料的可切削加工性是指对某种材料进行切削加工的难易程度。

工件材料切削加工性的评定指标有以下几个:

(1)一定耐用度下的切削速度 v_T;

(2)切削力或切削温度;

(3)加工表面质量;

(4)切屑控制或断屑的难易程度;

(5)相对加工性。

2.常用材料的切削加工性

1)碳钢

(1)低碳钢($w(C)<0.25\%$):性软而韧,粗加工时不易断屑而影响操作过程,精加工时因切屑脱离母体时使已加工表面发生严重撕扯而易产生大量细裂纹(鳞刺),又易形成积屑瘤而严重影响精加工质量,故切削加工性较差。可通过正火处理使晶粒细化、硬度增加、韧度下降,从而便于切削加工。

(2)中碳钢($w(C)=0.3\%\sim0.6\%$):有较好的综合性能,其切削加工性较好。

(3)高碳钢($w(C)=0.6\%\sim0.8\%$):切削加工性次于中碳钢。

(4)高碳钢（$w(C)>0.8\%$）：性硬而脆，切削时刀具易磨损，故其切削加工性不好。可通过球化退火来改善其切削加工性。

2）合金结构钢

合金结构钢的切削加工性一般低于与其含碳量相近的碳素结构钢。

3）普通铸铁

与具有相同基体组织的碳钢相比，普通铸铁的切削加工性好，其金相组织是金属基体加游离态石墨。石墨使铸铁的塑性差，切屑易断，有润滑作用，从而使切削力小，刀具磨损小。但石墨易脱落，使已加工表面粗糙。切削铸铁时形成的是崩碎切屑，切屑与刀具前面的接触长度非常短，使切削力、切削热集中在刃区，最高温度在靠近切削刃的刀具后面上。

4）铝、镁等非铁合金

此类合金硬度较低，且导热性好，故具有良好的切削加工性。

加工铝合金时，不宜采用陶瓷刀具，一般不使用切削液。如使用切削液，对铝合金宜使用乳化液和煤油。

对镁合金严禁使用水剂和油剂，宜于自然空冷和采用压缩空气冷却。

3. 改善工件材料切削加工性的途径

可通过热处理方法改变材料的金相组织和物理力学性能，以及调整材料的化学成分等途径来达到改善工件材料切削加工性的目的。在生产实际中，热处理是常用的处理方法。

任务十二　影响切削性的因素

1. 影响切削加工性的因素

1）材料的物理性能

(1)导热系数 K　导热系数高的材料，允许的切削速度 v_c 就高。用硬质合金刀具切削不同导热系数的材料所允许用的 v_c：切削碳钢（$K=48.2\sim50.2$ W/(m·k)）时，$v_c=100\sim150$ m/min；切削高温合金（$K=8.4\sim16.7$ W/(m·k)）时，$v_c=7\sim60$ m/min；切削钛合金（$K=5.44\sim10.47$ W/(m·k)）时，$v_c=15\sim50$ m/min。

(2)线膨胀系数 α　它的大小影响材料在切削加工时的热胀冷缩程度，从而影响加工精度。

2）材料的化学成分　材料的化学成分和配比是影响材料的力学性能、物理性能、热处理性能、金相组织和材料的切削加工性的根本因素。

(1)碳(C)　材料含碳量增加，其硬度和强度相应增大。含碳量适中（如 45 钢），其切削加工性好。材料含碳低，切削加工性也变差。

(2)镍(Ni)　镍能提高材料的耐热性，但会使材料的导热系数明显下降。当 $W(Ni)>8\%$ 时，形成奥氏体钢，将使加工硬化严重。

(3)钒(V)　随着材料含钒量的增加，材料的磨削性能将变差。

(4)钼(Mo)　钼能提高材料的强度和韧度,但会使材料的导热系数下降。

(5)钨(W)　钨能提高材料的高温强度和常温强度,但可使材料的导热系数明显下降。

(6)锰(Mn)　锰能提高材料的硬度与强度,但可使材料的韧度略降低。当$W(Mn)>1.5\%$时,材料的切削加工性将变差。

(7)硅(Si)　硅可使材料的导热系数下降。

(8)钛(Ti)　钛是易于形成碳化物的元素,其加工性也差。

此外,铬(Cr)、氧(O)、硫(S)、磷(P)、氮(N)、铅(Pb)、铜(Cu)、铝(Al)等元素,都对材料的切削加工性能有影响。

3)材料的力学性能

(1)硬度和强度　材料的硬度和强度适中,其切削加工性比较好。硬度和强度越高,材料的切削加工性就越差。如淬火的 45 钢,它的硬度为 200 HB,抗拉强度 σ_b 为 640 MPa,切削加工性好;淬火钢的硬度达 55～65 HRC,抗拉强度 σ_b 达 2100～2600 MPa,它的切削加工性就很差。

(2)韧度和塑性　韧度(表现为冲击韧度 α_K)高、塑性(表现为延伸率 δ)好的材料,在切削加工时的切削阻力、切削变形和产生的切削热量就大,其切削加工性也较差。

(3)弹性模量　它是表示材料刚度的指标。弹性模量大,表示材料在外力作用下不易产生弹性变形。但弹性模量小的材料在切削过程中,弹性恢复大,且与刀具摩擦大,切削也困难。如软橡胶的弹性模量为 2～4 MPa,45 钢的弹性模量为 2×10^5 MPa,钼的弹性模量为 5×10^5 MPa。

4)金相组织

(1)铁素体　它的硬度和强度很低(50～90HB,$\sigma_b=190～250$ MPa)、塑性和韧性好($\delta=40\%～50\%$),切削时易产生积屑瘤,切削加工性较差。

(2)珠光体　这种金相组织的材料,切削加工性好,如 45 钢。

(3)渗碳体　硬度高,但很脆,切削时易崩边,切削加工性差。

(4)奥氏体　它的硬度不高(200 HB 左右),但塑性和韧性很好,加工表面硬化严重,切削加工性很差,如 1Cr18Ni9Ti 等。

(5)马氏体　淬火钢的金相组织即为马氏体,它的硬度高、脆性大。

2. 难切削材料的切削特点

难加工材料包括难切削金属材料和难切削非金属材料两大类。难切削金属材料有高锰钢、高强度钢、不锈钢、高温合金、钛合金、高熔点金属及其合金、喷涂(焊)材料等。难切削非金属材料有陶瓷等。

难切削材料的切削特点如下。

(1)所需切削力大　单位切削力为切削 45 钢时的 1.5～2.5 倍。

(2)切削温度高　当切削速度 $v_c=75$ m/min 时,切削以下材料比切削 45 钢时的切削温度高：TC4（435 ℃）、GH132（320 ℃）、GH36（270 ℃）、1Cr18Ni9Ti（195 ℃）。

（3）加工硬化倾向大　由于部分难切削材料的塑性、韧性好，强化系数大，加之在切削热的作用下，吸收周围介质中的 H、O、N 等原子，使切削表面和已加工表面形成硬脆层，硬化程度比材料基体高 50%～200%，深度大于 0.1 mm，是切削 45 钢的好几倍。

3. 改善难切削材料加工性的途径

（1）改善切削加工条件。要求机床有足够大的功率，并处于良好的技术状态；加工工艺系统应具有足够的强度和刚度，装夹要可靠；在切削过程中，要求均匀地机械进给，切忌手动进给，不容许刀具中途停顿。

（2）选用合适的刀具材料。

（3）优化刀具几何参数和切削用量。

（4）选用合适的切削液，切削液供给要充足，且不要中断。

（5）对被切削材料进行适当的热处理。

（6）采用其他工艺措施，如离子加热切削、振动切削、电熔爆等。

知识链接

热处理方法对钢材性能的影响

1）退火

退火能够改变钢的组织结构，从而获得我们所要求的性能。

（1）加热时的组织转变　在铁素体与渗碳体分界面处优先形成奥氏体晶核，并不断长大，当珠光体全部消失时，奥氏体也就转变完毕。

（2）冷却时的组织转变　由于退火的冷却速度很缓慢，奥氏体转变产物与 Fe-Fe₃C 的组织相同，因而共析钢为珠光体，亚共析钢为珠光体加铁素体，过共析钢为珠光体加渗碳体。

2）淬火

淬火是将钢加热到临界温度以上，保温一段时间，然后快速冷却下来，进行淬硬工件的热处理方法。其实质是通过加热使钢组织结构中的铁素体和珠光体充分转变为成分均匀的奥氏体，然后急冷下来得到硬度很高的马氏体。

3）回火

回火是紧接于淬火之后的热处理工序。淬火钢在不同的温度下回火，所得的组织不同，因而其力学性能差别很大，总的趋势是：随着回火温度升高，其强度、硬度降低，而塑性、韧性增强。淬火钢中的马氏体和残余奥氏体都是不稳定的组织，受热就会发生转变。随着温度升高，碳原子逐渐以渗碳体的形式析出，引起组织转变。最后渗碳体聚合而分布在铁素体基体上，形成各种回火组织。

小　结

切削加工性好坏常用加工后工件的表面粗糙度、允许的切削速度及刀具的磨损程度来衡量。它与金属材料的化学成分、力学性能、导热性及加工硬化程度等诸多因素有关。通常用硬度和韧度来大致判断切削加工性的好坏。一般而言,金属材料的硬度愈高,就愈难切削,硬度虽不高,但韧度高,切削也较困难。一般非铁金属(有色金属)比铁金属的切削加工性好,铸铁比钢的好。

能 力 检 测

1.材料切削加工性的评定指标是什么?

2.改善材料切削加工性的途径有哪些?

模块五　切削用量及切削液的选择

【学习目标】

了解:切削用量的计算方法和查表。

熟悉:切削用量的选择原则及选择方法;切削液的作用、种类及选择方法。

掌握:切削用量及切削液的选择。

任务十三　切削用量的选择

1.切削用量选择原则

选择切削用量实际上是选择切削用量三要素的最佳组合,在保持刀具合理耐用度的前提下,使 a_p、f、v_c 三者的乘积最大,以获得最高的生产率。

选择切削用量时应注意以下几点。

(1)粗加工时,应尽量保证较高的金属切除率和必要的刀具耐用度。

(2)选择切削用量时,应:首先,选取尽可能大的背吃刀量;其次,根据机床动力和刚度的限制条件,选取尽可能大的进给量;最后,根据刀具耐用度要求,确定合适的切削速度。

(3)增大背吃刀量可使走刀次数减少,增大进给量有利于断屑。

(4)精加工时,对加工精度和表面粗糙度要求较高,加工余量不大且较均匀。选择精加工的切削用量时,应着重考虑如何保证加工质量,并在此基础上尽量提高生产率。因此,精车时应选用较小(但不能太小)的背吃刀量和进给量,并选用高性能的刀具材料和合理的几何参数,以尽可能提高切削速度。

2. 切削用量的选择方法

1)背吃刀量 a_p 的选择

(1)粗加工时应尽量用一次走刀切除全部粗加工余量。当粗加工余量过大、机床功率不足、工艺系统刚度较低、刀具强度不够、断续切削及切削时冲击振动较大时,可分几次走刀。切削表面层有硬皮的铸、锻件时,应尽量使背吃刀量大于硬皮层的厚度,以保护刀尖。

(2)半精加工和精加工的加工余量一般较小,可一次走刀切除,即 a_p 等于半精(精)加工余量。为保证工件的加工质量,也可分两次走刀。多次走刀时,应将第一次的背吃刀量取大些,一般为总加工余量的 2/3~3/4。

在中等切削功率的机床上进行粗加工时,背吃刀量可达 8~10 mm;进行半精加工时,背吃刀量可取 0.5~2 mm;进行精加工时,背吃刀量可取 0.1~0.4 mm。

2)进给量 f 的选择方法

进给量对工件的加工表面粗糙度影响较大。

粗加工时,由于粗加工的工艺目标是尽量高效切出加工余量,对加工后表面质量没有太高的要求,这时在工艺系统的强度、刚度允许的情况下,可选用较大的进给量,可根据工件材料、刀杆尺寸、工件直径和已确定的背吃刀量查阅相关手册确定。

半精加工和精加工时,由于半精、精加工的工艺目标是确保加工表面质量(主要是表面粗糙度),进给量应取较小值,通常可按照工件的表面粗糙度要求,根据工件材料、刀尖圆弧半径、切削速度等条件查阅切削用量等相关手册来选择进给量。

3)切削速度 v_c 的选择

根据已选定的背吃刀量、进给量,按照一定刀具耐用度下允许的切削速度公式,通过计算确定切削速度 v_c,或者查表确定切削速度。

任务十四　切削液及其选择

1. 切削液的作用

(1)润滑作用　切削液能渗到刀具的前面、后面与工件表面间,形成一层薄薄的润滑油膜或化学吸附膜,从而减少摩擦。

(2)冷却作用　切削液能从切削区域带走大量的切削热,使切削温度降低。冷却性能的好坏取决于切削液的传热系数、比热容、汽化热、汽化速度、流量、流速及其本身的温度等。一般来说,水溶液的冷却性能最好,乳化液的次之,油类的最差。

(3)排屑与清洗作用　在磨削、钻削、深孔加工和自动线等生产中,利用浇注或高压喷射切削液来排除切屑或引导切屑流向,切削液的流动可以冲走切削区

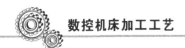

域和机床上的细碎切屑,并可冲洗黏附在机床、刀具和夹具上的细碎切屑和磨粒细粉,并减少刀具磨损。

(4)防锈作用 切削液应具有防锈作用。在切削液中加入防锈剂,可在金属表面形成一层保护膜,从而对工件、机床、刀具都能起到防锈的作用。

2.切削液的种类

常用的切削液分为三大类:水溶液、乳化液和切削油。

(1)水溶液 水溶液是以水为主要成分并加入防锈添加剂、油性添加剂的切削液。水溶液主要起冷却作用,同时由于其润滑性能较差,所以主要用于粗加工和普通磨削加工。

(2)乳化液 乳化液是由乳化油加 95% ~ 98% 水稀释成的一种切削液。乳化油是由矿物油、乳化剂配置而成的。添加乳化剂可使矿物油与水乳化,形成稳定的切削液。

(3)切削油 切削油是由矿物油为主要成分并加入一定添加剂而构成的切削液,主要起润滑作用。

3.切削液的选择

切削液应根据工件材料、刀具材料、加工方法和技术要求等具体情况进行选择。

1)根据加工技术要求选择切削液

(1)粗加工时切削液的选择 因为粗加工所用的加工余量、切削用量较大,所以会产生大量的切削热。在采用高速钢刀具切削时,由于高速钢刀具耐热性较差,需要采用切削液,这时使用切削液的主要目的是降温冷却,减少刀具磨损,因此应采用 3% ~ 5% 的乳化液;硬质合金刀具由于耐热性较高,一般不用切削液,若要使用切削液,则必须连续、充分地浇注,以免处在高温状态的硬质合金刀片产生巨大的内应力而出现裂纹。

(2)精加工时切削液的选择 精加工要求表面粗糙度较小,一般应采用润滑性能较好的切削液,如高浓度的乳化液或含极压添加剂的切削油。采用高速钢刀具精加工时可用 15% ~ 20% 的乳化液,以降低刀具磨损,改善加工表面质量。

2)根据工件材料的性质选用切削液

切削塑性材料时需用切削液。切削铸铁等脆性材料时,一般不加切削液,以免崩碎状切屑黏附在机床的运动部件上。

切削铜合金和非铁金属时,一般不得使用含硫化添加剂的切削液,以免腐蚀工件表面。切削铝、镁及其合金时,不得使用水溶液或水溶性乳化液。在贵重精密机床上加工工件时,不得使用水溶性切削液及添加有含硫、氯添加剂的切削油。

3)根据加工方法选用切削液

(1)磨削 磨削加工能获得很高尺寸精度和较低的表面粗糙度。磨削时,磨削速度高、发热量大，磨削温度可高达800~1 000 ℃，甚至更高，容易引起工件表面烧伤和由于热应力的作用产生表面裂纹及工件变形，砂轮磨损钝化、磨粒脱落，而且磨屑和砂轮粉末易飞溅，落到零件表面而影响加工精度和表面粗糙度。加工韧度和塑性材料时，磨屑嵌塞在砂轮工作面上的空隙处或磨屑与加工金属熔结在砂轮表面上，会使砂轮失去磨削能力。因此，为了降低磨削温度，冲洗掉磨屑和砂轮粉末，提高磨削比和工件表面质量，必须采用冷却性能和清洗性能良好、有一定润滑性能和防锈性能的切削液。

(2)镗削　镗削机理与车削一样，不过它是内孔加工，切削用量和切削速度均不大，但散热条件差，可采用乳化液做切削液，使用时应适当增加切削液的流量和压力。

(3)铣削　铣削是断续切削，每个刀齿的切削深度时刻变化，容易产生振动和一定的冲击力，所以铣削条件比车削条件差。用高速刀具高速平铣或高速端铣时，均需要冷却性好并有一定润滑性能的切削液，如极压乳化液。在低速铣削时，要求用润滑性好的切削油，如精密切削油和非活性极压油。对不锈钢和耐热合金钢，可用添加有含硫、氯极压添加剂的切削油。

(4)铰削　铰削加工是对孔的精加工，要求精度高。铰削属低速、小进给量切削，主要是刀具与孔壁成挤压切削，切屑碎片易留在刀槽或黏结在刀刃边上，影响刃带的挤压作用，破坏加工精度和表面粗糙度，增加切削扭矩，还会产生积屑瘤，增加刀具磨损。铰孔时润滑状态基本上属于边界润滑状态，一般采用润滑性能良好并有一定冷却性能的高浓度极压乳化液或极压切削油，就可以得到很好的效果。对深孔铰削，采用润滑性能好的深孔钻切削油便能满足工艺要求。

(5)拉削　拉刀是一种沿着轴线方向按刀刃和齿升并列着众多刀齿的加工工具，拉削加工的特点是能够高精度地加工出具有复杂形状的工件。因为拉刀是贵重刀具，所以刀具耐用度对生产成本影响较大。此外，拉削是精加工，对工件表面粗糙度要求严格。拉削时，切削阻力大，不易排屑，冷却条件差，易刮伤工件表面，所以要求切削液的润滑性和排屑性能较好。国内已有专用的添加有含硫极压添加剂的拉削油。

(6)钻孔　使用一般的麻花钻钻孔，属于粗加工，钻削时排屑困难，切削热不易导出，往往造成刀刃退火，影响钻头使用寿命及加工效率。选用性能好的切削液，可以使钻头的寿命延长数倍甚至更多，生产率也可明显提高。一般选用极压乳化液或极压合成切削液。极压合成切削液表面张力低，渗透性好，能及时冷却钻头，对延长刀具寿命、提高加工效率十分有效。对于不锈钢、耐热合金等难切削材料，可选用低黏度的极压切削油。

(7)珩磨　珩磨加工的工件精度高、表面粗糙度低，加工过程产生的铁粉和油石粉颗粒度很小，容易悬浮在磨削液中，造成油石孔堵塞，影响加工效率和破坏工件表面的加工质量，所以要求冷却润滑液具备较好的渗透、清洗、沉降性能。

水基冷却液对细小粉末的沉降性能差，一般不宜采用。黏度大的油基磨削液也不利于粉末的沉降，所以一般采用黏度小（40℃时为 $2\sim3$ mm^2/s）的矿物油加入一定量的非活性的硫化脂肪油做珩磨油。

 知识链接

切削液的发展

在机械行业中，切削液被广泛应用于各种切削加工，例如车削、铣削、磨削、钻孔等过程，以使加工参数得到优化。

切削液技术的发展有两个特点：第一，切削液的产品数量越来越多，种类越来越齐全，功能也越来越细化，针对不同的加工方式，都有相应的切削液与之对应；第二，切削液的技术越来越完善，因此加工效率得以不断提高。

切削液一般以基础油或油性添加剂为载体，通过在基础油或油性添加剂中加入多种具有不同性质和功能的添加剂并进行混合，就形成了切削油或水性切削液的原液。因此，添加剂是金属切削液工艺技术中的核心要素，优良的添加剂配方成为企业提高自身品牌市场竞争力的必要条件。

金属切削液在机械去除加工中的主要作用是冷却、润滑、清洗和防锈。由于液体的对流和气化可以降低刀具和工件表面的温度，从而可防止工件表面的灼伤和形变。

与此同时，切削液可清洗工件并带走切削中产生的碎屑，避免其夹杂在工件和刀具之间发生二次切削而影响工件的表面质量。除了水溶性合成切削液，其余切削液中的油性化合物（来自基础油或油性添加剂）通过其极性基团吸附在工件表面并形成一层油膜，会减少切削过程中的摩擦。

在含有极压添加剂的切削液中，卤素、硫、磷等元素组成的化合物与工件表面的金属在高温高压下的瞬间发生反应，形成具有抗剪切力较小的物质层，在减小摩擦力的同时，还可防止金属表面的黏合。

此外，在切削液中还需加入抗氧化剂（防止切削油在高温高压下氧化）、抗汽化剂（防止切削液挥发产生雾状液体）、消泡剂（防止切削液在喷淋时产生泡沫而导致干磨现象）。

在水基切削液中，还有一些特殊的添加剂，如防蚀剂（防止金属腐蚀）、表面活性剂（降低油层的表面张力，改变体系的液面状态）、防腐杀菌剂（防止微生物的生长导致切削液变质）、稳定剂（保护乳化状态）等。

值得注意的是，不仅要保证这些添加剂被混合到切削液中形成成品后，它们之间相互不发生化学反应，还要确保切削液在工件加工中性能持续而且不与加工金属发生不必要的、不可逆转的化学变化。

小　　结

在金属切削加工中,切削用量和切削液的选择是否合理,直接影响工件的加工质量、刀具的使用寿命和零件的加工成本,最终影响整个产品的质量和成本。

能 力 检 测

1.选择切削用量时应注意什么?

2.切削液有何作用? 有哪些种类?

3.怎样选择切削液?

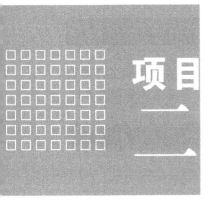

项目 二

机械加工质量

模块一　机械加工精度与加工误差

【学习目标】

了解:表面质量的内容。

熟悉:数控加工工艺的基本特点、影响加工精度的因素、表面质量对零件使用性能的影响。

掌握:提高加工精度的途径。

机械产品的质量取决于零件的加工质量和产品的装配质量,而机器零件的加工质量是整台机器质量的基础。

随着机器速度、负载的增大以及自动化生产的需要,对机器性能的要求也不断提高,因此保证机器零件具有更高的加工精度也显得重要。在实际生产中经常遇到和需要解决的工艺问题,多数也是加工精度问题。

机器产品的加工质量一般用机械加工精度和加工表面质量两个重要指标表示,它的高低将直接影响整台机器的使用性能和寿命。

机械产品加工的首要任务,就是保证零件的机械加工质量要求。

任务一 精度与误差的概念

研究机械加工精度的目的是研究加工系统中各种误差的物理实质,掌握其变化的基本规律,分析工艺系统中各种误差与加工精度之间的关系,寻求提高加工精度的途径,以保证零件的机械加工质量。

1. 机械加工精度

加工精度是指零件加工后的实际几何参数(如尺寸、形状和位置等)与理想几何参数的符合程度。符合程度越高,加工精度就越高。

机械加工精度包括尺寸精度、形状精度和位置精度三个方面。

1)零件的尺寸精度

尺寸精度是指加工后零件的实际尺寸与零件理想尺寸相符的程度。

2)零件的形状精度

形状精度是指加工后零件的实际形状与零件理想形状相符的程度。圆度、圆柱度、平面度、直线度等是表征零件形状精度的指标。

3)零件的位置精度

形状精度是指加工后零件的实际位置与零件理想位置相符的程度。平行度、垂直度、同轴度、位置度等是表征零件位置精度的指标。

机械加工精度的各项指标既有区别,又有联系。一般情况下,形状精度要求高于尺寸精度要求,位置精度要求也高于尺寸精度要求。尺寸精度＞位置精度＞形状精度＞表面粗糙度。当尺寸精度要求高时,相应的形状精度和位置精度要求也高;形状公差应限制在位置公差内,位置公差应限制在尺寸公差内。当形状公差要求高时,相应的位置公差和尺寸公差要求不一定高。

2. 加工误差

实际上零件不可能做得与理想零件完全一致,总会有大小不同的偏差,零件加工后的实际几何参数对理想几何参数的偏离程度,称为加工误差。

在机械加工中,机床、夹具、刀具和工件就构成一个完整的系统,即工艺系统。加工精度问题涉及整个工艺系统的精度问题,而工艺系统中的种种误差在不同具体的条件下,以不同的程度反映为工件的加工误差。因此,保证加工精度的问题就成了控制加工误差的问题。

生产实践中加工精度通常受多种原始误差的影响,根据各种加工误差在一批零件中出现的规律不同,可将其分为系统误差和随机误差两大类,如图 2-1所示。

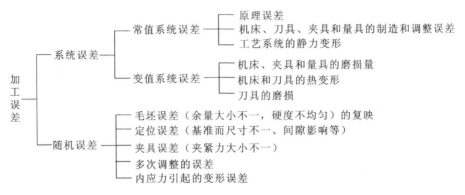

图 2-1　加工误差的分类

1）系统误差

当连续加工一批工件时，大小和方向始终保持不变或按一定规律变化的误差称为系统误差。例如机床、夹具和刀具的制造误差、原理误差、调整误差均属于系统误差。系统误差又包括常值系统误差和变值系统误差。

同一种误差在不同场合下可能会表现为不同性质的误差。例如，对一次调整加工的一批工件来说，调整误差是常值系统性误差，但对多次调整加工的一批工件来说，调整误差却是随机性误差。又如刀具的热变形，在热平衡之前，其受热变形引起的加工误差是变值系统性误差，而在热平衡之后，刀具变形基本稳定，就成了常值系统性误差。

2）随机误差

大小或方向变化没有任何规律的误差，称为随机性误差，例如毛坯的误差复映、夹紧误差、内应力引起的变形等都属于随机性误差。

加工误差的大小表示了加工精度的高低。生产实际中用控制加工误差的方法来保证加工精度。也就是说，加工精度的高低是通过加工误差的大小来衡量的，误差大则精度低，反之，误差小则精度高。

加工精度和加工误差是从两种观点来评定零件几何参数的，所谓保证和提高加工精度问题就是限制和降低加工误差问题。

3. 原始误差

由机床、夹具、刀具和工件组成的机械加工工艺系统的误差是工件产生加工误差的根源。与工艺系统有关的各种误差称为原始误差。原始误差包括几何误差和动误差，前者是与工艺系统初始状态有关的原始误差，后者是与工艺过程有关的误差，如图 2-2 所示。

上述原始误差并不是在任何情况下都会出现，而且对加工精度影响也是不同的。

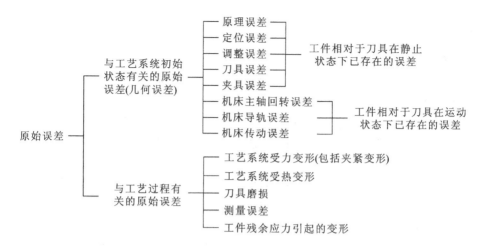

图 2-2　原始误差

以滚齿加工为例,根据误差产生的原因,可将其原始误差分为原理误差、工件安装误差、系统静态误差、系统调整误差、系统动态误差和测量误差。这些误差产生的具体原因分析如图 2-3 所示。

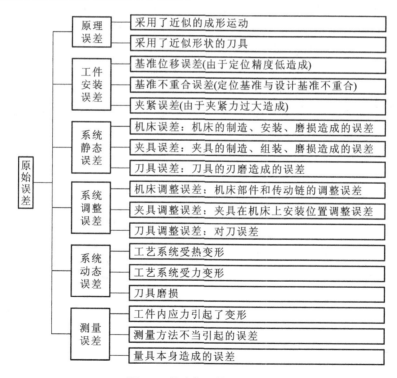

图 2-3　滚齿加工的原理误差

任务二　获得工件加工精度的方法

1. 获得尺寸精度的方法

机械加工中获得工件尺寸精度的方法，主要有五种：试切法、调整法、主动测量法、定尺寸刀具、自动控制法。

（1）试切法　它是指通过"试切→测量→调整→再试切"，反复进行，直到达到要求的尺寸精度为止的一种加工方法，即手工逐步调刀获得所需要的尺寸，例如箱体孔系的试镗加工。

先试切出很小部分加工表面，测量试切所得的尺寸，按照加工要求适当调刀具切削刃相对工件的位置，再试切，再测量，如此经过两三次试切和测量，当被加工尺寸达到要求后，再切削整个待加工表面。用试切法加工如图 2-4 所示。

配作法是试切法的一种类型。它是以已加工工件为基准，加工与其相配的另一个工件，或将两个（或两个以上）工件组合在一起进行加工的方法。配作中最终被加工尺寸达到的要求是以其与已加工件的配合要求为准的（比如模具制作）。

试切法达到的精度可能很高，它不需要复杂的装置。但采用这种方法费时（需作多次调整、试切、测量、计算），效率低，依赖工人的技术水平和计量器具的精度，质量不稳定，所以只用于单件小批生产。

（2）调整法　根据样件或试切工件的尺寸，加工前先将刀具相对工件的位置调整好再进行一批加工而获得尺寸精度的方法。在一批工件的加工过程中，保持调整好的位置不变，如需要退刀、让刀，应在退刀、让刀后使刀具或工件回到原来的位置。这时零件的精度在很大程度上取决于调整的精度。此法多用于自动、半自动机床加工，以及数控机床加工和成批、大量生产的场合。用调整法加工如图 2-5 所示。

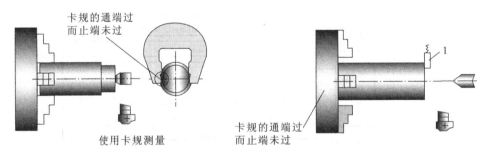

图 2-4　用试切法加工　　　图 2-5　用调整法加工

例如，采用铣床夹具时，刀具的位置靠对刀块确定。调整法的实质是利用机床上的定程装置或对刀装置或预先整好的刀架，使刀具相对于机床或夹具达到一定的位置精度，然后加工一批工件。

在机床上按照刻度盘进刀然后切削，也是调整法的一种。这种方法需要先按试切法决定刻度盘上的刻度。大批量生产中,多用定程挡块、样件、样板等对刀装置进行调整。

采用调整法比采用试切法的加工精度稳定性好,有较高的生产率,对机床操作工的要求不高,但对机床调整工的要求高。调整法常用于成批生产和大量生产。

(3)定尺寸刀具法 用刀具的相应尺寸来保证工件被加工部位尺寸的方法称为定尺寸刀具法。它是利用标准尺寸的刀具加工,加工面的尺寸由刀具尺寸决定。例如,用钻头、铰刀、拉刀加工孔,用槽铣刀加工槽等,孔的直径和槽的宽度就是由刀具的尺寸来获得的。

该方法的特点是操作方便,生产率较高,加工精度比较稳定,几乎与工人的技术水平无关,生产率较高,在各种类型的生产中应用广泛。

(4)主动测量法 在加工过程中,边加工边测量加工尺寸,并将所测结果与设计要求的尺寸比较后,或使机床继续工作,或使机床停止工作,这就是主动测量法。

其特点是质量稳定、生产率高,是未来获得尺寸精度的发展方向。

(5)自动控制法 自动控制法是指通过由测量装置、进给装置和切削机构以及控制系统组成的自动控制加工系统,使加工过程中的尺寸测量、刀具调整和切削加工等工作自动完成,从而获得所要求的尺寸精度的方法,即自动化的试切法。例如,在数控机床上,通过测量装置、数控装置和伺服驱动机构,控制刀具相对于工件的位置,从而保证工件的尺寸精度。

自动控制法具体有自动测量法和数字控制法两种。

①自动测量法 机床上有自动测量工件尺寸的装置,在工件达到要求的尺寸时,测量装置即发出指令使机床自动退刀并停止工作。

②数字控制法 机床中有控制刀架或工作台精确移动的伺服电动机、滚动丝杠螺母副及整套数字控制装置,尺寸(刀架的移动或工作台的移动)由预先编制好的程序通过计算机数字控制装置自动控制。

数字控制法的特点是加工质量稳定,生产率高,加工柔性好,能适应多品种生产。它是目前机械制造的发展方向和计算机辅助制造(CAM)的基础。

2. 获得形状精度的方法

零件的表面通常是以一条线为母线,沿另一条线(称为导线)为轨迹运动而形成的。形成工件上各种表面的母线和导线统称为发生线。母线和导线可以互换的表面,称为可逆表面;母线和导线不能互换的表面,称为非可逆表面。获得形状精度的方法如图2-6所示。

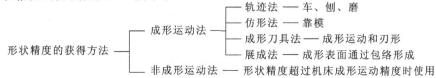

图 2-6 获得形状精度的方法

（1）轨迹法 轨迹法也称为刀尖轨迹法，是依靠刀尖的运动轨迹获得形状精度的方法，即让刀具相对于工件作有规律的运动，以其刀尖轨迹获得所要求的表面几何形状。

利用工件的回转运动和车刀的直线运动车削圆柱面和圆锥面；利用刨刀的直线运动和工件垂直于刀具直线运动方向的直线运动加工平面等。用轨迹法加工如图 2-7 所示。

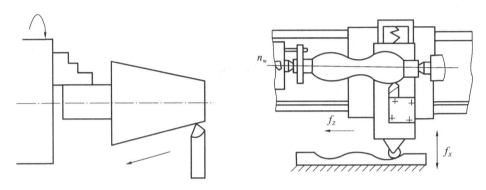

图 2-7 用轨迹法加工

（2）成形法 成形法是指零件表面的形状及其精度是利用成形刀具刀刃的几何形状和成形运动而获得的方法。成形刀具的切削刃外形同工件外形一样，用成形刀具刀刃的几何形状取代某些成形运动，可以简化机床，提高生产率。如图 2-9、图 2-10 所示分别为用成形车刀车成形面和用成形刨刀刨成形面。

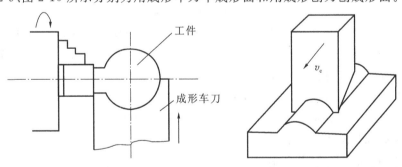

图 2-8 用成形车刀车成形面   图 2-9 用成形刨刀刨成形面

（3）相切法 利用刀具边旋转边作轨迹运动对工件进行加工的方法称为相切法。用铣刀、砂轮等作旋转运动的刀具加工工件时，切削点运动轨迹的包络线形成工件表面。用相切法所获得的形状精度主要取决于刀具中心按轨迹运动的精度。相切法加工如图 2-10 所示。

（4）展成法 采用展成法时，零件表面的形状及其精度是在刀具与工件的啮合运动中，由刀刃的包络面而获得。刀刃必须是被加工曲面的共轭曲面，成形运

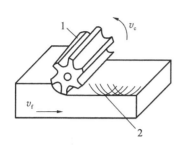
图 2-10　用相切法加工

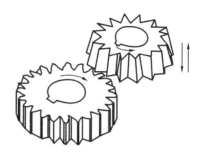
图 2-11　用展成法加工

运动间必须保持确定的速比关系。用展成法加工所获得的精度取决于切削刃的形状和展成运动的精度等。展成法加工如图 2-11 所示。

展成法适用于各种齿轮齿廓、花键键齿、蜗轮轮齿等表面的加工。

其特点是,刀刃的形状与所需表面几何形状不同。例如齿轮加工,刀刃为直线形的,如滚刀、齿条刀刀刃等,而加工表面母线为渐开线。展成法形成的渐开线是滚刀与工件按严格速比转动时,刀刃的一系列切削位置的包络线。

3. 获得位置精度的方法

位置精度的保证直接与装夹中的误差累积相关。安装次数越多,位置精度越差。常用的位置精度获得方法如图 2-12 所示。

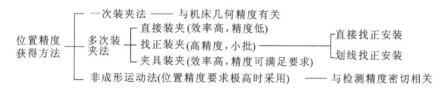

图 2-12　常用的位置精度获得方法

1)一次装夹法

一次装夹法是指工件上几个加工表面(包括基准面)的位置精度是在一次装夹中而获得的方法。位置精度要求较高的零件的各相关表面是在工件同一次安装中完成并保证的,如轴类零件外圆与端面的垂直度,箱体孔系中各孔之间的平行度、垂直度,同一轴线上各孔的同轴度等。

一次装夹法一般是用夹具装夹实现的。夹具是用以装夹工件和引导刀具的装置。

因为经一次装夹而加工出的各表面间的位置精度不受定位、夹紧的影响,只与机床精度有关,所以位置精度较高。

2)多次装夹法

由于加工表面的形状、位置和加工方法等原因的限制,工件上各个表面的位置精度必须通过几次装夹才能获得,这时的装夹方法称为多次装夹法。

53

根据工件装夹方式的不同,多次装夹法又分为直接安装法、找正安装法和夹具安装法。

(1)直接安装法　工件直接安装在机床上,从而可保证加工表面与定位基准面之间的精度。例如,在车床上加工与外圆同轴的内孔,可用三爪卡盘直接安装工件,如图 2-13 所示。

(2)找正安装法　找正是用工具(和仪表)根据工件上有关基准,找出工件在划线、加工(或装配)时的正确位置的过程。用找正方法装夹工件称为找正安装。通过找正保证加工表面与定位基准面之间的精度。

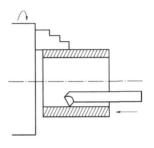

图 2-13　用三爪卡盘直接安装工件

①划线找正安装　它是指用划针根据毛坯或半成品上所划的线为基准找正毛坯或半成品在机床上正确位置的一种安装方法。

如图 2-14(a)所示的车床床身毛坯,为保证床身各加工面和非加工面的位置,在龙门刨床工作台上用可调支承支起床身毛坯,用划针划线找正并夹紧,再对床身底平面进行粗刨。

由于划线既费时,又对操作者技术水平要求高,划线找正的定位精度也不高,所以划线找正安装只用在批量不大时,多用于形状复杂而笨重的工件,或毛坯的尺寸公差很大而无法采用夹具装夹的工件。

②直接找正安装　它是指用划针和百分表或通过目测直接在机床上找正工件位置的装夹方法。如图 2-14(b)所示,用四爪单动卡盘装夹套筒,先用百分表按工件外圆 A 进行找正后,再夹紧工件进行外圆 B 的车削,可保证套筒的 A、B 圆柱面的同轴度。

此方法的生产率较低,对工人的技术水平要求高,所以一般只用于单件小批生产中。若工人的技术水平高,且能采用较精确的工具和量具,那么直接找正安装也能获得较高的定位精度。

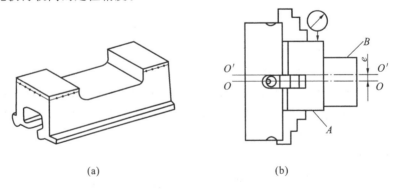

(a)　　　　　　　　　　　(b)

图 2-14　用找正安装法安装工件

(a)工件;(b)找正方法

（3）夹具安装法 夹具安装法即通过夹具保证加工表面与定位基准面之间的位置精度，用夹具上的定位元件使工件获得正确位置的一种方法。

这种方法定位迅速、方便，定位精度高、稳定。但专用夹具的制造周期长、费用高，故广泛用于成批、大量生产中。

任务三 提高工件加工精度的途径

1. 影响加工精度的主要因素

1）加工原理误差

加工原理误差是指在加工中采用近似的成形运动或近似形状的刀具进行加工而产生的误差。例如，在三坐标数控铣床上铣削复杂型面零件时，通常要用球头刀并采用"行切法"加工。齿轮滚刀滚齿时滚刀切削刃数有限，切削不是连续的，因而滚出的齿轮齿形不是光滑的渐开线，而是折线。滚齿加工的原理误差如图2-15所示。

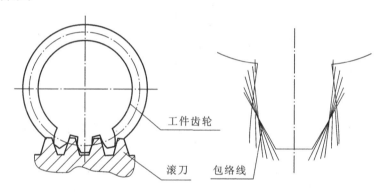

图 2-15 滚齿加工的原理误差

2）机床、刀具和夹具的制造误差与磨损

（1）机床几何误差 机床几何误差来源于机床本身各部件的制造误差、安装误差和使用过程中的磨损。其中对加工精度影响较大的是机床本身的制造误差，包括主轴回转运动误差、机床导轨误差和机床传动误差，如图2-16所示。

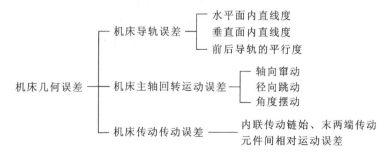

图 2-16 机床几何误差

①主轴回转运动误差 机床主轴是工件或刀具的位置基准和运动基准,它的误差直接影响着工件的加工精度。对主轴的精度要求,最主要的就是在运转时能保持轴线在空间的位置稳定不变,即高的回转精度。

实际的加工过程中,主轴回转轴线的位置在每一个瞬时都是变动着的,即存在运动误差。主轴回转轴线运动误差表现为三种形式:纯径向跳动误差、纯轴向窜动误差和纯角度摆动误差。

主轴的端面跳动会使被加工的端面不平,与圆柱面不垂直;加工螺纹时易产生螺距周期性误差。径向跳动容易造成轴径或孔径的圆度误差。主轴倾角摆动与主轴径向跳动类似,不仅影响轴径或孔径的圆度误差,而且影响圆柱度误差。

生产实践中,主轴工作时,其回转轴线的运动误差是以上三种形式的综合。主轴纯角度摆动对镗孔精度的影响如图 2-16 所示。

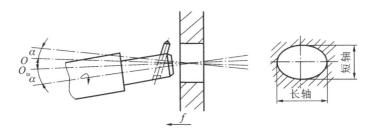

图 2-16 主轴纯角度摆动对镗孔精度的影响

主轴回转轴线的运动误差不仅和主轴部件的制造精度有关,而且还和切削过程中主轴受力、受热后的变形有关。但主轴部件的制造精度是主要的,是主轴回转精度的基础,它包含轴承误差、轴承间隙、与轴承相配合零件的误差等。

②导轨误差 床身导轨是确定机床主要部件的相对位置和运动的基准。因此,它的各项误差将直接影响被加工工件的精度。

导轨误差分为导轨在水平面内的误差、导轨在垂直面内的误差、两导轨间的平行度误差。

机床导轨的几何精度不仅取决于机床的制造精度,而且与使用时的磨损及机床的安装状况有很大关系。尤其是大、重型机床,因导轨刚性较差,床身在自重作用下很容易变形,因此,为减少导轨误差对加工精度的影响,除提高导轨制造精度外,还应注意机床的安装和调整,并应提高导轨的耐磨性。

③传动误差 传动误差是指传动链始、末两端传动元件间相对运动的误差。传动误差一般不影响圆柱面和平面的加工精度,但在加工工件运动和刀具运动有严格联系的表面,如车削、磨削螺纹和滚齿、插齿、磨齿时,则是影响加工精度的重要因素。

提高传动精度的主要措施有以下四种。

a.减少传动链中的元件数目,缩短传动链,以减少误差来源。

b.采用降速传动(即 $i<1$)。对于螺纹加工机床,机床丝杠的导程应大于工件的导程;对于齿轮加工机床,应使机床蜗轮齿数远大于工件的齿数。

　　c.提高传动元件,特别是末端传动元件的制造精度和装配精度。

　　d.采用传动误差校正机构(如车螺纹的校正机构)以及微机控制的传动误差自动补偿装置等。

　　(2)刀具的误差　刀具误差对加工精度的影响随刀具种类的不同而不同。

　　采用定尺寸刀具(如钻头、铰刀、键槽铣刀、镗刀、圆拉刀等)加工时,刀具的尺寸误差将直接影响工件尺寸精度。

　　采用成形刀具(如成形车刀、成形铣刀、齿轮模数铣刀、成形砂轮等)加工时,刀具的形状误差将直接影响工件的形状精度。

　　采用展成刀具加工时,刀具切削刃的几何形状及有关尺寸误差也会影响工件的加工精度。

　　对于一般刀具(如车刀、镗刀、铣刀等),其制造误差对工件的加工精度无直接影响。

　　任何刀具在切削过程中,都不可避免地要产生磨损,并由此引起工件尺寸和形状的改变。为减少刀具误差对加工精度的影响,除合理规定尺寸刀具和成形刀具的制造公差外,还应根据工件的材料和加工要求,准确选择刀具材料、切削用量、切削液,并正确刃磨刀具,必要时还可对刀具的尺寸磨损进行补偿。

　　(3)夹具的误差　夹具的作用是使工件相对于刀具和机床具有正确的位置,因此夹具的制造误差对工件的加工精度(特别是位置精度)有很大的影响。

　　夹具使用过程中的磨损将使夹具的误差增大。为了保证工件的加工精度,除了严格保证夹具的制造精度外,对夹具上易磨损件(如定位、对刀导引元件),应安排适当的热处理,提高其耐磨性。当易磨损件磨损到一定限度时须及时予以更换。

　　夹具设计时,凡影响工件精度的有关技术要求,必须给予严格的规定。对于精加工用夹具,工件精度一般取工件上相应尺寸公差的 $1/2\sim1/3$;对于粗加工用夹具,一般取工件上相应尺寸公差的 $1/5\sim1/10$。

　　3)调整误差

　　调整误差是在机械加工中,由于机床-夹具-工件-刀具工艺系统没有调整到正确的位置而产生的加工误差。采用不同的调整方法,也有不同的误差来源。

　　(1)调整　由调整工人在正式加工前预先调整好工艺系统,加工过程中操作者不再进行试切调整;用抽检法检查工艺系统的运行状况,从而决定是否需要重新调整。

　　(2)试切调整　试切调整方法广泛用在单件、小批生产中。这种调整方法产生误差的来源有以下三个。

①测量误差的影响　在试切过程中,量具本身存在误差。同时,测量方法、测量温度、测量力、视觉偏差及测量操作造成的误差等,复映到所得到的测量数据中,无形中使加工误差扩大。

②微量进给的影响　在试切中,总是要微量调整刀具的进给量,以便最后达到零件的尺寸精度。但是在低速微量进给中,常会出现进给机构的"爬行"现象,结果使刀具的实际进给量相对手轮转动刻度数偏大或偏小,难以控制尺寸精度而造成加工误差。

③切削厚度的影响　精加工时,试切的最后一刀厚度往往很小,切削刃只起挤压作用而不起切削作用。但正式切削时的背吃刀量较大,切削刃不打滑,就会多切下一点,因此,最后所得的工件尺寸会比试切时的小。粗加工时,正式切削的背吃刀量大大超过试切时的背吃刀量,切削力突然增大,由于工艺系统的受力变形,产生的让刀量也大些,车削外圆表面时就使尺寸变大。如图 2-17 所示。

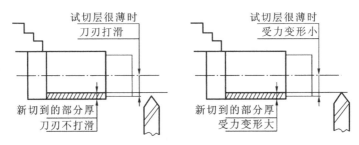

图 2-17　试切调整

(3)按定程机构调整　在半自动、自动机床和自动线上,广泛应用行程挡块、靠模及凸轮等机构来保证加工精度。这些机构的制造精度和磨损,以及与其配合使用的离合器、行程开关、控制阀等的灵敏度就成了影响调整误差的主要因素。

(4)用样板或样件调整　在各种仿形机床、多刀机床和专用机床的加工中,常采用专门的样件或样板来调整刀具、机床与工件之间的相对位置,这些样件或样板本身的制造误差、安装误差及其造成的对刀误差就成了影响调整误差的主要因素。

4)装夹误差

工件在装夹过程中产生的误差称为装夹误差。装夹误差包括定位误差和夹紧误差。工件的夹紧变形引起的误差如图 2-18 所示。

(1)定位误差　一批工件采用调整法加工时,因定位不正确而引起的尺寸或位置的最大变动量称为定位误差。定位误差由基准不重合误差和定位不准确产生的基准位移误差造成。

(2)夹紧误差　夹紧力偏大或偏小引起的误差称为夹紧误差。

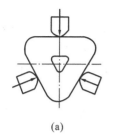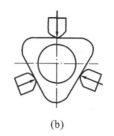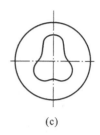

(a)　　　　　　　(b)　　　　　　　(c)

图 2-18　工件的夹紧变形

(a)用三爪卡盘夹紧后工件变形;(b)加工出圆孔;(c)松夹后孔呈三棱形

5)工艺系统的受力变形及其对加工精度的影响

(1)工艺系统的受力变形　在机械加工过程中,工艺系统在夹紧力、传动力、重力、惯性力、测量力、切削力等外力的作用下,成形运动精度会被破坏,使已经调整好的刀具与工件的相对位置发生变化,引起加工误差。

例如车细长轴时,工件在切削力的作用下产生弹性变形而出现"让刀"现象,加工后使工件呈鼓形,如图 2-19(a)所示。又如在内圆磨床上用横向切入法磨内孔时,由于内圆磨头主轴的弯曲变形,加工出的工件孔呈锥形,如图 2-19(b)所示。

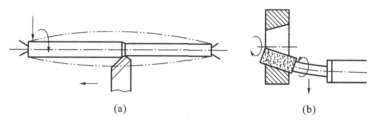

(a)　　　　　　　　　　　　　　(b)

图 2-19　受力变形对加工精度的影响

(a)车细长轴;(b)磨内孔

(2)工艺系统刚度　工艺系统在外力作用下所产生的位移变形,其大小取决于外力的大小和系统抵抗外力的能力。系统抵抗变形的能力称为刚度。工艺系统刚度包含工件刚度、刀具刚度和机床部件的刚度。

工艺系统由机床、夹具、刀具及工件组成,因此工艺系统受力变形总位移是各组成部分变形位移的叠加。

(3)减小工艺系统受力变形的途径　减小工艺系统受力变形是保证加工精度的有效途径之一。在生产实际中,常从两个主要方面采取措施来减小工艺系统受力变形:一是提高系统刚度;二是减小载荷及其变化。从加工质量、生产效率、经济性等问题全面考虑,提高工艺系统中薄弱环节的刚度是最重要的措施。

①提高工艺系统的刚度,可以从以下三个方面来进行。

a.保证结构设计合理。设计工艺装备时,应尽量减少连接面数目,注意刚度的匹配,防止出现局部低刚度环节。在设计基础件、支承件时,应合理选择零件

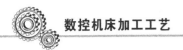

结构和截面形状。

一般地说,截面积相等时,空心结构比实心结构的刚度高,封闭的截面形状又比开口的好。在适当部位增添加强肋,也可取得良好的效果。

b.提高接触刚度。一般部件的刚度都是接触刚度低于实体零件的刚度,所以提高接触刚度是提高工艺系统刚度的关键。

常用的方法是改善工艺系统主要零件接触面的配合精度,如机床导轨副、锥体与锥孔、顶尖与顶尖孔等配合面采用刮研与研磨,以提高配合表面的形状精度、减小表面粗糙度、增加实际接触面,从而有效提高接触刚度。

提高接触刚度的另一措施是在接触面上预加载荷,这样可消除配合面的间隙、增加接触面积,减少受力后的变形量。此措施常用在各类轴承的调整中。

c.采用合理的装夹和加工方式。增加辅助支承也是提高工件刚度的常用方法。例如,加工细长轴时采用中心架或跟刀架,就是一个很典型的实例。在加工细长轴时,如改为反向走刀,使工件从原来的轴向受压变为轴向受拉,也可提高工件的刚度。

②减小载荷及其变化 采取适当的工艺措施,如合理选择刀具几何参数和切削用量,以减小切削力,就可以减小受力变形。

6)工艺系统的热变形及其对加工精度的影响

机械加工中,工艺系统会在各种热源作用下产生一定的热变形。由于工艺系统热源分布的不均匀性以及各环节结构和材料的不同,工艺系统各部分所产生的热变形既复杂又不均匀,从而将破坏刀具与工件之间正确的相对位置关系和相对运动精度。

工艺系统热变形对精加工影响较大。在精加工中,由于热变形引起的加工误差占总加工误差的一半以上;在大型零件加工中,热变形对加工精度的影响十分显著;在自动化加工中,热变形会导致加工精度不断变化。

(1)工艺系统热源 加工过程中,工艺系统的热源主要有两大类,如图 2-20 所示。

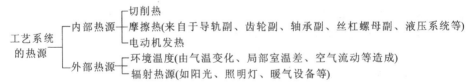

图 2-20 工艺系统热源的分类

(2)工件热变形 工件的热变形是由切削热引起的,在车、磨外圆时工件均匀受热而产生热伸长。当工件能够自由伸长时,工件的热变形主要影响尺寸精度;否则,工件还会产生圆柱度误差,加工螺纹时则产生螺距误差。

当工件进行铣、刨、磨平面等加工时,工件单侧受热,上、下表面温升不等,易导致工件向上凸起,中间被切去的材料较多,冷却后被加工表面呈凹形。

(3)刀具热变形 使刀具产生热变形的热源主要是切削热,尽管这部分热量很小,但因刀具体积小、热容量小,因而刀具的工作表面会升到很高温度。

刀具热变形对加工精度影响较小。但是在刀具达到热平衡前,先、后加工的一批零件就存在一定的误差。加工大型零件,刀具热变形还往往会造成几何形状误差。如车削长轴时,可能由于刀具热伸长而使轴呈锥形或鼓形。

减小刀具热变形对加工精度的影响的措施有:

①减小刀具伸出长度;

②改善散热条件;

③改进刀具角度,减小切削热;

④合理选用切削用量,加工时加切削液使刀具得到充分冷却等。

(4)机床热变形　不同类型的机床结构与工作条件的差异,使热源和变形形式各不相同。磨床的热变形对加工精度影响较大,一般外圆磨床的主要热源是砂轮主轴的摩擦热及液压系统的发热;车、铣、钻、镗等机床的主要热源是主轴箱,主轴轴承的摩擦热以及主轴箱油液的发热导致主轴箱及与它相连部分的床身温度升高。

机床运转各部件达到热平衡状态后,变形趋于稳定。但在此之前机床的几何精度变化不定,因此,精密加工应在机床处于热平衡状态之后进行。

缩短热平衡时间通常有两种办法:一是让机床高速空运转,使其迅速达到热平衡;二是在机床上设置可控制的热源给机床局部加热,来较快达到热平衡状态,并保持机床在整个加工过程中热平衡状态稳定。此外,控制环境温度、改进机床结构等方法,也是控制机床热变形的有效途径。

7)工件的内应力引起的变形

(1)内应力概念　工件的内应力通常是指当外部载荷去掉后,仍残留在工件内部的应力。

具有内应力的零件,其内部组织有强烈的、试图恢复到一个稳定的、没有内应力的状态的倾向。在这一过程中,工件的形状会逐渐变化(比如翘曲变形),从而丧失其原有的形状精度。

(2)内应力产生的原因　有如下几种。

①毛坯制造中产生的内应力　在铸、锻、焊及热处理等毛坯热加工中,毛坯各部分受热不均匀或冷却速度不等,以及金相组织的转变都会引起金属不均匀的体积变化,从而在其内部产生较大的内应力。

②冷校直时产生的内应力　一些细长轴工件(如丝杠等)由于刚度低,容易产生弯曲变形,常采用冷校直的方法使之变直。如图 2-21 所示,一根无内应力向上弯曲的长轴,当中部受到载荷作用时,将产生内应力,其轴线以上产生压应力、轴线以下产生拉应力,两条虚线之间是弹性变形区,虚线之外是塑性变形区。当工件去掉外力后,工件的弹性恢复受到塑性变形区的阻碍,致使内应力重新分布。由此可见,工件经冷校直后内部会产生残余应力,处于不稳定状态,若再进

行切削加工,工件将重新产生弯曲变形。

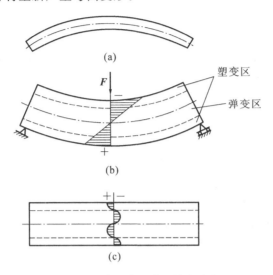

图 2-21 冷校直时产生的内应力

(a)弯曲的长轴;(b)中部受到载荷;(c)内应力重新分布

③切削加工产生的内应力 切削加工形成的力和热,会使被加工表面产生塑性变形,也能引起内应力,并在加工后引起工件变形。

(3)减小或消除内应力的措施 可采用以下措施来减小或消除内应力。

①采用适当的热处理工序 对于铸、锻、焊接件,安排退火、正火或人工时效处理等,之后再进行机械加工。对重要零件,在粗加工和半精加工后还要穿插回火处理,以消除毛坯制造及加工中的内应力。

②合理安排工艺过程 对精密零件,粗、精加工应分开,使工件有足够的时间让内应力重新分布;对大型零件,由于粗、精加工一般安排在一个工序内进行,故粗加工后先将工件松开,使其自由变形,再以较小夹紧力夹紧工件进行精加工。

③合理设计零件结构 零件结构要简单,壁厚要均匀,减少热节;焊接件应使焊缝均匀布置,坡口形状合理。

④尽量不采用冷校直工艺 尤其是对于精密零件严禁使用冷校直工艺。可以采用热校直或加大余量,多次车削来消除弯曲变形。

2. 提高加工精度的工艺措施

对加工误差分析,弄清楚原始误差对加工误差的影响程度,可以有效提高加工精度。

原始误差引起的加工误差最大的方向——加工表面法向,通常被称为误差敏感方向。减小加工误差的措施可以分为两大类:误差预防和误差补偿。

误差预防一般是指减小原始误差或者减小原始误差的影响,即减少源头或改变误差源与加工误差之间的关系。

误差补偿是指在现有条件下,通过分析、测量,引入附加误差源,使之与现存的误差相抵消,以减少或消除零件的加工误差。在现有工艺条件下,误差补偿技术是一种行之有效的办法,特别是借助计算机辅助技术可达到更好的效果。

1)减少原始误差

消除或减少原始误差是提高加工精度的主要途径。

(1)合理采用先进的工艺装备 为了减少原始误差,需要针对零件的加工精度要求,合理采用先进的工艺和设备。首先,在设计零件加工工艺过程时,对每一道工序的加工能力进行评价;其次,对工艺能力较低的工序,通过更换工序或采取改进措施提高工序的加工能力。

(2)直接减少原始误差 在查明影响加工精度的主要原始误差后,直接采取措施消除或减少这些误差。例如,用三爪卡盘夹持薄壁套筒时,加过渡套增加夹紧接触面积来避免或减少夹紧变形引起的加工误差;在加工细长轴时,采用跟刀架,减小弯曲变形和振动,如图 2-22(a)、(b)所示。

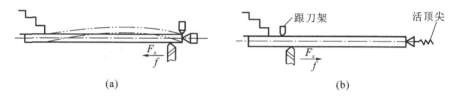

图 2-22 直接减少原始误差
(a)细长轴变形;(b)采用跟刀架

2)误差补偿

误差补偿就是人为地造出一种新的误差去抵消工艺系统中出现的关键性的原始误差,或利用原有的一种误差去抵消另一种误差,无论何种方法,力求使两者大小相等、方向相反,从而达到减少、甚至完全消除原始误差的目的。

例如,精密丝杠车床采用的校正尺使螺母得到一个附加运动,以补偿母丝杠的螺距误差。显然,若仅靠提高传动链中各个元件的制造精度来达到母丝杠传动要求是远远不够的。

3)转移原始误差

转移原始误差就是把影响加工精度的原始误差转移到不影响或少影响加工精度的方向或其他零部件上。

例如,用镗模夹具装夹箱体加工零件孔系时,工件的加工精度完全取决于镗模和镗杆的制造精度,而与机床的精度关系不大,形成误差转移。

又如六角车床的转塔刀架在工作时需经常旋转,因此要长期保持它的转位精度是比较困难的。假使转塔刀架上外圆车刀的切削基面也像普通车床上车刀一样在水平面内,那么转塔车床的转位误差在误差的敏感方向上,将严重影响加工精度。因此,生产中都采用"立刀"安装法,把刀刃的切削基面放在垂直平面内,从而将其转位误差转移到误差不敏感方向上,由此产生的加工误差就可减小到可以忽略不计的程度。

4)均分与均化原始误差

(1)误差均分　当上道工序的加工误差太大,使得本道工序不能保证工序技术要求,而提高上道工序的加工精度又不经济时,可采用分组调整均分误差的方法。即将上道工序的尺寸按误差大小分为 n 组,使每组工件的误差缩小为原来的 $1/n$,然后按各组误差范围调整刀具与工件的相互位置,或采用适当的定位元件以减少上道工序加工误差对本道工序加工精度的影响。这种误差均分法比直接提高本道工序的加工精度要简便易行一些。

(2)误差均化　对于配合精度要求很高的表面(如孔、轴或平面等),常常采用研磨的方法进行加工。尽管研具本身精度不高,但在和工件作相对运动的过程中,它不断对工件进行微量切削,工件上的高点逐渐被磨掉(当然,磨具也被工件"磨"去一部分),工件精度逐渐提高,最终达到很高的精度。这种表面间的摩擦与磨损过程,就是误差相互比较、相互抵消的过程,这就是误差均化法。它的实质就是利用有密切联系的表面相互比较、相互检查,从对比中找出差异,然后进行相互修正或互为基准加工,使工件被加工表面的误差不断缩小、均化。

在生产中,许多精密基准件(如平板、直尺、角规、端齿分度盘等)都是利用误差均化法加工出来的。

5)"就地加工"保证精度

在机械加工和装配中,有些精度问题涉及很多零件的相互关系,如果仅从提高零部件本身的精度着手,有些精度指标将很难达到,即使达到,成本也很高。采用"就地加工"这一简捷的方法,不但能保证装配后的最终精度,而且,在零件的机械加工中也常常用来保证加工精度。

例如在六角车床制造中,必须保证转塔上六个安装刀具孔的轴线和机床主轴旋转的轴线重合,而六个大孔端面又必须和主轴回转轴线垂直,这时可以采用"就地加工"方法。在转塔安装到机床上之前,六个安装刀杆的大孔及端面只做预加工。装配时把转塔装到转塔车床上,然后设法在转塔车床主轴上装上镗杆和能作径向进给的小刀架,对转塔的大孔和端面进行最终加工,以保证达到上述两项技术要求。

"就地加工"这种方法有时候也称"自干自",在机床生产中应用很多。如龙门刨床、牛头刨床、车床软卡爪定位面等,为了保持平衡的位置关系,都是在装配后在自身机床上进行"自刨自"、"自车自"的精加工。对平面磨床的工作台面也是采用装配后作"自磨自"最终加工的方法。

6)误差补偿技术

误差补偿是指人为地引入一个附加输入,以抵消现有系统的固有误差,从而

消除或减小系统误差对零件加工精度的影响。因此,误差补偿系统应包含三个主要功能装置:

(1)误差信号发生装置,它用于产生固有误差的误差图;

(2)信号同步装置,保证所附加的输入与系统固有误差同步,即在每一时刻,误差值相等且相位满足匹配要求;

(3)运动合成装置,它用于实现附加输入与固有误差的合成。

不同误差补偿系统有不同的技术方案,但以上三种功能装置是必备的。

知识链接

加 工 精 度

加工精度与加工误差都是评价加工表面几何参数的术语。机械加工精度是指零件加工后的实际几何参数(尺寸、形状和位置)与理想几何参数相符合的程度。它们之间的差异称为加工误差。加工误差的大小反映了加工精度的高低。误差越大加工精度越低,误差越小加工精度越高。

加工精度用公差等级衡量,等级值越小,加工表面的精度越高;加工误差用数值表示,数值越大,加工表面的误差越大。公差等级有IT01,IT0,IT1,IT2,…,IT18共20个,其中IT01级加工精度最高,IT18级加工精度是最低的,IT7、IT8是中等精度级别。

用任何加工方法所得到的实际参数都不会绝对准确,从零件的功能来看,只要加工误差在零件图要求的公差范围内,就认为保证了加工精度。

机器的质量取决于零件的加工质量和机器的装配质量,零件加工质量包含零件加工精度和表面质量两大部分。

小　　结

本模块介绍了加工精度与加工误差的概念、获得加工精度的方法,以及提高工件加工精度的途径,以为后续模块的学习和理解奠定基础。

能 力 检 测

1.加工精度用公差等级衡量,等级越小,加工精度越高还是越低?

2.加工误差用数值表示,数值越大,加工误差是否越大? 为什么?

3.提高加工精度的工艺措施有哪些?

模块二　机械加工的表面质量

【学习目标】

了解：表面质量的相关概念。

熟悉：影响表面质量的因素。

掌握：表面质量对零件使用性能的影响。

任务四　表面质量的概念、表面质量对零件使用性能的影响及影响表面质量的因素

零件的表面质量是机械加工质量的重要组成部分，机器零件的破坏，一般都是从表面开始的。经机械加工后的零件表面并非理想的光滑表面，它存在着不同程度的表面缺陷。虽然表面层极薄（0.05～0.15 mm），但对机器零件的使用性能有着极大的影响。零件的磨损、腐蚀和疲劳破坏都是从零件表面开始的，工作在高温、高压、高速、高应力条件下的机械零件，表面层的任何缺陷都会加速零件的失效。因此，必须重视机械加工表面质量。

1. 机械加工表面质量含义

机械加工表面质量是零件加工后表面层状态完整性的表征。机械加工后的表面，总存在一定的微观几何形状的偏差，表面层的物理力学性能也发生变化。因此，机械加工表面质量主要包括加工表面的几何形貌（特征）和表面层物理力学性能两个方面的内容。

机械加工表面质量的内容如图 2-23 所示。

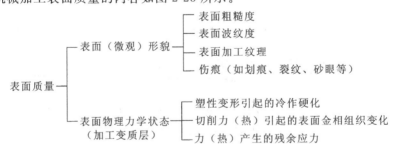

图 2-23　机械加工表面质量的内容

1）加工表面形貌

加工表面形貌（微观几何特征）主要包括表面粗糙度和表面波纹度两部分。

表面粗糙度用于评定波距 L 小于 1 mm 的表面微小波纹；表面波纹度用于评定波距 L 在 1～20 mm 之间的表面波纹。通常情况下，当 L/H（波距/波高）<

50 时用表面粗糙度来评定,$L/H=50\sim1\ 000$ 时用表面波纹度来评定。表面粗糙度与波纹度如图 2-24 所示。

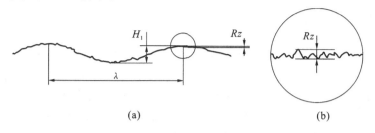

图 2-24 表面波纹度与表面粗糙度

(a)波纹度;(b)表面粗糙度

(1)表面粗糙度 表面粗糙度主要是由刀具的形状以及切削过程中塑性变形和振动等因素引起的,它是已加工表面的微观几何形状误差。

(2)表面波纹度 表面波度主要是由加工过程中工艺系统的低频振动引起的周期性形状误差,介于形状误差与表面粗糙度之间。

此外,表面形貌还包括表面加工纹理和伤痕(如划痕、裂纹、砂眼等)。

2)加工表面层的物理力学状态

表面层的物理力学状态包括表面层的加工硬化、残余应力和表面层的金相组织变化状况。由于机械零件在加工中会受到切削力和热的综合作用,表面层金属的物理力学状态相对于基本金属的物理力学状态将发生变化。

图 2-25 所示为零件表面层沿深度方向的变化。最外层生成了氧化膜或其他化合物,并吸收、渗进气体粒子,称为吸附层。吸附层下是压缩层,它是由于切削力的作用而形成的塑性变形区,其上部是由于刀具的挤压、摩擦而产生的纤维层。切削热的作用也会使工件表面层材料产生相变及晶粒大小变化。

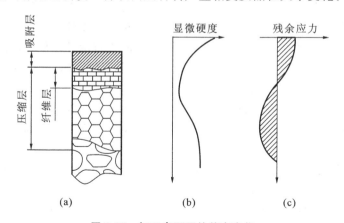

图 2-25 加工表面层的状态变化

(a)表面层变化;(b)显微硬度变化;(c)残余应力变化

(1)表面层的加工硬化 表面层的加工硬化一般用硬化层的深度和硬化程

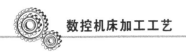

度 N 来评定,有

$$N=[(H-H_0)/H_0]\times100\%$$

式中　H——加工后表面层的显微硬度;

　　　H_0——原材料的显微硬度。

(2)表面层金相组织的变化　机械加工(特别是磨削)过程中,在高温作用下,工件表层温度升高,当温度超过材料的相变临界点时,就会产生金相组织的变化。例如磨削淬火钢工件时,常会出现回火烧伤、退火烧伤等金相组织变化,大大降低零件使用性能。金相组织的变化主要通过显微组织观察来确定。

(3)表面层残余应力　在切削加工过程中,由于切削变形和切削热等因素的作用,表面层将产生内应力,称为表面层残余应力。表面层残余应力对零件使用性能的影响大小取决于它的方向、大小和分布状况。

2. 机械加工表面质量对机器使用性能的影响

1)表面质量对耐磨性的影响

(1)表面粗糙度对耐磨性的影响　零件的耐磨性不仅与摩擦副的材料、热处理情况和润滑情况有关,而且还与摩擦副表面质量有关。

表面粗糙度对零件表面磨损的影响很大。一般说表面粗糙度愈小,其耐磨性愈好。但表面粗糙度太小,润滑油不易储存,接触面之间容易发生分子黏结,磨损反而增加。因此,接触面的粗糙度有一个最佳值,其值与零件的工作情况有关,工作载荷加大时,初期磨损量增大,最佳表面粗糙度也加大。

(2)表面冷作硬化对耐磨性的影响　机械加工后的表面,由于冷作硬化,摩擦表面层金属的显微硬度提高,可使耐磨性提高。但过度的冷作硬化,将引起金属组织疏松,严重时会出现裂纹或使表层金属剥落,使耐磨性下降。

(3)表面纹理对耐磨性的影响　在轻载运动副中,两相对运动零件表面的刀纹方向均与运动方向相同时,耐磨性好;两相对运动零件表面的刀纹方向均与运动方向相垂直时,耐磨性差。但在重载时,两相对运动零件表面刀纹方向与运动方向相同时,容易发生咬合,磨损量反而大。若两相对运动零件表面刀纹方向均与运动方向相互垂直,且运动方向平行于下表面的刀纹方向,磨损量较小。

2)表面质量对疲劳强度的影响

金属受交变载荷作用后产生的疲劳破坏往往发生在零件表面和表面冷硬层下面,表面粗糙度的凹谷部位容易出现应力集中,出现疲劳裂纹,加速破坏。零件上容易出现应力集中的沟槽、圆角等处的表面粗糙度,对疲劳强度的影响更大。

(1)表面粗糙度对疲劳强度的影响。减小零件的表面粗糙度,可以提高零件的疲劳强度。在交变载荷作用下,表面粗糙度的凹谷部位容易发生应力集中,产生疲劳裂纹。表面粗糙度愈大,表面的纹痕愈深,纹底半径愈小,抗疲劳破坏的能力就愈差。

(2)残余应力、冷作硬化对疲劳强度的影响。零件加工表层如有一层残余应力,可以提高疲劳强度。残余应力对零件疲劳强度的影响很大。表面层残余拉应力将使疲劳裂纹扩大,加速疲劳破坏,而表面层残余应力能够阻止疲劳裂纹的扩展,延缓疲劳破坏的产生。

表面冷硬一般伴有残余应力的产生,可以防止裂纹产生并阻止已有裂纹的扩展,对提高疲劳强度有利。但过高时,可能会产生较大的脆性裂纹反而降低疲劳强度。

3)表面质量对耐蚀性的影响

零件的耐蚀性在很大程度上取决于表面粗糙度。表面粗糙度愈大,则凹谷中聚积的腐蚀性物质就愈多,接触面积就愈大,腐蚀作用就愈强烈。

表面层的残余拉应力会造成应力腐蚀开裂,降低零件的耐磨性,而残余压应力则能防止应力腐蚀开裂。减小表面粗糙度、控制表面的冷作硬化和残余应力,可以提高零件的耐蚀能力。

4)表面质量对配合质量的影响

表面粗糙度的大小将影响配合表面的配合质量。对于间隙配合,表面粗糙度大会使磨损加大,间隙增大,降低配合精度。对于过盈配合,装配过程中一部分表面凸峰被挤平,实际过盈量减小,将降低配合件间的连接强度。

3. 影响表面质量的因素

1)切削加工影响表面粗糙度的因素

(1)刀具几何形状的误差复映 刀具作进给运动时,在加工表面将留下切削层残留面积,其形状是刀具几何形状的复映。当减小进给量、主偏角、副偏角以及增大刀尖圆弧半径时,均可减小残留部分的高度。

合理选择刀具角度、适当增大刀具的前角使塑性变形程度减小,合理选择切削液和提高刀具刃磨质量,以减小切削时的塑性变形和抑制黏结、积屑瘤、鳞刺的生成,也是减小表面粗糙度的有效措施。

(2)工件材料的性质 在加工塑性材料时,由于刀具挤压金属使之产生塑性变形,加上刀具迫使切屑与工件分离的撕裂作用,工件表面粗糙度加大。工件材料韧性愈好,金属的塑性变形愈大,加工后表面就愈粗糙。在加工脆性材料时,由于切屑的崩碎而在加工表面留下许多麻点,易使表面粗糙。可通过改善工件材料的切削性能、调质后加工、降低塑性、提高硬度等措施来减小表面粗糙度。

(3)切削条件 选择合适的切削速度以避开切屑瘤生长区,采用合适的切削液以减小摩擦,抑制切屑瘤和鳞刺的产生,避免工艺系统的振动,这些都是针对切削条件所采取的提高切削加工工件表面粗糙度的措施。

2)磨削加工影响表面粗糙度的因素

类似于切削加工时表面粗糙度的形成过程,磨削加工表面粗糙度的形成也是由几何因素和表面金属的塑性变形来决定的。当所选取磨削用量不至于在加工表面产生显著热现象和塑性变形时,几何因素就可能占优势。对表面粗糙度起决定性影响的主要是砂轮的粒度和砂轮的修正用量;若与此相反,则磨削用量可能是主要因素。

影响磨削表面粗糙度的主要因素有:

(1)砂轮的粒度；

(2)砂轮的硬度；

(3)砂轮的修整；

(4)磨削速度；

(5)磨削径向进给量与光磨次数；

(6)工件圆周进给速度与轴向进给量；

(7)切削液的性能。

3)影响加工表面层物理力学性能的因素

在切削加工中,工件由于受到切削力和切削热的作用,使表面层金属的物理力学性能产生变化,最主要的变化是表面金属层的冷作、金相组织的变化和残余应力的产生。由于磨削加工时所产生的塑性变形和切削热比刀刃切削时更严重,因而磨削加工后加工表面层上述三项变化会很大。

(1)表面层冷作硬化　冷作硬化(或称为强化)会增大金属变形的阻力,减小金属的塑性,金属的物理性质也会发生变化。发生冷作硬化的金属处于高能位的不稳定状态,一旦有可能,金属的不稳定状态就要向比较稳定的状态转化,这种现象称为弱化。表层金属的最后状态取决于强化和弱化综合作用的结果。

评定冷作硬化的指标有三项,即表层金属的显微硬度、硬化层深度和硬化程度。

影响冷作硬化的主要因素如下。

①切削刃钝圆半径　切削刃钝圆半径增大,对表层金属的挤压作用增强,塑性变形加剧,导致冷硬增强。

②刀具后面磨损　刀具后面磨损量增大,后面与被加工表面的摩擦加剧,塑性变形增大,导致冷作硬化程度增强。

③切削速度　切削速度增大,刀具与工件的作用时间缩短,使塑性变形扩展深度减小,冷硬层深度减小;切削速度增大后,切削热在工件表面层上的作用时间也缩短,将使冷作硬化程度增加。

④进给量　进给量增大,切削力也增大,表层金属的塑性变形加剧,冷作硬化作用加强。

⑤材料塑性　工件材料的塑性愈大,冷作硬化现象就愈严重。

(2)表面层材料金相组织变化　当切削热使被加工表面的温度超过相变温度后,表层金属的金相组织将会发生变化。

①磨削烧伤　当被磨工件表面层温度达到相变温度时,表层金属发生金相组织变化,使表层金属的强度和硬度降低,并伴有残余应力产生,甚至出现微观裂纹,这种现象称为磨削烧伤。

②三种烧伤　在磨削淬火钢时,可能产生三种烧伤:一是回火烧伤,如果磨削区的温度未超过淬火钢的相变温度,但已超过马氏体的转变温度,工件表层金属的回火马氏体组织将转变成硬度较低的回火组织(索氏体或托氏体),这种烧

伤称为回火烧伤；二是淬火烧伤，如果磨削区温度超过了相变温度，再加上切削液的急冷作用，表层金属就会发生二次淬火，出现二次淬火马氏体组织，其硬度比原来的回火马氏体的高，在它的下层，因冷却较慢，会出现硬度比原先的回火马氏体低的回火组织（索氏体或托氏体），这种烧伤称为淬火烧伤；三是退火烧伤，如果磨削区温度超过相变温度，而磨削区域又无切削液进入，表层金属将产生退火组织，表面硬度将急剧下降，这种烧伤称为退火烧伤。

③改善磨削烧伤的途径　磨削热是造成磨削烧伤的根源，故改善磨削烧伤有两个途径：一是尽可能地减少磨削热的产生；二是改善冷却条件，尽量使产生的热量少传入工件，并正确选择砂轮，合理选择切削用量。

（3）表面层残余应力　表面残余应力产生有三个方面的原因：一是切削时在加工表面金属层内的塑性变形使表面金属的比体积加大，由于塑性变形只在表层金属中产生，而表层金属的比体积增大，体积膨胀又受到与它相连的里层金属的阻止，就在表面金属层中产生残余应力，而在里层金属中产生残余拉应力；二是切削加工中切削区产生的大量切削热，可导致残余应力产生；三是不同金相组织具有不同的密度，亦具有不同的比体积，表面层金属产生金相组织的变化将带来金属比体积的变化，表层金属比体积的变化必然要受到基体金属的阻碍，因而就产生了残余应力。

4）零件主要工作表面最终工序加工方法的选择

零件主要工作表面最终工序加工方法的选择至关重要，因为最终工序在该工作表面留下的残余应力将直接影响机器零件的使用性能。

选择零件主要工作表面最终工序加工方法时，须考虑该零件主要工作表面的具体工作条件和可能的破坏形式。

在交变载荷作用下，机器零件表面上的局部微观裂纹，会因拉应力的作用而扩大，最后导致零件断裂。从提高零件抵抗疲劳破坏的角度考虑，对机器表面最终工序应选择能在该表面产生残余压应力的加工方法。

影响表面质量的因素如图 2-26 所示。

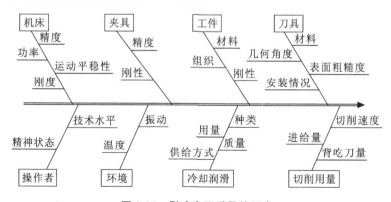

图 2-26　影响表面质量的因素

知识链接

表面结构

粗糙度轮廓、波纹度轮廓和原始轮廓构成了表面特征,称为表面结构。国家标准以这三种轮廓为基础,建立了一系列参数,定量地描述对表面结构的要求,并能用仪器检测有关参数值,以评定实际表面是否合格。

划分三种轮廓的基础是波长,每种轮廓都定义于一定的波长范围内,这个波长称为该轮廓的传输带。

粗糙度轮廓是对原始轮廓应用 λc 滤波器抑制长波以后形成的轮廓。

波纹度轮廓是对原始轮廓连续应用 λf 和 λc 以后形成的轮廓,λf 滤波器抑制长波成分,λc 滤波器抑制短波成分。

原始轮廓是对实际轮廓应用短波滤波器 λs 之后形成的轮廓。

小　　结

本模块介绍了表面质量的概念、表面质量对零件使用性能的影响及影响表面质量的各种因素等。

能 力 检 测

1.试说明零件的表面质量会影响零件的哪些使用性能。

2.简要分析影响表面质量的主要因素。

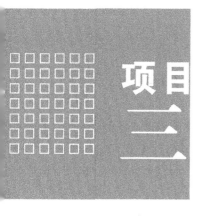

项目三

机械加工工艺设计基础

模块一　生产过程、工艺规程、工艺过程

【学习目标】

了解：生产过程、工艺过程、生产类型特征等内容。

熟悉：机械工艺规程的相关概念及数控加工工艺的基本特点。

掌握：工序、工步、安装、装夹、走刀等概念。

任务一　生产过程、工艺过程及其组成

1. 生产过程

1）生产过程的定义

从广义上来讲，生产过程是指整个企业的生产过程，即从投入到产出、围绕着产品生产的一系列有组织的生产活动的运行过程。生产过程是动态的劳动过程和自然过程。

从狭义上来讲，生产过程是指由原材料到产品的一系列生产活动的运行过程。

机械产品制造时，由原材料转变为成品之间的各个相互联系的劳动过程的总和，构成机械产品的生产过程。

2）生产过程的内容

对机器制造而言，生产过程包括以下内容（见图3-1）。

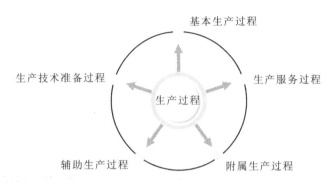

图 3-1 生产过程构成

(1)生产技术准备过程,包括产品投产前的市场调查分析、产品研制、技术鉴定等。

(2)基本生产过程,包括毛坯制造,零件机械加工、热处理和其他表面处理,部件和产品装配、调试、检验、油漆和包装等。

(3)附属生产过程,即毛坯的制造过程。

(4)辅助生产过程,为基本生产过程能正常进行所必经的辅助过程,包括工艺装备的设计制造、能源供应、设备维修等。

(5)生产服务过程,包括原材料采购运输、保管、供应及产品包装、销售等。

生产过程流程如图 3-2 所示。

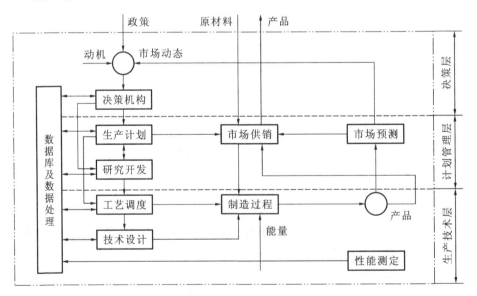

图 3-2 生产过程流程图

2. 生产系统

1）系统的概念

任何事物都是由数个相互作用和相互依赖的部分组成并具有特定功能的有机整体,这个整体就是"系统"。

2）生产系统

生产系统是指包括制造系统在内的上一级的系统。

以整个机械制造企业为整体,为了最有效地经营,获得最高经济效益,一方面把原材料供应、毛坯制造、机械加工、热处理、装配、检验与试车、油漆、包装、运输、保管等因素作为基本物质因素来考虑,另一方面把技术情报、经营管理、劳动力调配、资源和能源利用、环境保护、市场动态、经营政策、社会问题和国际因素等信息作为影响系统效果更重要的要素来考虑。

3）生产制造系统

生产制造系统是在工艺系统基础上以整个机械加工车间为整体的更高一级的系统。该系统的作用就是使该车间能最有效地全面完成全部零件的机械加工任务。

4）机械加工工艺系统

由金属切削机床、刀具、夹具和工件四个要素组成的具有特定切削功能的加工有机体,称为机械加工工艺系统。

由此可知,生产系统包含制造系统,制造系统包含机械加工工艺系统。

3. 工艺过程和工艺流程

1）工艺过程

（1）工艺过程的定义　在生产过程中,那些与将原材料转变为产品直接相关的过程称为工艺过程。它包括毛坯制造、零件加工、热处理、质量检验和机器装配等,亦即生产过程中由毛坯制造起到涂装为止的这一部分。而为保证工艺过程正常进行所需要的刀具、夹具制造,机床调整维修等环节则属于辅助过程。

工艺就是制造产品的方法和过程步骤。加工工艺是工人进行生产加工的一个依据。

（2）工艺过程的内容　工艺过程的内容包括毛坯制造过程、热处理过程、机械加工工艺过程和装配工艺过程等。

（3）机械加工工艺过程　在工艺过程中,以机械加工方法按一定顺序逐步地改变毛坯形状、尺寸、相对位置和性能等,直至得到合格零件的那部分过程称为机械加工工艺过程。

2）工艺流程

产品或零部件在生产过程中,由毛坯准备到成品包装入库,经过企业各有关部门或工序的先后顺序的排列线路称为工艺流程。

机器的生产过程包括从原材料转变到成品的全过程。机器零件要经过毛坯

制造、机械加工、热处理、表面处理、检测、装配调试等阶段,才能变成成品。这是完成加工制造通过的概略性流程,在生产现场通常称之为工艺路线。

工艺路线是对工件或者零件制造加工过程的描述,是确定加工工艺和进行车间分工与调度协调的重要依据。

机械加工工艺是在工艺流程的基础上,改变生产对象的形状、尺寸、相对位置和性质等,使其成为成品或半成品的每个步骤和流程的详细说明。

比如,粗加工可能包括毛坯制造、划线、准备基准等,精加工可能划分为磨、镗、刨等工序,每个步骤都要有精度、粗糙度、几何公差等方面的要求。

4.工艺规程

1)机械加工工艺规程的概念

机械加工工艺规程是将产品或零部件的制造工艺过程和操作方法按一定格式固定下来的技术文件。它是在具体生产条件下,本着最合理、最经济的原则编制而成的,经审批后用来指导生产的法规性文件。

机械加工工艺规程包括零件加工工艺流程、加工工序内容、切削用量、所采用的设备及工艺装备、工时定额等。

2)机械加工工艺规程的作用

机械加工工艺规程是机械制造工厂最主要的技术文件,是工厂规章制度的重要组成部分,其主要作用如下。

(1)它是组织和管理生产的基本依据 工厂进行新产品试制或产品投产时,必须按照工艺规程提供的数据进行技术准备和生产准备,以便合理编制生产计划,合理调度原材料、毛坯和设备,及时设计制造工艺装备,科学地进行经济核算和技术考核。

(2)它是指导生产的主要技术文件 工艺规程是在结合本厂具体情况,总结实践经验的基础上,依据科学的理论和必要的工艺实验后制订的,它反映了加工过程中的客观规律,工人必须按照工艺规程进行生产,才能保证产品质量,才能提高生产效率。

(3)它是新建和扩建工厂的原始资料 根据工艺规程,可以确定生产所需的机械设备、技术工人、基建面积以及生产资源等。

(4)它是进行技术交流,开展技术革新的基本资料 采用典型和标准的工艺规程能缩短生产的准备时间,提高经济效益。必须广泛吸取合理化建议,不断交流工作经验,制订先进的工艺规程,才能适应科学技术的不断发展。工艺规程是开展技术革新和技术交流必不可少的技术语言和基本资料。

3)机械加工工艺规程的类型

根据机械行业标准《工艺管理导则 工艺规程设计》(JB/T 9169.5—1998),工艺规程的类型如下。

(1)专用工艺规程,它是针对每一个产品和零件所设计的工艺规程。

(2)通用工艺规程,它包括以下三种。

①典型工艺规程 为一组结构相似的零部件所设计的通用工艺规程。

②成组工艺规程 按成组技术原理将零件分类成组,针对每一组零件所设计的通用工艺规程。

③标准工艺规程 已纳入国家标准或工厂标准的工艺规程。

为了适应工业发展的需要,加强科学管理和便于交流,我国还制订了机械行业标准《工艺规程格式》(JB/T 9165.2—1998),该标准规定了以下工艺规程格式:工艺规程幅面和表头、表尾及附加栏、木模工艺卡片、砂型铸造工艺卡片、熔模铸造工艺卡片、压力铸造工艺卡片、铸造工艺卡片、锻造工艺卡片、焊接工艺卡片、冷冲压工艺卡片、机械加工工艺过程卡片、标准零件或典型零件工艺过程卡片、单轴自动车床调整卡片、多轴自动车床调整卡片、热处理工艺卡片、感应加热热处理工艺卡片、工具热处理工艺卡片、电镀工艺卡片、表面处理工艺卡片、光学零件加工工艺卡片、塑料零件注射工艺卡片、塑料零件压制工艺卡片、粉末冶金零件工艺卡片、装配工艺过程卡片、装配工序卡片、电气装配工艺卡片、油漆工艺卡片、机械加工工序操作指导卡片、检验卡片、工艺附图、工艺守则首页。

4)制订机械工艺规程的原则和依据

(1)制订工艺规程的原则 机械加工工艺规程的制订原则是优质、高产、低成本,即在保证产品质量前提下,能尽量提高劳动生产率和降低成本。在制订工艺规程时应注意以下问题。

①技术上的先进性 在制订机械加工工艺规程时,应在充分利用本企业现有生产条件的基础上,尽可能采用国内外先进工艺技术和经验,并保证良好的劳动条件。

②经济上的合理性 在规定的生产纲领和生产批量下,可能会出现几种能保证零件技术要求的工艺方案,此时应通过核算或相互对比,一般要求工艺成本最低。应能保证充分利用现有生产条件,降低成本,提高效率。

③有良好的劳动条件 在拟订工艺方案时要注意采取机械化或自动化的措施,尽量减轻工人的劳动强度,保障生产安全,创造良好、文明的劳动条件。

由于工艺规程是直接指导生产和操作的重要技术文件,所以工艺规程还应正确、完整、统一和清晰。所用术语、符号、计算单位、编号都要符合相应标准。必须可靠地保证零件图上技术要求的实现。

(2)制订工艺规程的主要依据 制订工艺规程时,必须依据以下信息进行:

①产品的装配图和零件的工作图;

②产品的生产纲领;

③本企业现有的生产条件,包括毛坯的生产条件或协作关系、工艺装备和专用设备及其制造能力、工人的技术水平以及各种工艺资料和标准等;

④产品验收的质量标准;

⑤国内外同类产品的新技术、新工艺及其发展前景等相关信息。

在制订工艺规程的过程中,往往要对前面已初步确定的内容进行调整,以提高经济效益。在执行工艺规程过程中,可能会出现未预料到的情况,如生产条件变化,引进了新技术、新工艺,应用了新材料、先进设备等,都要求及时对工艺规程进行修订和完善。

5)制订机械工艺规程的步骤

制订机械加工工艺规程的步骤大致如下:

(1)熟悉和分析制订工艺规程的主要依据,确定零件的生产纲领和生产类型;

(2)分析零件工作图和产品装配图,进行零件结构工艺性分析;

(3)确定毛坯,包括选择毛坯类型及其制造方法;

(4)选择定位基准或定位基面;

(5)拟订工艺路线;

(6)确定各工序需用的设备及工艺装备;

(7)确定工序余量、工序尺寸及其公差;

(8)确定各主要工序的技术要求及检验方法;

(9)确定各工序的切削用量和时间定额,并进行技术经济分析,选择最佳工艺方案;

(10)填写工艺文件。

6)制订工艺规程时要解决的主要问题

制订工艺规程时,主要应解决以下几个问题:

(1)零件图的研究和工艺分析;

(2)毛坯的选择;

(3)定位基准的选择;

(4)工艺路线的拟订;

(5)工序内容的设计,包括机床设备及工艺装备的选择、加工余量和工序尺寸的确定、切削用量的确定、热处理工序的安排、工时定额的确定等。

任务二　机械加工工艺过程的组成

为了便于工艺规程的编制、执行和生产组织管理,需要把工艺过程划分为不同层次的单元,不同层次单元分别是工序、安装、工位、工步和走刀。工艺过程由一个或若干个顺序排列的工序组成。

零件的机械加工工艺过程由若干个工序组成。在一个工序中可能包含一个或几个安装,每一个安装可能包含一个或几个工位,每一个工位可能包含一个或几个工步,每一个工步可能包括一个或几个走刀。

1. 工序

一个(或一组)工人在一个工作地点(如一台机床或一个钳工台),对一个(或同时对几个)工件连续完成的那部分工艺过程,称为工序。它包括在这个工件上连续进行的直到转向加工下一个工件为止的全部动作。区分工序的主要依据是工作地点固定和工作连续。工序是组成工艺过程的基本单元,也是制订生产计划、进行经济核算的基本单元。工序又可细分为安装、工位、工步、走刀等组成部分。

例如,在车床上加工一批阶梯轴(见图 3-3),既可以对每一根轴连续地进行粗加工和精加工,也可以先对整批轴进行粗加工,然后再依次对它们进行精加工。在第一种情形下,加工只包含一个工序;在第二种情形下,由于加工过程的连续性中断,虽然加工是在同一台机床上进行的,但却包含两个工序。阶梯轴加工工艺过程如表 3-1 所示。

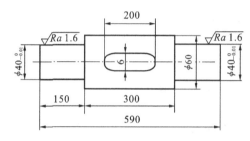

图 3-3 阶梯轴

表 3-1 阶梯轴加工工艺过程

工序号	工序名称	工作地点
1	车端面,钻中心孔	车床
2	车外圆	车床
3	铣键槽	立式铣床
4	磨外圆	磨床
5	去毛刺	钳工台

工序是组成工艺过程的基本单元,也是生产计划的基本单元。

2. 安装

在机械加工工序中,使工件在机床上或在夹具中占据某一正确位置(定位)并保持正确位置(夹紧)的过程,称为装夹。有时,工件在机床上需经过多次装夹才能完成一个工序的工作内容。

安装是指工件经过一次装夹后所完成的那部分工序内容。例如,在车床上加工图 3-3 所示的阶梯轴,先从一端加工出部分表面,然后调头再加工另一端,这时的工序内容就包括两个安装。

3. 工位

采用转位(或移位)夹具、回转工作台或在多轴机床上加工时,工件在机床上一次装夹后,要经过若干个位置依次进行加工,工件在机床每一个位置上所完成的那一部分工序内容就称为工位。

简单来说,工件相对于机床或刀具占据一个加工位置时所完成的那部分工序内容,称为工位。

图 3-4 是在一台三工位回转工作台机床上加工轴承盖螺钉孔的示意图。操作者在上、下料工位Ⅰ处装卸工件,该工件依次通过钻孔工位Ⅱ、扩孔工位Ⅲ,即在一次装夹后将四个阶梯孔在两个位置加工完毕。这样,既能减少装夹次数,又因各工位的加工与装卸是并行的,能节约辅助时间、提高生产率。

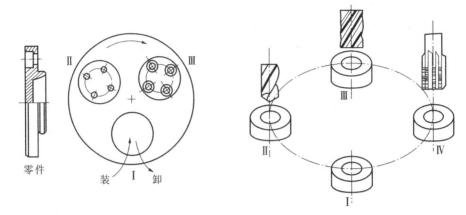

图 3-4　多工位示意

4. 工步

在同一个工位上,要完成不同的表面加工时,在加工表面不变、加工工具、切削速度、进给量都不变的情况下,所连续完成的那一部分工位内容称为一个工步。工步是构成工序的基本单元。

为了提高生产率,用几把刀具同时加工几个被加工表面的工步,称为复合工步,也可以看做一个工步,例如,用组合钻床加工多孔箱体孔的工步。

工步与复合工步如图 3-5 所示。

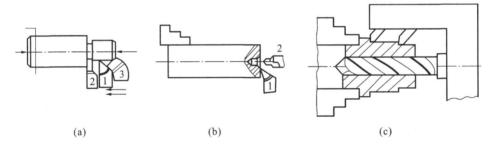

(a)　　　　　　　　　　(b)　　　　　　　　　　(c)

图 3-5　工步与复合工步

5. 工作行程

在切削速度和进给量不变的前提下刀具完成一次进给运动的过程称为一个工作行程,即一次走刀。走刀如图 3-6 所示。有一些工步由于加工余量较大或其他原因,需要利用同一把刀具对同一表面进行多次走刀。

综上可知,工艺过程的组成是很复杂的。工艺过程由许多工序组成,一个工序可能有几个安装,一个安装可能有几个工位,一个工位可能有几个工步,等等。

图 3-7 所示为一个带键槽阶梯轴的两种生产类型的工艺过程示例,表达了各个工序、安装、工位、工步、

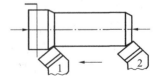

图 3-6　走刀

工作行程之间的关系。

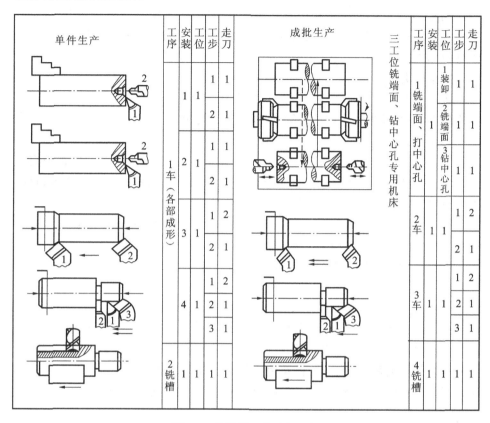

图 3-7 阶梯轴工艺过程示例

任务三 生产类型、工艺特征、数控加工工艺的基本特点

1. 生产类型与工艺特征

1)生产纲领

(1)产品生产纲领 企业在计划期内(一年内)应生产的产品数量。

(2)零件生产纲领 企业根据产品生产纲领在计划期内生产的零件数量。

(3)零件生产纲领与产品生产纲领的关系

$$N = Q_n(1+\alpha)(1+\beta) \tag{2-1}$$

式中 N ——零件的生产纲领;

Q ——产品的生产纲领(件/台);

n ——每台产品中该零件的数量(件/台);

α ——备品的百分率;

β ——废品的百分率。

当 α、β 均很小时,式(2-1)可近似为

$$N=Q_n(1+\alpha+\beta) \tag{2-2}$$

通常,工厂并不是把全年产量一次投入车间生产,而是根据产品生产周期、销售和库存量以及车间生产均衡情况,分批次投入生产车间。每批投入生产的零件数称为批量。

2)生产类型

生产类型反映了企业生产专业化的程度。根据产品的尺寸大小和特征、年生产纲领、批量及投入生产的连续性,生产类型可分为三种:大量生产、成批生产和单件生产。

(1)大量生产:连续地大批量生产同一种产品,一般每台生产设备都固定地完成某种零件的某一工序的加工。例如汽车、拖拉机、轴承、缝纫机、彩电、自行车等的制造就属于这一生产类型。

(2)成批生产:一年中分批轮流地制造若干不同产品,每种产品都有一定的数量,生产呈周期性重复。

按批量大小及产品特征,成批生产又可分为大批生产、中批生产及小批生产三种。

大批生产是指产品品种较为稳定,零件投产批量大,其中主要零件是连续性生产的情况。例如液压元件、水泵等产品的生产。大批生产的工艺特点和生产组织与大量生产相类似。对小批生产来说,零件虽按批量投产,但批量不稳定,生产连续性不明显,其工艺过程及生产组织类似于单件生产。中批生产是指产品品种规格有限,而且生产有一定周期性的情况,例如通用机床、纺织机械等产品的生产。

(3)单件生产:产品品种多而很少重复,同一种零件数量很少的生产类型。例如重型机器、大型船舶的制造等。

由于小批生产与单件生产工艺特点及生产组织形式相似,大批生产与大量生产工艺特点及生产组织形式相似,所以实际生产类型一般分为单件小批生产、中批生产及大批大量生产。

在一个企业里,生产类型取决于生产纲领、产品尺寸大小及复杂程度。

不同的生产类型具有不同的工艺特点,即毛坯种类、机床及工艺装备,采取的技术措施、达到的技术经济效果等均不一样。

3)生产类型对工艺过程的影响

生产类型对工艺过程有着重要的影响。

生产类型不同,生产组织和生产管理、车间机床布置、毛坯的制造方法、采用的工艺装备(如刀、夹、量、辅具等)、加工方法,以及工人的技术熟练程度等,都相应有很大的不同。因此,在制订工艺路线之前必须明确该产品的生产类型。

各种生产类型的工艺特征见表3-2。

表 3-2　生产类型的工艺特征

比较项目	单件生产	成批生产	大量生产
加工对象	经常变换,很少重复	周期性变换,重复	固定不变
毛坯成形方法	①型材(锯床、热切割);②木模手工砂型铸造;③自由锻造;④弧焊(手工或通用焊机);⑤冷作(旋压等)	①型材下料(锯、剪);②金属模砂型机器造型;③模锻;④冲压;⑤弧焊(专机)、钎焊;⑥压制(粉末合金)	①型材剪切;②机器造型;③压力铸造;④热模锻生产;⑤冲压生产;⑥压焊、弧焊生产
机床设备	通用设备(如普通机床、数控机床、加工中心等)	①通用和专用、高效设备;②柔性制造系统(多品种小批量)	①组合机床、刚性生产线;②柔性生产线(多品种大量生产)
机床布置	按机群布置	按加工零件类别分工段排列	按工艺路线布置成流水线或自动线
工件尺寸获得方法	试切法、划线找正法	调整法,部分试切、划线找正法	调整法,自动化加工
夹具	通用夹具、组合夹具	通用、专用或成组夹具	高效专用夹具
刀具	通用标准刀具	专用或标准刀具	专用刀具
量具	通用量具	部分专用量具或量仪	专用量具、量仪和自动检验
物流设备	叉车、行车、手推车	叉车、各种输送机装置	各种输送机、搬运机器人、自动化立体仓库
装配	①以修配法及调整法为主;②固定装配或固定式流水装配	①以互换法为主,调整法、修配法为辅;②流水装配或固定式流水装配	①互换法装配、高精度偶件配磨或选择装配;②流水装配线、自动装配机或自动装配线
涂装工艺	①喷漆;②搓涂、刷涂	①混流涂装;②喷漆	涂装(如静电喷涂、电泳涂漆等)

比 较 项 目	单 件 生 产	成 批 生 产	大 量 生 产
热处理设备	周期式热处理炉,如密封箱式多用炉、盐浴炉(中小件)、井式炉(细长件)	①真空热处理炉;②密封箱式多用炉;③感应热处理炉	①连续式渗碳炉;②网带炉、铸链炉、滚棒式炉、滚筒式炉;③感应热处理炉
工艺文件	简单的工艺过程卡片	较详细的工艺规程及关键工序的操作卡片	详细的工艺规程、工序卡片及调整卡片
产品成本	较高	中等	低
生产率	用传统方法生产率低、采用数控机床效率高	中等	高
工人技术水平	对工人要求高	对工人要求较高	对工人要求低
产品实例	重型机器、重型机床、汽轮机、大型内燃机、大型锅炉、机修配件	机床、工程机械、水泵、风机阀门、机车车辆、起重机、中小锅炉、液压件	汽车、拖拉机、摩托车、自行车、内燃机、滚动轴承、电器开关等

2. 数控加工工艺的基本特点

1)数控加工工艺的特点

数控加工利用数控机床进行。数控机床是采用数字控制技术,以数字量作为指令信息,通过计算机控制机床的运动及其整个加工过程的机械加工设备。

2)数控加工的基本条件

(1)工艺装备　数控机床及相应的刀具、量具是数控加工系统的基本工艺装备。

(2)加工程序　数控机床加工必须由加工程序执行和控制,简单的二维加工程序一般采用手工编程,复杂的或三维以上的则要利用 CAD/CAM 技术,自动生成加工程序(自动编程)。

3)数控加工适用性特点

并非所有的零件都适合于数控加工,可以按零件的工艺结构适应程度来确定。

4）工艺特点

（1）工艺设计的严密性　数控加工工艺设计必须在程序编制工作开始前完成，而加工程序则为数控工艺设计的结果体现。工艺方案设计的好坏不仅影响机床的效率的发挥，也直接影响被加工零件的加工质量。

（2）工艺内容的具体性　过去由工艺人员设计的零件加工工艺文件是生产方案指导性的规划内容，而对数控加工工艺则必须规划出加工中的每一个动作及顺序过程，这些动作和过程具体地体现在数控加工的程序中。

（3）数控加工工艺过程　数控加工工艺的主要过程是根据零件图样上的技术要求，确定加工方案，制订零件加工工艺路线，编制数控加工工序卡片（含刀具卡片及走刀路线说明图），编制加工程序单，填写工艺文件，输入数控机床并完成零件的数控加工。

（4）划分工序特点　具体有以下几个。

①制订工艺路线时仍然遵循常规的机械加工工艺思路：先加工定位基准面，再加工其他表面；先加工主要表面，后加工次要表面；先粗加工，后精加工；先加工平面和曲面，后加工孔、槽等。但在具体工序的工步细节设计中存在特殊性：按一次安装中的加工内容划分工步；按所用刀具划分工步及刀具使用顺序；按加工部位的内外或距离远近划分工步。

②工序集中的应用　采用一台机床能完成更多的加工内容，因而使总工序数减少。其优点是所需加工设备少，生产占地少，减少了安装次数、装夹时间、夹具数量。其缺点是能采用工序集中方式的机床一般功能较强，投资较大，同时对操作者加工能力要求也较高。

③工序分散的应用　将每台机床加工的内容尽可能简化，每一个工序内容量均衡、符合生产节拍，增加工序的数目，使工艺路线变长。这样可使每个工序使用的设备、刀具等比较简单。机床调整工作简化，对操作工人的技术水平要求也低。

（5）刀具应用特点　改变了传统的"车工一把刀"等对磨刀技术要求高的做法，更多地注重刀具类型的合理选用。降低了对磨刀技能的要求，强调了不同类型的刀具对应不同加工用途的技术能力。

知识链接

机 械 加 工

机械加工是利用加工机械对工件的外形尺寸或性能进行改变的过程。按被加工的工件处于的温度状态，分为冷加工和热加工。一般在常温下进行，不引起工件的化学或物理变化的加工，称为冷加工。一般在高于或低于常温状态进行，会引起工件的化学或物理变化的加工,称为热加工。冷加工按加工方式的差别可分为切削加工和压力加工。热加工常见的有热处理、锻造、铸造和焊接等。

广义的机械加工过程是指能用机械手段制造产品的过程;狭义的是指用车床、铣床、钻床、磨床、冲压机、压铸机等专用机械设备制作零件的过程。

小　结

机械加工工艺规程是指导生产准备、生产计划、生产组织、工人操作及技术检验等工作的主要技术文件。学习工艺规程的作用、工艺规程的格式及工艺规程制订的步骤,目的是要能够制订典型零件的机械加工工艺规程。在制订工艺规程的过程中,往往要对前面已初步确定的内容进行调整,以提高经济效益。在执行工艺规程过程中,可能会出现前所未料的情况,如生产条件的变化,新技术、新工艺的引进,新材料、先进设备的应用等,碰到这些情况时都要求及时对工艺规程进行修订和完善。

能 力 检 测

1.什么是生产过程和工艺过程? 试举例说明。

2.什么是工序、安装、工位、工步和工作行程? 在现代制造中怎样划分工序?

3.简单说明不同生产类型的工艺特征。

4.数控加工有哪些特点? 数控加工能否完全取代普通加工?

模块二　零件结构工艺性与工艺路线的制订

【学习目标】

了解:零件结构工艺性分析的必要性。

熟悉:零件结构工艺性要求和零件结构工艺性分析的步骤和方法。

掌握:常见零件结构要素的工艺性、毛坯选择及工艺路线的制订。

任务四　零件结构工艺性分析

为了方便加工、减小加工难度、降低加工成本,零件的结构设计必须具有良好的工艺性。功能相同的零件,结构可以有很大的差异,其结构工艺性有可能出现很大的差异。零件图是制造零件的主要技术依据。在设计工艺路线之前,首先需要进行仔细的工艺分析。了解零件的作用、材料性能、结构特点,对各加工表面的加工要求,与零件质量有关的各表面间的相互位置要求和尺寸联系、热处理要求以及其他规定的技术要求。

1. 零件结构工艺性分析的目标、内容和原则

零件结构工艺性是指所设计的零件在满足使用要求的前提下制造的可行性和经济性。它包括零件制造过程中的工艺性,如铸造、锻造、冲压、焊接、热处理、切削加工等工艺性。由此可见,零件结构工艺性涉及面很广,具有综合性,必须全面综合地分析。在制订机械加工工艺规程时,主要进行零件切削加工工艺性分析。工艺分析的目的有两个:一是审查零件图是否完整、正确和合理,如有问题应会同有关设计人员共同商量,予以必要的修改;二是对零件的结构工艺性进行分析,只有全面、深入了解零件后,才能着手制订工艺规程,才有可能制订出合理的工艺规程。

在不同的生产条件下,同样结构的零件制造的可行性和经济性可能不同。例如:双联斜齿轮两齿圈之间的轴向距离很小,因而小齿圈不能滚齿加工,只能用插齿加工;又因插斜齿需专用螺旋导轨,因而它的结构工艺性不好。若能采用电子束焊,先分别滚切两个齿圈,再将它们焊为一体,这样的制造工艺就较好,且能缩短齿轮间的轴向尺寸。由此可见,结构工艺性要根据具体的生产条件来分析,它具有相对性。

1)分析研究产品的零件图样和装配图样

对图样进行的分析包括零件技术要求分析和结构工艺性分析两个方面,这是确定机械加工工艺的重要步骤,也是机械加工人员应当掌握的基本技能。要分析的技术要求包括以下五个:

①加工表面的尺寸精度;

②主要加工表面的形状精度;

③主要加工表面的相互位置精度;

④加工表面的粗糙度和物理力学性能;

⑤热处理及其他要求。

分析零件技术要求的目的归结为一点,就是要在保证零件使用性能的前提下,使零件制造具备经济合理性。在工程实际中要结合现有生产条件分析实现这些技术要求的可行性。分析零件图还要分析图样的尺寸、公差和表面粗糙度标准是否齐全。了解零件形状和主要表面之后,就可以基本形成零件工艺流程。良好的结构工艺性是指在现有工艺条件下既能方便制造,又有较低的制造成本。

2)合理确定零件的技术要求

不需要加工的表面,不要设计为加工面;要求不高的表面,不应设计为高精度和表面粗糙度低的表面,否则会造成不必要的成本支出。

3)遵循零件结构设计的标准化原则

具体有以下三个要求。

(1)尽量采用标准化参数。零件的孔径、锥度、螺纹孔径和螺距、齿轮模数和压力角、圆弧半径等参数尽量选用有关标准推荐的数值,这样可使用标准的刀、夹、量具,减少专用工装的设计、制造周期和费用。

(2)尽量采用标准件。诸如螺钉、螺母、轴承、垫圈、弹簧、密封圈等零件,一般由标准件厂生产,根据需要选用即可,不仅可缩短设计制造周期,使用、维修方便,而且较经济。

(3)尽量采用标准型材。只要能满足使用要求,对零件毛坯就应尽量采用标准型材,这样不仅可减少毛坯制造的工作量,而且由于型材的性能好,可减少切削加工的工时及节省材料。

2. 尺寸标注

零件图上尺寸标注应合理。

(1)按加工顺序标注尺寸,尽量减少尺寸换算,并能方便、准确地进行测量。

(2)从实际存在的和易测量的表面标注尺寸,且在加工时应尽量使工艺基准与设计基准重合。

(3)零件各非加工面的位置尺寸应直接标注,而非加工面与加工面之间只能有一个联系尺寸。

3. 零件结构要求

零件结构应便于加工和安装。对零件结构的具体要求如下。

(1)零件结构要便于安装,定位准确,加工稳定可靠。

(2)尽量减少毛坯余量和选用切削加工性好的材料。

(3)各要素的形状应尽量简单,加工面积要尽量小,规格应尽量统一。

(4)便于采用标准刀具进行加工,且刀具应易进入、退出和顺利通过加工表面。

(5)加工面和加工面之间、加工面和不加工面之间均应明显分开,加工时应使刀具有良好的切削条件,以减少刀具磨损和保证加工质量。

表 3-3 所示为常见零件结构要素的工艺性举例。

表 3-3　常见的零件结构要素的工艺性

主要要求	结构工艺性		工艺性好的结构的优点
	不好	好	
加工面积应尽量小			①可减少加工量；②可减少材料及切削工具的消耗量
孔的两端应避免采用斜面			①避免刀具损坏；②提高钻孔精度；③提高生产率
避免斜孔			①简化夹具结构；②减少空的加工量
孔的位置应便于加工			①可采用标准刀具和量具；②有利于提高加工精度
槽与沟的表面不应与其他加工面重合			①减少加工量；②改善刀具工作条件；③在已调整好的机床上有加工的可能性

4.数控加工工艺分析的一般步骤与方法

程序编制人员在进行工艺分析时,要有机床说明书、编程手册、切削用量表、标准工具、夹具手册等资料,根据被加工工件的材料、轮廓形状、加工精度等选用合适的机床,制订加工方案,确定零件的加工工序,各工序所用刀具、夹具和切削用量等。此外,编程人员应不断总结、积累工艺分析方面的实际经验,编写出高质量的数控加工工序。

1)机床的合理选用

在数控机床上加工零件时,一般有两种情况:第一种情况,有零件图样和毛坯,要选择适合加工该零件的数控机床;第二种情况,已有了数控机床,要选择适合在该机床上加工的零件。无论何种情况,考虑的主要因素都包括毛坯的材料种类、零件轮廓复杂程度、尺寸大小、加工精度、零件数量、热处理要求等。选择机床的原则概括起来有以下三点:

①保证加工零件的技术要求,加工出合格产品;

②有利于提高生产率;

③尽可能降低生产成本及加工费用。

2)数控加工零件工艺性分析

数控加工工艺分析涉及面广,在此仅从数控加工的可能性和方便性两方面加以分析。

(1)零件图上尺寸的标注应符合编程方便的原则

零件图尺寸标注方法应适应数控加工的特点,在数控加工零件图上,应以同一基准引注尺寸或是直接给出坐标尺寸。这种标注方法既便于编程,也便于尺寸间的相互协调和保持设计基准、工艺基准、检测基准与编程原点设置的一致性。由于零件设计人员一般在尺寸标注中较多地考虑装配等使用性能方面的问题,而不得不采用局部分散的标注方法,这样就会给工序安排与数控加工带来许多不便。由于数控加工精度和重复定位精度都很高,不会因产生较大的积累误差而破坏使用性能,因此可以将局部的分散标注法改为由同一基准引注尺寸或直接给出坐标尺寸的标注法。

(2)构成零件轮廓的几何要素的条件应充分

在手工编程时,要计算基点或节点坐标。在自动编程时,要对构成零件轮廓的所有几何要素进行定义。因此在分析零件图时,要分析几何要素的给定条件是否充分。如圆弧与直线、圆弧与圆弧在图样上相切,但根据图上给定尺寸,在计算相切条件时,变成了相交或相离状态。由于构成零件几何元素条件的不充分,使编程时无法下手。遇到这种情况,应与零件设计者协商解决。

(3)零件各加工部位的结构工艺性应符合数控加工的特点主要有以下几点。

①零件的内腔和外形最好采用统一的几何类型和尺寸,这样可以减少刀具的规格和换刀次数,使编程方便,生产效益提高。

②内槽圆角的大小决定着刀具直径的大小,因而内槽圆角半径不应过小。

零件工艺性的好坏与被加工零件的高低、转接圆弧半径的大小等有关。

③零件铣削底平面时,槽底圆角半径 R 不应过大。

④应采用统一的基准定位。在数控加工中,若没有采用统一的基准定位,会因工件的重新安装而导致加工后的两个面上轮廓位置及尺寸不协调的现象。因此要避免上述问题的产生,保证两次装夹加工后其相应位置的准确性,应采用统一的基准定位。

零件上最好有合适的孔可作为定位基准孔,若没有,要设置工艺孔作为定位基准孔(如在毛坯上增加工艺凸耳或在后续工序要铣去的余量上设置工艺孔)。若无法制出工艺孔,最起码也要用经过精加工的表面作为统一的基准,以减少两次装夹产生的误差。

此外,还应分析零件所要求的加工精度、尺寸公差等是否可以得到保证,有无引起矛盾的多余尺寸或影响工序安排的封闭尺寸等。

任务五 工艺路线的制订

机械加工工艺规程的制订,大体上可分为两个步骤。首先是制订零件加工的工艺路线,然后再确定每一工序的工序尺寸、所用设备和工艺装备以及切削规范和工时定额等。这两个步骤是相互联系的,应进行综合分析和考虑。本任务学习工艺路线拟订的相关内容,主要任务是选择各个表面的加工方法、确定各个表面的加工顺序,以及整个工艺过程中的工序数目等。

1. 毛坯选择

机械零件的制造包括毛坯成形和切削加工两个阶段。毛坯选择是否合理直接影响零件的制造质量和使用性能,而且对零件的制造工艺过程、生产周期、成本都有很大影响。

1)常见毛坯的种类

毛坯类型通常包括铸件、锻件、型材、焊接件等。

(1)铸件 铸件适用于形状较复杂的零件毛坯。铸造特点是适应范围广(零件质量由几克至几百吨,铸件壁厚可为(0.5 mm~1 m),铸件形状和大小可以和零件接近,铸件可用的原材料广、成本低,铸造工艺灵活、生产率高等。其造型方法有砂型铸造、精密铸造、金属型铸造、压力铸造等,主要的造型方法是砂型铸造和金属型铸造,有特殊质量要求时可采用离心铸造和压力铸造的方法生产零件毛坯。铸件材料有铸铁、铸钢及铜、铝等非铁金属。

(2)锻件 锻件适用于强度要求高、形状比较简单的零件毛坯。其锻造方法有自由锻和模锻两种。锻件的特点是组织细、力学性能好。自由锻毛坯精度低、加工余量大、生产率低,适用于单件小批生产以及大型零件毛坯生产。模锻毛坯精度高、加工余量小、生产率高,但成本也高,适用于中小型零件毛坯的大批大量生产。

(3)型材 型材有热轧和冷拉型材两种。热轧适用于尺寸较大、精度较低的毛坯;冷拉适用于尺寸较小、精度较高的毛坯。

(4)焊接件　焊接件是根据需要将型材或钢板等焊接而成的毛坯件,它的生产简单方便,生产周期短,但需经时效处理后才能进行机械加工。

2)毛坯选择应考虑的因素

(1)零件的材料及力学性能要求　零件材料的工艺特性和力学性能大致决定了毛坯的种类。例如铸铁零件,一般采用铸造毛坯。又如:对于钢质零件,当形状较简单且力学性能要求不高时常用棒料;对于重要的钢质零件,为获得良好的力学性能,应选用锻件;当钢质零件形状复杂、力学性能要求不高时,采用铸钢件。非铁金属零件常用型材或铸造毛坯。

(2)零件的结构形状与外形尺寸　大型且结构较简单的零件多用砂型铸造毛坯或自由锻毛坯;结构复杂的零件多用铸造毛坯;小型零件可用模锻件或压力铸造毛坯;板状钢质零件多用锻件毛坯;轴类零件的毛坯,若台阶直径相差不大可用棒料,若各台阶尺寸相差较大则宜选择锻件。

(3)生产纲领的大小　大批大量生产应采用精度和生产率都较高的毛坯制造方法,铸件采用金属模机器造型和精密铸造,锻件用模锻或精密锻造。单件小批生产用木模手工造型或自由锻来制造毛坯。

(4)现有生产条件　确定毛坯时,必须结合具体的生产条件,如现场毛坯制造的实际水平和能力、外协的可能性等,否则可能不现实。

(5)新工艺、新材料的利用　为节约材料和能源、提高机械加工生产率,应充分考虑精密铸造、精锻、冷轧、冷挤压、粉末冶金等工艺以及异型钢材、工程塑料等材料在机械中的应用,采用以上加工工艺和材料可大大减少机械加工量,甚至不需要进行加工,经济效益非常显著。

2. 工艺路线设计

设计工艺过程时,首先要设计工艺路线,然后再详细地进行工序设计。这是两个互有联系的过程,应进行反复和综合分析。具体可分两步进行:第一步是拟订零件从毛坯到成品零件所经过的整体工艺路线,也就是进行零件加工的总体方案的设计;第二步是确定各个工序的具体内容,它包括给出工序尺寸及其公差、选择所用的机床及工艺装备、规定切削用量及时间定额和工序图等,也就是工序设计。拟订工艺路线时所涉及的问题主要是选择定位基准、选择各表面的加工方法、安排加工顺序、划分加工阶段。

1)零件表面加工方法的选择

零件表面的加工方法,首先取决于加工表面的技术要求。这些技术要求还包括由于基准不重合而提高的对某些表面的加工要求,由于被作为精基准而可能对其提出的更高的加工要求。根据各加工表面的技术要求,首先选择能保证该要求的最终加工方法,然后确定各工序、工步的加工方法。

加工过程中,影响精度的因素很多。每种加工方法在不同的工作条件下,所能达到的精度会有所不同。例如:操作精细、选择合理的切削用量,就能得到较高的精度,但是,这样会降低生产率,增加成本;反之,如增加切削用量,可提高生产效率、降低成本,但会增加加工误差而使精度下降。任何一种加工方法,在正常生产条件下(采用符合质量标准的设备、工艺装备和标准技术等级的工人,不延长加工时间)所能达到的加工精度,称为加工经济精度。经济表面粗糙度的概念类同于经济精度的概念。工件表面加工方法的选择,应与经济加工精度相适应。如精度为IT10、表面粗糙度为 $Ra\ 1.6\ \mu m$ 的外圆表面,可以精车加工;精度为IT5,表面粗糙度为 $Ra\ 0.1\ \mu m$ 的外圆,则可选用精磨的方法。

2)零件表面加工方法的选择

(1)加工方法的选择原则具体有如下几条。

①所选加工方法的加工经济精度范围要与加工表面精度、粗糙度要求相适应。

②保证加工面的几何形状精度、表面相互位置精度的要求。

③与零件材料的可加工性相适应,如淬火钢宜采用磨削加工。

④与生产类型相适应。大批量生产时,应采用高效的机床设备和先进的加工方法。单件小批生产时,多采用通用机床和常规的加工方法。

(2)各种表面加工方法及适用范围 表3-4、表3-5、表3-6分别摘录了外圆柱面、孔和平面等典型表面的加工方法及其经济精度和经济表面粗糙度。

表 3-4 外圆柱面加工方法

序号	加工方法	经济精度 (以公差等级表示)	经济表面粗糙度 Ra 值/μm	适用范围
1	粗车	IT13～IT11	12.5～50	适用于淬火钢以外的各种金属
2	粗车→半精车	IT10～IT8	3.2～6.3	
3	粗车→半精车→精车	IT8～IT7	0.8～1.6	
4	粗车→半精车→精车→滚压(或抛光)	IT8～IT7	0.025～0.2	
5	粗车→半精车→磨削	IT8～IT7	0.4～0.8	主要用于淬火钢,也可用于未淬火钢,但不宜用于加工非铁金属
6	粗车→半精车→粗磨→精磨	IT7～IT6	0.1～0.4	
7	粗车→半精车→粗磨→精磨→超精加工(或轮式超精磨)	IT5	0.012～0.1 (或 $Rz\ 0.1$)	
8	粗车→半精车→精车→超精车(金刚车)	IT7～IT6	0.025～0.4	主要用于精度要求较高的非铁金属加工
9	粗车→半精车→粗磨→精磨→超精磨(或镜面磨)	IT5 以上	0.006～0.025 (或 $Rz\ 0.05$)	极高精度的外圆加工
10	粗车→半精车→粗磨→精磨→研磨	IT5 以上	0.006～0.1 (或 $Rz\ 0.05$)	

表 3-5 孔加工方法

序号	加工方法	经济精度 （以公差等级表示）	经济表面粗糙度 Ra 值/μm	适用范围
1	钻	IT13～IT11	12.5	加工未淬火钢即铸铁的实心毛坯，也可用于加工非铁金属。孔径小于 15～20 mm
2	钻→铰	IT10～IT8	1.6～6.3	
3	钻→粗铰→精铰	IT8～IT7	0.8～1.6	
4	钻→扩	IT11～IT10	6.3～12.5	加工未淬火钢即铸铁的实心毛坯，也可用于加工非铁金属。孔径大于 15～20 mm
5	钻→扩→铰	IT9～IT8	1.6～3.2	
6	钻→扩→粗铰→精铰	IT7	0.8～1.6	
7	钻→扩→机铰→手铰	IT7～IT6	0.2～0.4	
8	钻→扩→拉	IT9～IT7	0.1～1.6	大批大量生产（精度由拉刀的精度而定）
9	粗镗（或扩孔）	IT13～IT11	6.3～12.5	除淬火钢外的各种材料，毛坯有铸出孔或锻出孔
10	粗镗（粗扩）→半精镗（精扩）	IT10～IT9	1.6～3.2	
11	粗镗（粗扩）→半精镗（精扩）→精镗（铰）	IT8～IT7	0.8～1.6	
12	粗镗（粗扩）→半精镗（精扩）→精镗→浮动镗刀精镗	IT7～IT6	0.4～0.8	
13	粗镗（扩）→半精镗→磨孔	IT8～IT7	0.2～0.8	主要用于淬火钢，也可用于未淬火钢，但不宜用于非铁金属
14	粗镗（扩）→半精镗→粗磨→精磨	IT7～IT6	0.1～0.2	
15	粗镗→半精镗→精镗→超精镗（金刚镗）	IT7～IT6	0.05～0.4	主要用于精度要求高的非铁金属加工
16	钻→（扩）→粗铰→精铰→珩磨；钻→（扩）→拉→珩磨；粗镗→半精镗→精镗→珩磨	IT7～IT6	0.025～0.2	精度要求很高的孔
17	以研磨代替方法 16 中的珩磨	IT6～IT5	0.006～0.1	

表 3-6　平面加工方法

序号	加工方法	经济精度（以公差等级表示）	经济表面粗糙度 Ra 值/μm	适用范围
1	粗车	IT11～IT13	12.5～50	端面
2	粗车→半精车	IT8～IT10	3.2～6.3	
3	粗车→半精车→精车	IT7～IT8	0.8～1.6	
4	粗车→半精车→磨削	IT6～IT8	0.2～0.8	
5	粗刨（或粗铣）	IT11～IT13	6.3～25	一般不淬硬平面（端铣表面粗糙度 Ra 值较小）
6	粗刨（或粗铣）→精刨（或精铣）	IT8～IT10	1.6～6.3	
7	粗刨（或粗铣）→精刨（或精铣）→刮研	IT6～IT7	0.1～0.8	精度要求较高的不淬硬平面，批量较大时宜采用宽刃精刨方案
8	以宽刃精刨代替上述刮研	IT7	0.2～0.8	
9	粗刨（或粗铣）→精刨（或精铣）→磨削	IT7	0.2～0.8	精度要求高的淬硬平面或不淬硬平面
10	粗刨（或粗铣）→精刨（或精铣）→粗磨→精磨	IT6～IT7	0.025～0.4	
11	粗铣→拉	IT7～IT9	0.2～0.8	大量生产，较小的平面（精度视拉刀精度而定）
12	粗铣→精铣→磨削→研磨	IT5 以上	0.006～0.1（或 Rz 0.05）	高精度平面

3. 加工顺序的安排

1）加工阶段的划分

按加工性质和作用的不同，工艺过程一般可划分如下加工阶段：粗加工阶段、半精加工阶段、精加工阶段和光整加工阶段。

对下列零件可以不划分加工阶段：加工质量要求不高的零件；加工质量要求较高，但毛坯刚性好、精度高的零件；加工余量小（如在自动机上加工）的零件；装夹、运输不方便的重型零件等。另外，在采用加工中心加工零件时一般也不要求划分加工阶段。

划分加工阶段的作用有以下几点：

(1)避免加工残余应力释放引起工件的变形；

(2)避免粗加工时较大的夹紧力和切削力所引起的变形对精加工的影响；

（3）及时发现毛坯的缺陷，避免不必要的损失；

（4）便于精密机床长期保持精度；

（5）达到热处理工序安排的要求。

工艺路线的划分阶段，是就整个工件的加工过程来说的，不能以某一表面的加工或某一工序的性质来判断。如：工件的定位基准，在半精加工阶段（甚至在粗加工阶段）就需要加工得很准确；在精加工阶段中，有时也因尺寸标注的关系，安排某些小表面的细加工工序，如小孔、小槽等。在确定了阶段以后，就确定了各表面加工方法的大致顺序。

2）加工顺序的安排原则

加工方法的顺序安排通常涉及机械加工工序、热处理工序和辅助工序等，工序安排得科学与否将直接影响到零件的加工质量、生产率和加工成本。加工顺序的安排原则如表 3-7 所示。

表 3-7　加工顺序的安排原则

工　　序		安　排　原　则
机械加工		①对于形状复杂、尺寸较大的毛坯或尺寸偏差较大的毛坯，首先安排划线工序，为精基准的加工提供找正基准； ②按"先基面后其他"的顺序，首先加工精基准面，在重要表面加工前应对精基准进行修正； ③按"先主后次、先粗后精"的顺序，对精度要求较高的各主要表面进行粗加工、半精加工和精加工； ④与主要表面有位置要求的次要表面应安排在主要表面加工之后加工； ⑤对于易出现废品的工序，精加工和光整加工可适当提前，一般情况下主要表面的精加工和光整加工应放在最后阶段进行
热处理	退火与正火	属于毛坯预备性热处理，应安排在机械加工之前进行
	时效处理	为了消除残余应力，对于尺寸大、结构复杂的铸件，需在粗加工前、后各安排一次时效处理；对于一般铸件，需在铸造后或粗加工后安排一次时效处理；对于精度要求高的铸件，需在半精加工前、后各需安排一次时效处理；对于精度高、刚度低的零件需在粗车、粗磨、半精磨后各安排一次时效处理
	淬火	淬火后工件硬度提高且易变形，应安排在精加工阶段的磨削加工前进行
	渗碳	渗碳易产生变形，应安排在精加工前进行，为控制渗碳层厚度，渗碳前应安排精加工工序
	渗氮	一般安排在工艺过程的后部、该表面的最终加工之前。渗氮处理前应调质

工　　序		安　排　原　则
辅助工序	中间检验	一般安排在粗加工全部结束之后，精加工之前；送往外车间加工的前后（特别是热处理前后）；耗费工时较多或重要工序的前后
	特种检验	X射线、超声波探伤等多用于工件材料内部质量的检验，一般安排在工艺过程的开始；荧光检验、磁力探伤主要用于表面质量的检验，通常安排在精加工阶段，荧光检验如用于检查毛坯的裂纹，则安排在加工前
	表面处理	电镀、涂层、发蓝、氧化、阳极化等表面处理工序一般安排在工艺过程的最后进行

3）切削加工工序安排原则

（1）先主后次　即先加工主要表面，然后加工次要表面。

在选择加工方法时：首先应选定主要表面的最后加工方法，按照零件图上的精度要求，确定保证该表面精度的加工方法；然后选定最后加工以前的一系列准备工序的加工方法、准备工序的精度，按照经济加工精度确定加工方法；最后选定次要表面的加工方法，按照零件图上次要表面的精度要求来确定加工方法。

（2）先粗后精　当加工零件精度要求较高时都要经过粗加工、半精加工、精加工阶段，如果精度要求更高，还包括光整加工的几个阶段。

（3）基准先行原则　作为精基准的表面应安排在起始工序，先进行加工，为后续工序的加工提供精基准。任何零件的加工过程总是先对定位基准进行粗加工和精加工。例如：轴类零件总是先加工中心孔，再以中心孔为精基准加工外圆和端面；箱体类零件总是先加工定位用的平面及两个定位孔，再以平面和定位孔为精基准加工孔系和其他平面。

（4）先面后孔　对于箱体、支架和连杆等工件，应先加工平面后加工孔。这是因为平面的轮廓平整，安放和定位比较稳定可靠，若先加工好平面，就能以平面定位加工孔，保证平面和孔的位置精度。

（5）内外交叉　加工时不能先把内表面加工完后再加工外表面或是先把外表面加工完后再加工内表面，这样在加工内表面或加工外表面时，原来加工好的精度因夹紧力、切削力及内应力等因素的作用，其精度就会被破坏。如先粗加工内表面、再粗加工外表面，然后精加工内表面，再精加工外表面，这样内、外交叉加工，则有利于保证和提高加工质量。

4）阶段的划分

工艺路线按工序性质的不同，一般可划分分成几个加工阶段，即粗加工阶段、半精加工阶段、精加工阶段和光整加工阶段。各加工阶段的主要任务如下。

(1)粗加工阶段 这个阶段的主要任务是从坯料上切除大部分余量,其特点是加工余量大。因此,切削力、切削热、夹紧力等都比较大,所以加工精度不高(IT12级左右)。在这个阶段中,主要问题是如何提高生产率。

(2)半精加工阶段 半精加工是在粗加工和精加工之间进行的切削加工过程。其作用是减少粗加工后留下的误差,使工件达到一定精度,为主要表面的精加工做准备,并完成一些次要表面的加工(如钻孔、攻螺纹、铣键槽等)。

(3)精加工阶段 这个阶段的任务是使零件达到一般的技术要求,主要是保证主要表面的加工质量。其特点是加工余量较小,加工精度较高。

(4)光整加工阶段 光整加工是精加工后从工件上不切除或切除极薄金属丝层,获得光洁表面或强化表面精度的加工过程。一般不用来提高位置精度。

在毛坯余量特别大的情况下,有时在毛坯车间还进行去黑皮加工(荒加工)。划分加工阶段的主要原因是零件依次按阶段进行加工,有利于消除或减少变形对精度的影响。一般说来,粗加工切除的余量大,切削力、切削热以及内应力重新分布等因素引起工件的变形就较大。半精加工时余量较小,工件的变形也相对较小,精加工时的变形就更小些。因此,对工艺路线划分阶段进行加工,可避免出现已加工表面的精度遭到破坏的现象。

4. 工序的组合

工序的组合可采用工序分散或工序集中的原则。

1)工序分散的特点

(1)工序多,工艺过程长,每个工序所包含的加工内容很少,极端情况下每个工序只有一个工步;

(2)所使用的工艺设备与装备比较简单,易于调整和掌握;

(3)有利于选用合理的切削用量,减少基本时间;

(4)设备数量多,生产面积大,设备投资少;

(5)易于更换产品。

2)工序集中的特点

(1)零件各个表面的加工集中在少数几个工序内完成,每个工序的内容和工步较多;

(2)有利于采用高效的专用设备和工艺装备;

(3)生产面积和操作工人的数量减少,辅助时间缩短,加工表面间的位置精度易于保证;

(4)有很多表面在一个工序中加工,在一次安装的条件下加工,可以获得较高的位置精度;

(5)设备、工装投资大,调整、维护复杂,生产准备工作量大,更换新产品困难。

3）工序组合原则的选用

两种原则各有特点，因此在加工过程中均可采用。对这两种原则的选用以及集中、分散程度的确定，一般需考虑下述因素。

（1）生产量的大小 通常情况下，产量较小（单件小批生产）时，为简化计划、调整等工作，选取工序集中原则较便于组织生产。当产量很大（大批大量生产）时，可按分散原则以利于组织流水生产，提高生产效率。

（2）工件的尺寸和质量 对尺寸和质量较大的工件（如机床本体等），由于安装和运输困难，一般宜采用工序集中原则组织生产。

（3）工艺设备的条件 工序集中，则工序内容复杂，需要用高效和先进的设备，这样才能获得较高的生产率。

目前，国内外都在发展高效和先进的设备，在生产自动化基础上的工序集中，是机械加工的发展方向之一。

 知识链接

光整加工

无论是切削加工，还是铸锻、冲压、焊接加工，都会在零件表面留下程度不同的粗糙表面及各种各样的缺陷，如表面凸凹不平、棱边缺陷、飞边毛刺、磕碰划伤、微观裂纹等。它们的产生和存在，不仅影响零件本身的质量，而且影响产品整机的装配精度、性能和使用寿命，以致影响产品在市场上的信誉和竞争力。

主要表面的光整加工（如研磨、珩磨、精磨、滚压加工等），应放在工艺路线最后阶段进行，加工后的表面粗糙度值在 $Ra\ 0.8\ \mu m$ 以上。轻微的碰撞都会损坏表面，在日本、德国等国家，在光整加工后，都要用绒布对工件表面进行保护，绝对不准用手或其他物件直接接触工件，以免光整加工的表面由于工序间的转运和安装而受到损伤。

小 结

加工精度和表面粗糙度、零件的结构特征和尺寸、热处理状况、零件材料的性能、生产批量等是选择加工方案的五个依据。应着重理解常见表面加工方案列表中每一方案应用的理由。在实践中，应根据已知条件和加工表面特征，以关键条件为主，适当考虑其他条件来选择加工方案。

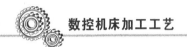

能 力 检 测

1.试述生产过程、工艺过程、工序、工步、进给、装夹和工位的概念。

2.什么是生产纲领？单件生产和大量生产各有哪些重要工艺特点？

3.零件的工艺性分析主要从哪些方面进行？如何理解结构工艺性的概念？零件结构工艺性有哪些要求？

4.机械零件常用的毛坯种类有哪些？应该怎样选择毛坯类型、制造方法和毛坯精度？

5.平面的加工方法主要有哪些？各有何特点？

6.机械加工过程中，给零件安排的预备及最终热处理工序分别有哪些？其目的是什么？

模块三 工件的定位及定位基准的选择

【学习目标】

了解：定位基准的选择。

掌握：六点定位原理。

熟悉：常用定位元件及其限制的自由度。

工件在机床上要占据一个正确位置，其实质是通过一定的定位元件限制工件的某些自由度。定位设计实质是分析如何实现定位的问题，关键是各典型定位元件所限制的自由度。

任务六 工件的定位原理

1. 工件定位的基本原理

1) 工件的自由度

如图 3-8(a)所示，在空间右手直角笛卡儿坐标系(数控机床采用该坐标系为标准坐标系)中，工件位置和姿态(简称"位姿")尚未确定。如图 3-8(b)所示，工件可沿 X、Y、Z 轴移动到不同的位置，即具有沿 X、Y、Z 轴的移动自由度，以 $\vec{X}$、$\vec{Y}$、$\vec{Z}$ 表示；如图 3-8(c)所示，工件可绕 X、Y、Z 轴有不同的姿态，即具有三个转动自由度，以 $\widehat{X}$、$\widehat{Y}$、$\widehat{Z}$ 表示。为此，在空间中的物体具有六个自由度。为使工件在机床上得到正确的安装，需采用定位元件对工件的六个相关自由度进行约束或限制。

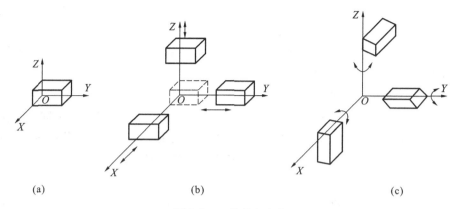

(a)　　　　　　　　　　(b)　　　　　　　　　　(c)

图 3-8　工件的自由度

2）六点定位原理

定位从某种意义上来说，就是根据工件的尺寸、精度等相关要求对其相应自由度进行限制或约束。如图 3-9 所示，用合理布置的六个支承点（可认为是六个定位支承钉）约束工件的六个自由度，使工件在夹具中得到正确的位姿，这就是"六点定位原理"。

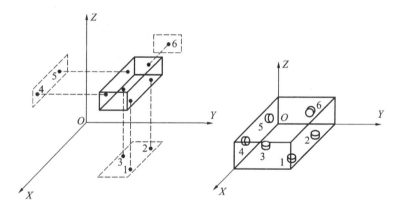

图 3-9　六点定位原理示意图

在图 3-9 中，工件底面有三个不在同一直线上等高布置的支承钉 1、2 和 3，从而限制了工件的 $\vec{Z}$、$\widehat{X}$ 和 $\widehat{Y}$ 三个自由度；工件侧面沿 X 方向布置两个等高的支承钉 4 和 5，可限制工件的 $\vec{Y}$ 和 $\widehat{Z}$ 两个自由度；工件的背面用一个支承钉 6 限制工件的 $\vec{X}$ 的自由度。

（1）工件上布置三个支承钉的面称为主要定位基准（面）。在选择工件定位基准时，一般应选择工件的大表面作为主要定位基准，这样有利于保证工件各面之间位置精度，还可以提高工件的定位刚性。

（2）工件上布置两个支承钉的面称为导向定位基准。导向定位基准应尽量选择窄长面。

(3)工件上布置一个支承钉的面称为止推定位基准。止推定位基准通常选择工件上窄小且与切削力方向相对的面。

注意各个支承钉的位置及其布置形式。不同的位置和布置形式会形成不同的定位方式,甚至破坏工件的定位正确位姿。

2. 工件的定位方式

工件在实际工程中通过夹具定位时,按照六点定位原理,可采用不同的定位方式。在实际工程应用中,合理的定位方式有完全定位和不完全定位两种,不合理的定位方式有过定位,绝对不允许的定位方式有欠定位。

1)完全定位

工件的六个自由度全部被夹具上相应的定位元件限制,使得工件在夹具中占有完全确定的唯一位置,称为完全定位。如图 3-10(a)所示,为了保证工件上槽的位置尺寸 A、B、C 与相应精度,工件的六个自由度需要全部限制,故采用图 3-10(b)所示的完全定位方案,在图示中工件的轮廓用双点画线表示,且被视为透明体。

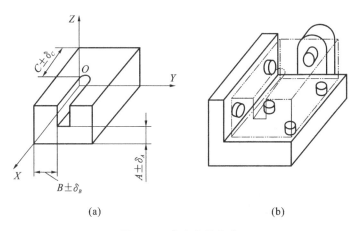

(a)   (b)

图 3-10 完全定位方式

(a)完全定位方式示意;(b)完全定位方案

2)不完全定位

根据工件的加工要求,工件需要限制的自由度数目少于六个,而这些需要限制的自由度已被夹具中相应定位元件所限制,这种不需要限制六个自由度的定位方式称为不完全定位。

如图 3-11(a)所示,通常轴类工件在车床上用三爪卡盘装夹时,工件被限制四个自由度,注意工件被夹持的部位长度较长,如果工件被夹持的部位较短,工件只被限制两个自由度;在图 3-11(b)中,工件需要限制三个自由度,以工件下底面定位,如在平面磨床上磨削工件时采用平面磁力夹具的定位。

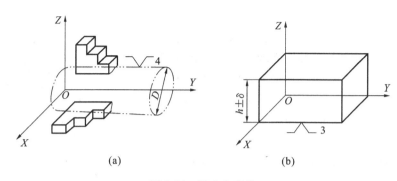

图 3-11　不完全定位

(a)轴类工件的不完全定位；(b)以工件的下底面不完全定位

3)过定位

过定位是机械数控加工中不合理的定位方式,指的是工件上已被限制的自由度又被其他定位元件限制,出现了自由度被重复限制的情况。过定位会导致工件自由度重复限制的定位元件之间产生干涉现象,致使工件定位不稳定,从而破坏工件的定位精度;也可能导致工件在夹紧时,定位元件产生变形或工件产生变形,如图 3-12 所示。

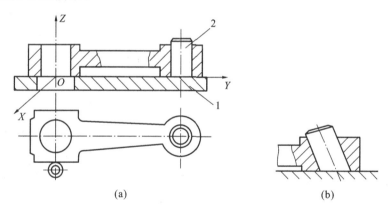

图 3-12　过定位

(a)过定位示例;(b)过定位的后果

1、2—定位元件

在图 3-12(a)中,工件被定位元件 1 和定位元件 2 定位,定位元件 1 限制了工件的三个自由度,分别是 $\vec{Z}$、$\widehat{X}$ 和 $\widehat{Y}$,而定位元件 2 限制了工件的四个自由度,分别是 $\vec{X}$、$\vec{Y}$、$\widehat{X}$ 和 $\widehat{Y}$。显然 $\widehat{X}$ 和 $\widehat{Y}$ 两个自由度被重复限制了,而工件被定位元件 2 限制的孔具有较大的制造误差,若工件在 Z 轴负方向上夹紧,可能导致图 3-12 (b)所示定位元件 2 的变形或使整个工件变形。为此,在机械制造工程中,有两种方案可用于解决此类问题:①将定位元件 2 改成短圆柱销,从而避免过定位;②提高工件被定位孔的加工精度及其与底面的垂直度,以及定位元件 1 与定位元件 2 之间的安装精度。

根据以上分析,过定位方式在某些场合下可以使用,尤其是在提高工件装夹刚度时常被应用,如图 3-13 所示,该装置是齿轮机床中最常见的夹具,齿轮工件 2 被支承凸台 1 和心轴 3 定位,其定位限制的自由度和图 3-13 所示是一样的,但由于齿轮工件 2 被定位的孔加工精度高,而且该夹具中支承凸台 1 和心轴 3 在安装时具有较高的垂直度,为此工件即使存在极小的垂直度误差,也还可以利用心轴和工件孔的配合间隙来补偿,这时过定位可使用,且可提高齿轮工件 2 在加工过程中的刚性和稳定性,也有利于保证工件的加工精度。

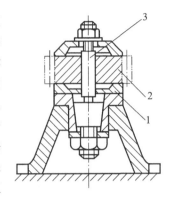

图 3-13 过定位的应用

1—支承凸台;2—齿轮工件;3—心轴

4)欠定位

欠定位是指工件需要限制的自由度没有按要求被限制的定位。欠定位无法保证加工要求,因而是绝对不允许的。在图 3-14(a)中,工件外表面需要加工一个小孔,该孔与其前道工序的槽是对称的,为此工件需要采用图 3-14(b)所示的定位方案,为此工件通过图 3-14(c)中所示的 A、B、C 三个定位元件进行限制,若缺少 C 这个防转销限制工件绕 Y 轴的旋转自由度,将导致加工工件最终的小孔不能与其前道工序的槽对称,这种欠定位在机械数控加工中是不允许的。

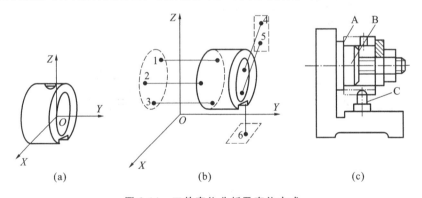

(a)　　　　　　　(b)　　　　　　　(c)

图 3-14 工件定位分析及定位方式

(a)工件外形;(b)定位方案;(c)具体定位方式

任务七 定位基准的选择

1. 基准的类别

在设计工艺过程时,要考虑表面间的位置精度,因此,需根据设计基准来分析如何选取工艺基准问题。在零件图中通过设计基准、设计尺寸来表达各表面的位置要求,在加工时则通过工序基准及工序尺寸来保证这些位置要求。工序尺寸方向上的位置是由定位基准确定的,加工后工件的位置精度则是通过测量基准来进行检验的。因此,基准的选择主要是研究加工过程中各表面的位置精度要求及其保证方法。

基准是用来确定生产对象上几何要素间的几何关系所依据的那些点、线、面的。基准可以是假想的,如球心,孔、轴中心线;也可以是客观存在的,如平面等。根据基准使用场合不同,可将基准划分为设计基准和工艺基准两大类。用在设计图上的基准称为设计基准;用在制造过程当中的基准称为工艺基准。

（1）设计基准　设计基准是指零件图上用以确定其他点、线或面位置的点、线或面。图 3-15(a)中,对平面 A 来说,平面 B 是它的设计基准,对平面 B 来说,平面 A 是它的设计基准,它们互为设计基准,即两个加工面可互为基准。图 3-15(b)中球面 D 是平面 C 的设计基准。

（2）工艺基准　工艺基准根据其作用不同又可分为工序基准、定位基准、测量基准和装配基准。

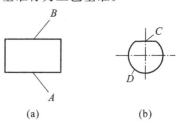

图 3-15　设计基准
(a)以平面 B 为设计基准;
(b)以球面 D 为设计基准

①工序基准　工序基准是指在工序图上用以确定被加工表面位置的点、线、面。由于工序基准选择不同,工序尺寸也有差异。图 3-16 所示为钻孔工序的工序图。在这两种方案中,由于工序基准选择不同,工序尺寸也不同。

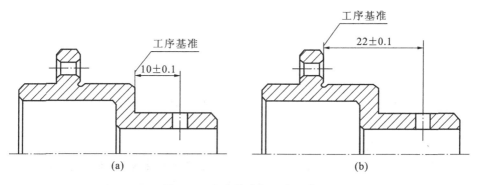

图 3-16　工序基准及工序尺寸
(a)方案一;(b)方案二

②定位基准　定位基准是指用以确定工件在机床或夹具中位置的点、线、面。当工件在夹具上(或直接在设备上)定位时,它使工件在工序尺寸方向上获得确定的位置。在定位时用于体现定位基准的面称为定位基面,以平面为定位基准时定位基准与定位基面重合,如图 3-17(a)所示;当以点、线作为定位基准时定位基准与定位基面不重合,如图 3-17(b)所示。

由于工序尺寸方向的不同,定位基准的表面也就不同。在图 3-17(a)中,工

序尺寸为 H_1,工件以底面定位。在图 3-17(b)中,工序尺寸为 H_2 和 H_3,所以工件要以底平面及内圆柱面作为定位基面。

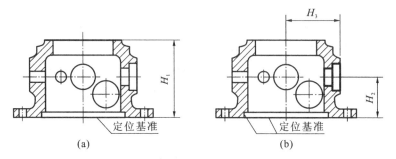

图 3-17　定位基准

(a)以平面为定位基准;(b)以点、线为定位基准

③测量基准　测量基准是指工件上的一个表面、表面的母线或表面上的一个点,据此以测量被加工表面的位置。

图 3-18 所示为检测被加工平面时所用的两种方案,工序尺寸不同,选择的测量基准也不相同。

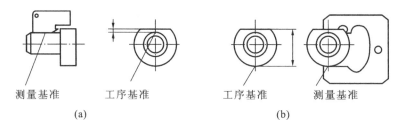

图 3-18　测量基准

(a)方案一;(b)方案二

④装配基准　装配基准是指产品装配过程中使用的基准,用以确定零件在产品中位置的点、线、面。

2)定位基准的选择原则

在最初的工序中,定位基准是指经铸造、锻造或轧制等得到的表面,这种未经加工的基准称为粗基准。用粗基准定位加工出光洁的表面以后,就应该用加工过的表面做以后工序的定位表面。加工过的基准称为精基准。为了便于装夹和易于获得所需的加工精度,在工件上特意做出的定位表面称为辅助基准。辅助定位基准在加工中是经常采用的,典型的例子是轴类零件的中心孔,采用中心孔就能很方便地将轴类安装在顶尖间进行加工。

(1)粗基准的选择原则　具体有如下几个。

①如果必须首先保证工件上加工表面与不加工表面之间的位置要求,应以不加工表面作为粗基准。

②如果必须首先保证工件某重要表面的余量均匀,应选择该表面作为粗基准。

③选为粗基准的表面应平整,没有浇口、冒口或飞边等缺陷,以使定位可靠。

④粗基准(主要定位基准)一般只能使用一次,以免产生较大的位置误差。

(2)精基准的选择原则　具体有如下几个。

①用工序基准作为精基准,实现"基准重合",以免产生基准不重合误差。

②当工件以某一组精基准定位可以较方便地加工其他各表面时,应尽可能在多数工序中采用此组精基准定位,实现"基准统一",以减少工装设计制造的费用,提高生产率,避免基准转换误差。

③当精加工或光整加工工序要求余量尽可能小而均匀时,应选择加工表面本身作为精基准,即遵循"自为基准"原则。该加工表面与其他表面间的位置精度要求由先行工序保证。

④为了获得均匀的加工余量或较高的位置精度,可遵循"互为基准"原则,反复加工各表面。

⑤所选定位基准应便于定位、装夹和加工,要有足够的定位精度。

知识链接

用三爪卡盘安装工件限制工件的自由度

用三爪卡盘安装工件,理论上是应该限制六个自由度。但在实际加工中一般只限制影响加工的几个自由度。

(1)车短外圆　因为要控制的是直径尺寸,以轴线为轴的转动可以不限制,当外圆上没有台阶时,沿轴线方向上的移动也可以不限制,这样就只限制了四个自由度,即两个转动自由度、两个移动自由度。

(2)磨无台阶的光轴　因为要控制零件的圆柱度,所以用两个顶尖＋鸡心夹头装夹,限制三个移动自由度和两个转动自由度,以轴线为轴的转动没有限制,所以两头顶的装夹限制了五个自由度。

(3)铣平面　因为是要控制平面的深度或者说是厚度,所以要限制竖直方向上的移动,其余两个方向的移动可以不限制,但转动要限制,所以要限制三个自由度,即竖直方向上的移动和两水平方向上的转动自由度。

小　　结

工件在机床上装夹好以后,才能进行机械加工。工件的定位是通过定位基准与定位元件的紧密贴合接触来实现的,不同情况下工件的定位方法也不同。在制订零件的加工工艺规程时,正确选择工件的定位基准十分重要。定位基准选择合理与否,不仅影响加工表面的位置精度,而且对于零件各表面的加工顺序也有影响。

能　力　检　测

1.试述完全定位与不完全定位的概念。

2.常用定位元件主要有哪些? 各有何特点?

3.试述设计基准、定位基准、工序基准、测量基准的概念,并举例说明。

4.什么是粗基准和精基准? 试述其选择原则。

模块四　工序尺寸的确定

【学习目标】

了解:加工余量、工序尺寸与工艺尺寸链的概念。

熟悉:工艺尺寸链与工序尺寸的关系。

掌握:工艺尺寸链的计算。

由于毛坯不能达到零件所要求的精度和表面粗糙度,因此要留有加工余量,以便通过机械加工来达到这些要求。

任务八　加工余量与工序尺寸

工艺路线拟订后,应确定每道工序的加工余量、工序尺寸及其公差。

工序尺寸是每道工序应保证的尺寸;公差是工序尺寸允许变动的范围。

工序尺寸的确定与工序的加工余量有密切关系。

1.加工余量的基本概念

(1)加工余量　加工余量是指加工过程中从加工表面切除的金属层的厚度。加工余量分为工序余量和总余量。

(2)工序余量　工序余量是指某一表面在一道工序中切除的金属层厚度。

工序余量的计算如图 3-19 所示。

工序余量等于前、后两道工序尺寸之差。

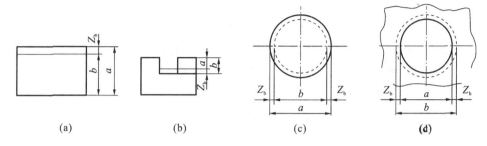

图 3-19　工序余量

对于被包容表面

$$Z_b = a - b$$

对于包容表面

$$Z_b = b - a$$

式中　Z_b——本工序余量;

　　　a——前工序尺寸;

　　　b——本工序尺寸。

图 3-19(a)、(b)所示为非对称的单边余量,图 3-19(c)、(d)所示旋转表面的加工余量为对称的双边余量。

(3)工步余量　工步余量为相邻两工步尺寸之差,它是某工步在表面上切除的金属层厚度。

(4)总加工余量　总加工余量指零件从毛坯变为成品时从某一表面所切除的金属层总厚度,即毛坯尺寸与零件图样的设计尺寸之差。总余量等于该表面各工序余量之和。

2. 工序基本余量、最大余量、最小余量、余量公差

加工余量是个变动值(毛坯制造和各个工序尺寸都存在误差)。

(1)基本余量:工序尺寸用公称尺寸计算时所得的加工余量。

(2)最大余量:该工序余量的最大值。

(3)最小余量:保证该工序加工表面的精度和质量所需切除的金属层最小厚度。

(4)余量公差:前工序与本工序的工序尺寸公差之和。

为了便于加工,规定工序尺寸按"入体原则"标注极限偏差,毛坯按"双向"方式布置上、下偏差。其中入体原则是指:被包容面(如轴、键宽等)工序间公差带取上偏差为零,加工后的公称尺寸和最大极限尺寸相等;包容面(如孔、键槽宽等)工序间公差带取下偏差为零,加工后的公称尺寸和最小极限尺寸相等。

3. 加工余量与工序间公差的关系

对于被包容面而言,有

工序间余量＝上工序公称尺寸－本工序公称尺寸

最大工序间余量＝上工序最大极限尺寸－本工序最小极限尺寸

最小工序间余量＝上工序最小极限尺寸－本工序最大极限尺寸

对于包容面而言,有

工序间余量＝本工序公称尺寸－上工序公称尺寸

最大工序间余量＝本工序最大极限尺寸－上工序最小极限尺寸

最小工序间余量＝本工序最小极限尺寸－上工序最大极限尺寸

4. 影响加工余量的因素

影响加工余量的因素如下:

(1)上道工序的表面质量(包括表面粗糙度 Ra 和表面破坏层深度 S_a);

(2)前道工序的工序尺寸公差(T_a);

(3)前道工序的位置误差(ρ_a);

(4)本工序工件的安装误差(ε_b)。

本工序的加工余量必须满足以下条件。

用于双边余量时

$$Z \geqslant 2(Ra + S_a) + T_a + 2|\rho_a + \varepsilon_b|$$

用于单边余量时

$$Z \geqslant Ra + S_a + T_a + |\rho_a + \varepsilon_b|$$

5. 确定加工余量的方法

(1)经验估算法　根据工艺人员的经验确定加工余量。该方法适用于单件、小批量生产。

(2)查表修正法　先查工艺手册,然后根据实际情况进行适当修正。实际生产中广泛采用该方法。

(3)分析计算法　分析各项因素,根据关系式计算。该方法适用于工件材料较贵重时及大批生产场合,较少采用。

任务九　工艺尺寸链与工序尺寸

1. 工艺尺寸链

1)尺寸链

尺寸链是指将相互关联的尺寸按一定的顺序连接成首尾相接的封闭图形,如图 3-20 所示的尺寸 A_0、A_1、A_2。

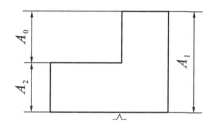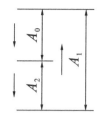

图 3-20 尺寸链

工艺尺寸链是指由单个零件在工艺过程中形成的有关尺寸的尺寸链。

2)尺寸链的组成

(1)环:组成尺寸链的每个尺寸,如图 3-20 中的尺寸 A_0、A_1、A_2。

(2)封闭环:在加工过程中间接得到的尺寸,如图 3-20 中的尺寸 A_0。

(3)组成环:在加工过程中直接得到的尺寸,如图 3-20 中的尺寸 A_1、A_2。

①增环:其余各组成环不变,此环增大将使封闭环增大者。

②减环:其余各组成环不变,此环增大将使封闭环减少者。

具体判断方法:给封闭环任选一个方向,沿此方向转一圈,在每个环上加方向,与封闭环方向相同者为减环,相反者为增环。

3)尺寸链的特点

(1)尺寸链必须封闭。

(2)尺寸链只有一个封闭环。

(3)封闭环的精度低于组成环精度。

(4)封闭环随组成环变动而变动。

4)尺寸链的作图方法

(1)找出封闭环。

(2)从封闭环起,按工件表面上关系依次画出组成环,直到尺寸回到封闭环为止,形成一个封闭图形,组成尺寸链的组成环环数应是最少的。

(3)按首尾相接原则确定增环、减环。

2.尺寸链基本计算

工艺尺寸链的计算方法有两种:极值法和概率法。目前生产中多采用极值法计算,下面仅介绍极值法计算的基本公式,概率法将在装配尺寸链中介绍。

图 3-21 所示为尺寸链中各种尺寸和偏差的关系,表 3-8 列出了尺寸链计算中所用的符号。

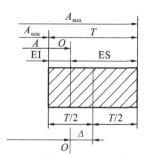

图 3-21 各种尺寸和偏差的关系

表 3-8 尺寸链计算所用符号

环名	基本尺寸	最大尺寸	最小尺寸	上极限偏差	下极限偏差	公差	平均尺寸	中间偏差
封闭环	A_0	A_{0max}	A_{0min}	ES_0	EI_0	T_0	A_{0m}	Δ_0
增环	$\vec{A}_i$	$\vec{A}_{imax}$	$\vec{A}_{imin}$	ES_i	EI_i	T_i	A_{im}	$\vec{\Delta}_i$
减环	$\overleftarrow{A}_i$	$\overleftarrow{A}_{imax}$	$\overleftarrow{A}_{imin}$	ES_i	EI_i	T_i	A_{im}	$\overleftarrow{\Delta}_i$

1)封闭环基本尺寸

封闭环基本尺寸的计算式为

$$A_0 = \sum_{i=1}^{m} \vec{A}_i - \sum_{i=m+1}^{n} \overleftarrow{A}_i \qquad (3\text{-}1)$$

式中　　m——增环数目；

　　　　n——组成环数目。

2)封闭环的中间偏差

封闭环的中间偏差的计算式为

$$\Delta_0 = \sum_{i=1}^{m} \vec{\Delta}_i - \sum_{i=m+1}^{n} \overleftarrow{\Delta}_i \qquad (3\text{-}2)$$

式中　　Δ_0——封闭环中间偏差；

　　　　$\vec{\Delta}_i$——第 i 组成增环的中间偏差；

　　　　$\overleftarrow{\Delta}_i$——第 i 组成减环的中间偏差。

$$\Delta = \frac{1}{2}(ES + EI) \qquad (3\text{-}3)$$

中间偏差是指上极限偏差与下极限偏差的平均值。

3)封闭环公差

封闭环公差的计算式为

$$T_0 = \sum_{i=1}^{m} T_i \qquad (3\text{-}4)$$

4)封闭环极限偏差

上极限偏差的计算式为

$$ES_0 = \Delta_0 + \frac{1}{2}T_0 \qquad (3\text{-}5)$$

下极限偏差的计算式为

$$EI_0 = \Delta_0 - \frac{1}{2}T_0 \qquad (3\text{-}6)$$

5）封闭环极限尺寸

上极限尺寸的计算式为　　　$A_{0\max} = A_0 + \mathrm{ES}_0$　　　　　　　　(3-7)

下极限尺寸的计算式为　　　$A_{0\min} = A_0 + \mathrm{EI}_0$　　　　　　　　(3-8)

6）组成环平均公差

组成环平均公差的计算式为

$$T_{im} = \frac{T_0}{m} \qquad\qquad (3\text{-}9)$$

7）组成环极限偏差

上极限偏差的计算式为

$$\mathrm{ES}_i = \Delta_i + \frac{1}{2}T_i \qquad\qquad (3\text{-}10)$$

下极限偏差的计算式为

$$\mathrm{EI}_i = \Delta_i - \frac{1}{2}T_i \qquad\qquad (3\text{-}11)$$

8）组成环极限尺寸

上极限尺寸的计算式为　　　$A_{i\max} = A_i + \mathrm{ES}_i$　　　　　　　(3-12)

下极限尺寸的计算式为　　　$A_{i\min} = A_i + \mathrm{EI}_i$　　　　　　　(3-13)

3. 尺寸链计算实例

工序尺寸及其公差的确定与加工余量大小、工序尺寸标注方法及定位基准的选择和变换有密切的关系。下面介绍几种常见情况下的工序尺寸及其公差的确定方法。

1）从同一基准对同一表面进行多次加工时工序尺寸及公差的确定

例如内、外圆柱面和某些平面的加工，计算时只需考虑各工序的余量和该种加工方法所能达到的经济精度，其计算顺序是从最后一道工序开始向前推算，计算步骤如下。

（1）确定各工序余量和毛坯总余量。

（2）确定各工序尺寸公差及表面粗糙度。最终工序尺寸公差等于设计公差，表面粗糙度为设计表面粗糙度。其他工序公差和表面粗糙度按此工序加工方法的经济精度和经济粗糙度确定。

（3）求工序基本尺寸。从零件图的设计尺寸开始，一直往前推算到毛坯尺寸，某工序公称尺寸等于后道工序基本尺寸加上或减去后道工序余量。

（4）标注工序尺寸公差。

最后一道工序按设计尺寸公差标注，其余工序尺寸按"单向入体"原则标注。

例 3-1　某法兰盘零件上有一个孔，孔径为 $\phi 60^{+0.03}_{0}$ mm，表面粗糙度值 $Ra\,0.8\ \mu m$（见图 3-22），毛坯为铸钢件，需淬火处理。其工艺路线如表 3-9 所示。

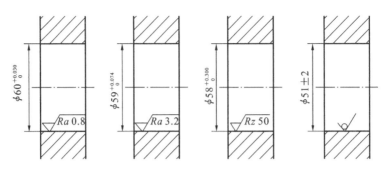

图 3-22　内孔工序尺寸的计算

表 3-9　工序尺寸及其公差的计算　　　　　　　　　　　　　　　　（mm）

工序名称	工序余量	工序尺寸所能达到的精度等级	工序尺寸（最小工序尺寸）	工序尺寸及其上、下偏差
磨孔	0.4	H7($^{+0.030}_{0}$)	60	$60^{+0.030}_{0}$
半精镗孔	1.6	H9($^{+0.074}_{0}$)	59.6	$59.6^{+0.074}_{0}$
精镗孔	7	H12($^{+0.300}_{0}$)	58	$58^{+0.300}_{0}$
毛坯孔		±2	51	$51±2$

解　解题步骤如下。

（1）根据各工序的加工性质，查表得它们的工序余量（见表 3-9 中的第 2 列）。

（2）确定各工序的尺寸公差及表面粗糙度。由各工序的加工性质查有关经济加工精度和表面粗糙度（见表 3-9 中的第 3 列）。

（3）根据查得的余量计算各工序尺寸（见表 3-9 中的第四列）。

（4）确定各工序尺寸的上、下偏差。按"单向入体"原则，则：对于孔，公称尺寸为公差带的下偏差，上偏差取正值；对于毛坯，尺寸偏差应取双向对称偏差（见表3-9中的第 5 列）。

2）基准变换后工序尺寸及公差的确定

在零件的加工过程中，为了便于工件的定位或测量，有时难以采用零件的设计基准作为定位基准或测量基准，这时就需要应用工艺尺寸链的相关原则进行工序尺寸及公差的计算。

（1）测量基准与设计基准不重合　在零件加工时会遇到一些表面加工后设计尺寸不便于直接测量的情况。因此需要在零件上选一个易于测量的表面作为测量基准进行测量，以间接检验设计尺寸。

例 3-2　如图 3-23 所示套筒零件，本工序为在车床上车削内孔及槽，设计尺寸 $A_0 = 10^{0}_{-0.2}$ mm，在加工中尺寸 A_0 不好直接测量，所以采用深度尺测量尺寸 x

来间接检验 A_0 是否合格。已知尺寸 $A_1 = 50^{-0.1}_{-0.2}$ mm，计算 x 的值。

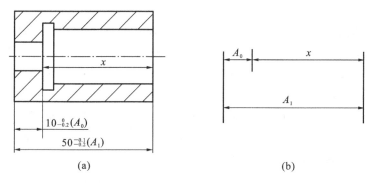

图 3-23　套筒零件及其尺寸链

(a)套筒零件；(b)尺寸链

解　由于孔的深度可以用深度游标尺测量，因此尺寸 $10^{0}_{-0.2}$ mm 可以通过 $A_1 = 50^{-0.1}_{-0.2}$ mm 和孔深 x 间接计算出来。列出尺寸链如图 3-23(b)所示，尺寸 $A_0 = 10^{0}_{-0.2}$ mm 显然是封闭环。

由式(3-1)得

$$A_0 = A_1 - x$$
$$x = A_1 - A_0 = (50 - 10) \text{ mm} = 40 \text{ mm}$$

由式(3-2)得

$$\Delta_0 = \Delta_1 - \Delta_x$$
$$\Delta_x = \Delta_1 - \Delta_0 = \left[\frac{1}{2}(-0.1 + 0.2) - \frac{1}{2}(0 + 0.2)\right] \text{ mm} = -0.05 \text{ mm}$$

由式(3-4)得

$$T_0 = T_1 + T_x$$
$$T_x = T_0 - T_1 = (0.2 - 0.1) \text{ mm} = 0.1 \text{ mm}$$

由式(3-10)、式(3-11)分别得

$$\text{ES}_x = \Delta_x + \frac{1}{2}T_x = (-0.05 + 0.05) \text{ mm} = 0 \text{ mm}$$

$$\text{EI}_x = \Delta_x - \frac{1}{2}T_x = (-0.05 - 0.05) \text{ mm} = -0.1 \text{ mm}$$

故　　　　　　　　　　　　$x = 40^{0}_{-0.1}$ mm

通过以上的计算，可以发现，由于基准不重合而进行尺寸换算将带来以下问题。

①直接测量的尺寸比零件图规定的尺寸精度高了许多(公差值由 0.2 mm 减小到 0.1 mm)。因此，当封闭环(设计尺寸)精度要求较高而组成环精度又不太高时，有可能会出现部分组成环公差之和等于或大于封闭环公差的情况，此时计算结果可能出现零公差或负公差，显然这是不合理的。解决这种问题的措施有

两个:一是适当压缩某一个或某些组成环的公差,但要在经济可行范围内;二是采用专用量具直接测量设计尺寸。

②"假废品"问题。如果某一零件的实际尺寸为 $x=39.85$ mm,按照计算的测量尺寸 $x=40_{-0.1}^{0}$ mm 来看,此件尺寸超差,但此时如果 A_1 恰好等于 49.8 mm,则封闭环 $A_0=(49.8-39.85)$ mm $=9.95$ mm,仍然符合 $10_{-0.2}^{0}$ mm 的设计要求,是合格品。这就是所谓"假废品"问题。判断真、假废品的基本方法是:当测量尺寸超差时,如果超差量小于或等于其他组成环公差之和,有可能是假废品,此时应对其他组成环的尺寸进行复检,以判断是否是真废品;如果测量尺寸的超差量大于其他组成环公差之和,肯定是废品,则没有必要复检。

③对于不便直接测量的尺寸,有时可能有几种可用于间接测量该设计尺寸的方案,这时应选择使测量尺寸获得最大公差的方案(一般是尺寸链环数最少的方案)。

(2)定位基准与设计基准不重合 零件加工中基定位基准与设计基准不重合,就要进行尺寸链换算来计算工序尺寸。

例 3-3 如图 3-24(a)所示零件,尺寸 $60_{-0.12}^{0}$ mm 已经保证,现以面 1 定位加工面 2,试计算工序尺寸 A_2。

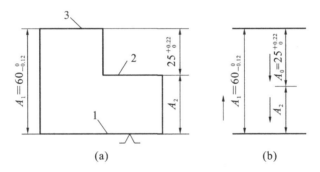

图 3-24 定位基准与设计基准不重合的尺寸换算

(a)零件尺寸;(b)尺寸链

解 当以面 1 定位加工面 2 时,应按 A_2 调整后进行加工,因此设计尺寸 $A_0=25_{-0}^{+0.22}$ mm 是本工序间接保证的尺寸,应为封闭环,其尺寸链如图 3-24(b)所示,则 A_2 的计算如下。

由式(3-1)得

$$A_0=A_1-A_2$$
$$A_2=A_1-A_0=(60-25) \text{ mm}=35 \text{ mm}$$

由式(3-2)得

$$\Delta_0=\Delta_1-\Delta_2$$
$$\Delta_2=\Delta_1-\Delta_0=\left[\frac{1}{2}(0-0.12)-\frac{1}{2}(0.22-0)\right]\text{mm}=-0.17 \text{ mm}$$

由式(3-4)得
$$T_0 = T_1 + T_2$$
$$T_2 = T_0 - T_1 = (0.22 - 0.12) \text{ mm} = 0.1 \text{ mm}$$
由式(3-10)和式(3-11)得
$$\text{ES}_2 = \Delta_2 + \frac{1}{2}T_2 = (-0.17 + 0.05) \text{ mm} = -0.12 \text{ mm}$$
$$\text{EI}_2 = \Delta_2 - \frac{1}{2}T_2 = (-0.17 - 0.05) \text{ mm} = -0.22 \text{ mm}$$

故工序尺寸为
$$A_2 = 35^{-0.12}_{-0.22} \text{ mm}$$

在进行工艺尺寸链计算时,有时可能出现算出的工序尺寸公差过小的情况,还可能出现零公差或负公差。遇到这些情况一般可采取两种措施:一是压缩各组成环的公差值;二是改变定位基准和加工方法。如图 3-24 所示零件可用面 3 定位,使定位基准与设计基准重合;也可用复合铣刀同时加工面 2 和面 3,以保证设计尺寸。

(3)标注工序尺寸的基准是尚待加工的设计基准时尺寸的换算。

例 3-4　图 3-25(a) 为一齿轮内孔的简图。内孔尺寸为 $\phi 85^{+0.035}_{0}$ mm,链槽的深度尺寸为 $90.4^{+0.2}_{0}$ mm,内孔及键槽的加工顺序如下:

(1)精镗孔至 $\phi 84.8^{+0.07}_{0}$ mm;

(2)插键槽深至尺寸 A_3(通过尺寸换算求得);

(3)热处理;

(4)磨内孔至尺寸 $\phi 85^{+0.035}_{0}$ mm,同时保证键槽深度尺寸 $90.4^{+0.20}_{0}$ mm。

试求出尺寸 A_3。

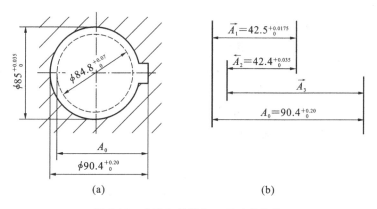

图 3-25　内孔与键槽加工尺寸的换算

(a)齿轮内孔尺寸;(b)尺寸链

解　根据以上加工顺序,可以看出磨孔后必须保证内孔的尺寸,同时还必须保证键槽的深度。为此必须计算镗孔后加工的键槽深度的工序尺寸 A_3。图3-25 (b)为尺寸链图,其精车后的半径 $A_2 = 42.4^{+0.035}_{0}$ mm,磨孔后的半径 $A_1 = $

$42.5^{+0.0175}_{0}$ mm,以及键槽深度 A_3 都是直接保证的,为组成环。磨孔后所得的键槽深度尺寸 $A_0 = 90.4^{+0.20}_{0}$ mm 是间接得到的,是封闭环。

由式(3-1)得

$$A_0 = A_3 + A_1 - A_2$$

$$A_3 = A_0 + A_2 - A_1 = (90.4 + 42.4 - 42.5)\ mm = 90.3\ mm$$

由式(3-2)得

$$\Delta_0 = \Delta_3 + \Delta_1 - \Delta_2$$

$$\Delta_3 = \Delta_0 + \Delta_2 - \Delta_1 = \left[\frac{1}{2}(0+0.2) + \frac{1}{2}(0.035+0) - \frac{1}{2}(0.0175+0)\right]\ mm$$

$$= 0.10875\ mm$$

由式(3-4)得

$$T_0 = T_1 + T_2 + T_3$$

$$T_3 = T_0 - T_1 - T_2 = (0.2 - 0.0175 - 0.035)\ mm = 0.1475\ mm$$

由式(3-10)和式(3-11)得

$$ES_3 = \Delta_3 + \frac{1}{2}T_3 = \left(0.10875 + \frac{1}{2} \times 0.1475\right)\ mm \approx 0.183\ mm$$

$$EI_3 = \Delta_3 - \frac{1}{2}T_3 = \left(0.10875 - \frac{1}{2} \times 0.1475\right)\ mm \approx 0.035\ mm$$

故

$$A_3 = 90.3^{+0.183}_{+0.035}\ mm$$

(4)保证渗碳层、渗氮层厚度的工序尺寸计算 有些零件的表面需要进行渗碳、渗氮处理,而且在精加工后还要保证规定的渗碳层厚度,为此必须正确确定精加工前的渗层深度尺寸。

例 3-5 图 3-26 所示为一套筒类零件及其工序尺寸和尺寸链。直径为 $\phi 145^{+0.04}_{0}$ mm 的内孔表面要求渗氮,精加工后要求渗氮层深度为 0.3~0.5 mm,单边深度为 $0.3^{+0.2}_{0}$ mm,双边深度为 $0.6^{+0.4}_{0}$ mm。试求精磨前渗氮层的深度 t_1。

该表面的加工顺序为:磨内孔至尺寸 $\phi 144.76^{+0.04}_{0}$ mm;渗氮处理;精磨孔至 $\phi 145^{+0.04}_{0}$ mm,并保证渗层深度为 t_0。

解 由图 3-26(d)可知,尺寸 A_1、A_2、t_1、t_0 组成了一工艺尺寸链。显然 t_0 为封闭环,A_1、t_1 为增环,A_2 为减环。t_1 求解过程如下。

由式(3-1)得

$$t_0 = t_1 + A_1 - A_2$$

$$t_1 = A_2 + t_0 - A_1 = (145 + 0.6 - 144.76)\ mm = 0.84\ mm$$

由式(3-2)得

$$\Delta_0 = \Delta_{A1} + \Delta_{t1} - \Delta_{A2}$$

$$\Delta_{t1} = \Delta_0 + \Delta_{A2} - \Delta_{A1} = \left[\frac{1}{2}(0.4+0) + \frac{1}{2}(0.04+0) - \frac{1}{2}(0.04+0)\right]\ mm = 0.2\ mm$$

由式(3-4)得

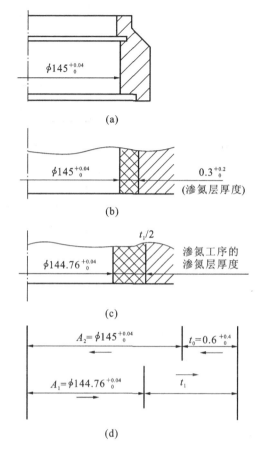

图 3-26　保证渗碳深度的尺寸计算

$$T_0 = T_{A1} + T_{A2} + T_{t1}$$

$$T_{t1} = T_0 - T_{A1} - T_{A2} = (0.4 - 0.04 - 0.04) \text{ mm} = 0.32 \text{ mm}$$

由式(3-10)和式(3-11)得

$$t_1 = 0.84^{+0.36}_{+0.04} \text{ mm（双边）}$$

$$\frac{t_1}{2} = 0.42^{+0.18}_{+0.02} \text{ mm（单边）}$$

所以渗氮层深度应为 $0.44^{+0.16}_{0}$ mm。

(5)零件电镀时工序尺寸的计算　有些零件的表面需要电镀,电镀后有两种情况:一是为了美观和防锈,对电镀表面无精度要求;另一种对电镀表面有精度要求,既要保证图样上的设计尺寸,又要保证一定的镀层厚度。保证电镀表面精度的方法有两种:一种是镀前控制表面加工尺寸并控制镀层厚度;另一种是镀后进行磨削加工来保证尺寸精度。采用这两种方法,在进行尺寸链计算时,其封闭环是不同的。

例 3-6　如图 3-27(a)所示为圆环体,其表面镀铬后直径为 $\phi 28^{0}_{-0.045}$ mm,镀

119

层厚度(双边厚度)为 $0.05 \sim 0.08$ mm,外圆表面加工工艺是:车→磨→镀铬。试计算磨削前的工序尺寸 A_2。

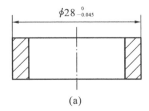
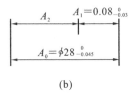

(a)   (b)

图 3-27　圆环镀层工序尺寸的计算

(a)圆环尺寸;(b)尺寸链

解　圆环的设计尺寸是由控制镀铬前的尺寸和镀层厚度来间接保证的,封闭环应是设计尺寸 $\phi 28_{-0.045}^{0}$ mm。画出尺寸链图如图 3-27(b)所示。

由式(3-1)得

$$A_0 = A_2 + A_1$$

$$A_2 = A_0 - A_1 = (28 - 0.08) \text{ mm} = 27.92 \text{ mm}$$

由式(3-2)得

$$\Delta_0 = \Delta_1 + \Delta_2$$

$$\Delta_2 = \Delta_0 - \Delta_1 = \left[\frac{1}{2}(0 - 0.045) - \frac{1}{2}(0 - 0.03)\right] \text{ mm} = -0.0075 \text{ mm}$$

由式(3-4)得

$$T_0 = T_1 + T_2$$

$$T_2 = T_0 - T_1 = (0.045 - 0.03) \text{ mm} = 0.015 \text{ mm}$$

由式(3-10)和式(3-11)得

$$A_2 = 27.92_{-0.015}^{0} \text{ mm}$$

知识链接

留加工余量的作用

在工件上留加工余量的目的是为了切除上一道工序所留下来的加工误差和表面缺陷,如铸件表面冷硬层、气孔、夹砂层,锻件表面的氧化皮、脱碳层、表面裂纹,切削加工后的内应力层和表面粗糙层等,从而提高工件的精度和表面粗糙度。

加工余量的大小对加工质量和生产效率均有较大影响。加工余量过大,不仅会增加机械加工的劳动量、降低生产率,而且会增加材料、工具和电力消耗,提高加工成本。若加工余量过小,则既不能消除上道工序的各种缺陷和误差,又不能补偿本工序加工时的装夹误差,将造成废品。应在保证质量的前提下,使加工余量尽可能小。一般说来,加工精度越高,工序余量越小。

小　　结

　　工件从毛坯加工至加工完成的过程中,要经过多道工序,每道工序都将得到相应的工序尺寸。制订合理的工序尺寸及其公差是确保加工工艺规程、加工精度和加工质量的重要内容。进行加工工艺分析时,都有关于尺寸公差和技术要求的计算问题,应运用尺寸链原理进行分析计算。

能　力　检　测

　　1.什么是工艺尺寸链?试举例说明组成环、增环、封闭环的概念。

　　2.工艺尺寸链中的增环、减环如何确定?

　　3.如图 3-28 所示零件,B、C、D 面均已加工完毕。要求在成批生产时(用调整法加工),用端面 B 定位加工表面 A(铣缺口),以保证尺寸 $10^{+0.2}_{0}$ mm,试标注铣此缺口时的工序尺寸及公差。

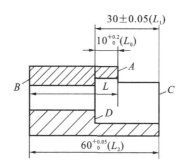

图 3-28　带缺口零件

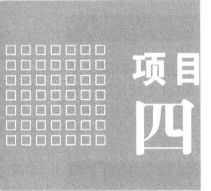

项目

四

机床夹具设计基础

【学习目标】

了解:机床夹具的设计流程。

熟悉:机床夹具的类型。

掌握:机床夹具的概念,机床夹具的组成。

任务一　机床夹具的基础知识

1.机床夹具的功能与分类

夹具是指机械制造过程中用来固定加工对象,使之占有正确的位置,以接受施工或检测的装置。从广义上说,在工艺过程的任何工序中,用来迅速、方便、安全地安装工件的装置,都可称为夹具。机床夹具是安装工件最迅速、最可靠的工艺装备(简称工装),在机械数控加工过程中,夹具使工件在机床中相对于刀具占据的正确位置始终保持不变,从而确保工件加工尺寸、精度等满足工艺要求。

1)机床夹具的功能

(1)工件的定位　在机床夹具中,通过若干夹具元件和工件的定位基面紧密接触,使工件在机床中相对于刀具占有正确位置的过程,即定位。起到定位作用的若干夹具元件称为定位元件,如图4-1中的元件3和5。工件的定位基面是由定位基准所确定的。图4-2所示为图4-1中工件的三维实体图。

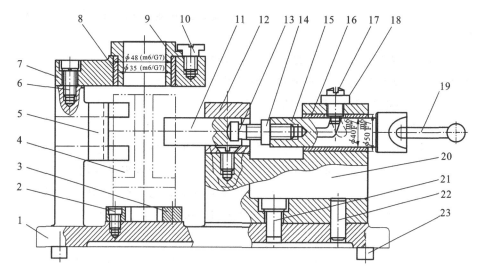

图 4-1　手动钻夹具装配图

1—夹具体；2、6、10、17、21—螺钉；3—定位板；4—工件；5—V 形块；7—钻模板；8—钻套用衬套；
9—钻套；11—V 形压块；12—V 形压块支承；13—球头推杆；14、18—调整螺母；15—快速推杆；
16—推杆用衬套；19—手柄；20—夹紧机构支块；22—圆柱销；23—定位键

在图 4-1 所示的夹具装配图中，工件 4 采用双点画线表示，被视为透明体。相应的三维实体图如图 4-3 所示。

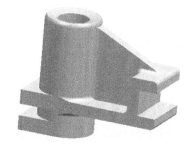

图 4-2　工件三维实体图

图 4-3　手动钻夹具装配三维实体图

（2）工件的夹紧　工件通过夹具定位后，由于在实际加工过程中，工件加工所受到的切削力等因素会导致工件的位置发生变化，故工件定位后必须通过夹具夹紧装置对工件施加一定的力，从而保证工件定位后的位置在加工过程中始终保持不变。因此，工件的夹紧即为工件定位后将其固定，使之在加工过程中始终保持定位位置不变的操作。

2）机床夹具的组成

（1）定位装置　定位装置是定位元件的组合，如图 4-1 中的定位板 3 和 V 形块 5 即构成了定位装置。定位元件的结构形状和空间位姿是由工件定位基准所决定的。定位元件用于确保工件在机床上相对刀具的位置正确，但定位是否准确,即定位误差是否满足定位精度要求,需要通过对定位精度进行分析计算来判断。

(2)夹紧装置 夹紧装置是夹紧元件的组合,如图 4-1 中的元件 11 至元件 19 即构成了夹紧装置。夹紧装置包括力源装置(如图 4-1 中的手动扳动手柄 19)、中间传力机构(如图 4-1 中的元件 13、14 和 15)和夹紧元件(如图 4-1 中的 V 形压块 11)。

(3)夹具体 夹具体是夹具的基本骨架,通过它可以将夹具中各个元件组成为整体,其结构形状是在定位装置和夹紧装置确定后,结合夹具其他功能机构的位姿要求而最后形成的。为成批量工件的生产所设计的专用夹具的夹具体通常采用灰铸铁材料铸造而成,为具有一定批量工件的生产所设计的数控夹具的夹具体通常采用 45 钢加工而成。

(4)机床夹具的其他功能元件与装置 主要有连接元件、导向元件、对刀元件、分度装置及其他装置。

①连接元件 连接元件分为两大类:一类为夹具中起到连接各个元部件作用的连接元件,如图 4-1 中的螺钉和圆柱销等;另一类为对夹具在机床中的安装起到连接作用的连接元件,如图 4-1 中的定位键 23,该键和机床工作台 T 形槽配合连接,使夹具正确地安装在工作台上。通常连接元件指的是夹具在机床上的安装连接元件,如安装在机床主轴上的连接过渡盘、安装在机床工作台上的定位键。

②导向元件 导向元件是指能引导刀具正确地处在加工位置的元件,如钻床上的钻套(如图 4-1 中的元件 9)、镗床上的镗套、镗模支架等。

③对刀元件 对刀元件常见在铣床夹具中,主要有圆形对刀块、方形对刀块、直角对刀块和侧装对刀块四种,用于调整铣刀加工前的位置。对刀时,铣刀不能与对刀块直接接触,以免碰伤铣刀的切削刃和对刀块的工作表面。通常在铣刀和对刀块间留有一定间隙,并用塞尺进行检查,以调整刀具,使其位置正确。

④分度装置 分度装置是指对工件不同角度方位进行准确分度控制的装置,如常见的万能分度头装置的夹具,如图 4-4 所示。夹具的分度装置分为手动和自动的两种,安装在机床工作台上可以起到回转工作台的作用,如图 4-5 所示的手动回转式三爪卡盘夹具和图 4-6 所示的数控回转工作台式夹具。

⑤其他装置 根据工件加工要求,夹具还可以具有靠模装置、上下料装置、工业机器人、顶出器和平衡块等。根据加工需要,可对这些装置进行专门设计。

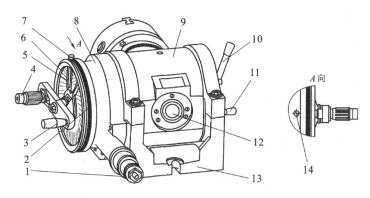

图 4-4　万能分度头装置

1—挂轮输入轴；2—游标环；3—分度手柄；4—定位销；5—分度拨叉；6—分度盘；
7—刻度环锁紧螺钉；8—端盖；9—本体；10—主轴锁紧手柄；11—脱落蜗杆手柄；
12—主轴；13—支座；14—分度盘轴套锁紧螺钉

图 4-5　手动回转式三爪卡盘　　**图 4-6　数控回转工作台式夹具及其内部传动机构**

3）机床夹具的类型

机床夹具根据不同的分类方法有很多的类型，目前主要按照通用化程度、夹紧动力源和机床类型进行分类，如图 4-7 所示。

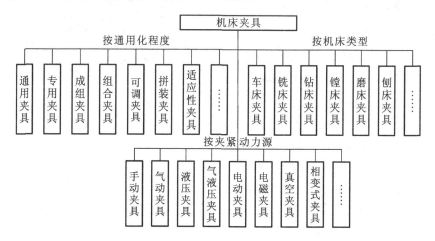

图 4-7　机床夹具的分类

（1）按通用化程度分类　这是机床夹具基本分类方法,该分类可反映机床夹具在不同生产类型中的通用特性,故也是选择夹具的主要依据。其中,通用夹具、专用夹具、组合夹具、可调夹具等是实际生产中采用最多的夹具类型。

①通用夹具　该夹具是指结构、尺寸已规格化、系列化,且具有一定通用性的夹具,如铣床上常用的台虎钳、平口钳、万能分度头等,车床上常用的三爪自定心卡盘、四爪单动卡盘、顶尖、中心架等,磨床上常用的电磁吸盘等。通用夹具的优点是适应性强、不需调整或稍加调整后可装夹一定形状和一定尺寸范围内的各类工件,缺点是夹具的定位精度不高,有时装夹工件时需要调整（如四爪卡盘、台虎钳、平口钳、万能分度头等）,若工件形状复杂或不规则,工件将很难被装夹,故仅适用于单件小批量生产。由于该类型夹具通用化程度高,所以成为机床的附件随机床一同装配后出售。

②专用夹具　专用夹具是针对工件某道工序的加工要求而专门设计和制造的夹具装备,其特点是专门化和针对性强,如图 4-1 所示工件孔加工的钻夹具。由于专用夹具针对性强,夹具设计的精度、装夹的效率都较高,适合在产品零件相对稳定的批量生产中使用。随着现代数控加工技术的发展及产品的复杂性变化,目前专用机床夹具设计中产生了许多适应性、柔性、经济性等问题。

③组合夹具　组合夹具是一种标准化、系列化和模块化的夹具。它是由一套系列化的不同形状、不同规格、不同尺寸并具有完全互换性和高精度、高耐磨性的标准元件及其组合件,根据不同工件的加工要求组装而成的夹具。组合夹具分为槽系和孔系两大系列,如图 4-8 和图 4-9 所示。

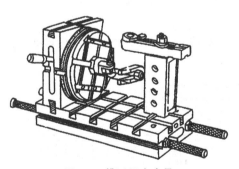 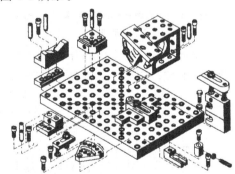

图 4-8　槽系组合夹具　　　　图 4-9　孔系组合夹具

组合夹具将专用夹具从"设计→制造→使用→报废"的单向过程改变为"组装→使用→拆卸→再组装→再使用→再拆卸"的循环过程。因此,组合夹具具有较高的柔性,是现代数控夹具的代名词,适合于装夹小批量生产的工件。但它与专用夹具相比,结构和体积较大,质量较大,刚度较差。目前组合夹具也已商品化。

④可调夹具　可调夹具是针对通用夹具和专用夹具的缺陷而发展起来的一类新型夹具。对于不同类型和尺寸的工件,只需调整或更换原来夹具上的个别定位元件和夹紧元件便可使用。它一般又分为通用可调夹具和成组夹具两种。

前者的通用范围比通用夹具更广;后者则是一种专用可调夹具,按照成组原理设计,并且能加工一族结构相似的工件,故在多品种、中小批量生产中使用,可获得较好的经济效益。

随着数控加工技术的发展,各种自适应夹具、拼装夹具等都相继被研制出来并投入使用。在以后的数控夹具中,夹具将逐渐以多变、多工位旋转等方式融入到数控加工设备中。

(2)按夹紧动力源分类　机床夹具按其夹紧时的动力源进行分类,有手动式、气动式、液动式夹具等。由于液动式夹具的工作介质是液压油,对环境污染严重,所以目前多采用气动夹紧夹具,图4-10所示机构即采用了气动夹紧夹具。

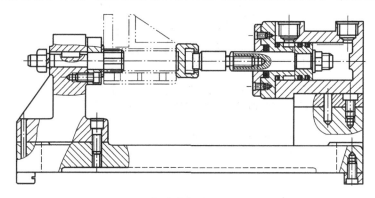

图4-10　气动夹紧夹具装置的应用

(3)按机床类型分类　专用夹具一般都按机床类型进行分类,如车床夹具、铣床夹具、钻床夹具、镗床夹具、磨床夹具、刨床夹具、齿轮加工机床夹具、拉床夹具等。设计专用夹具时,机床的类别、组别、型别和主要参数均已确定。各专用夹具的不同点是机床的切削成形运动不同,故夹具与机床的连接方式不同,要求的加工精度也不同。

2. 机床夹具的基本要求

1)机床夹具在机械数控加工中的要求

在现代机械数控加工中,根据实际的生产条件和要求,综合考虑工件装夹时对夹具设计、使用等各方面需求,使用机床夹具的主要目的有以下几个。

(1)保证工件的加工精度。由于采用夹具安装,可以准确地保证工件与机床、刀具之间的相互位置,从而获得稳定的加工精度,减少对其他生产条件的依赖性,故在现代机械数控加工中广泛使用夹具,并且夹具的使用还是全面质量管理的一个重要环节。

(2)提高劳动生产效率和降低生产成本。使用夹具后,工件可迅速地被定位和夹紧,避免工件找正、对刀等工序耗费辅助时间和基本时间,从而提高了劳动生产率;尤其在工件批量生产时使用夹具,由于劳动生产率的提高和对工人操作技术水平的要求降低,有利于提高生产效率和降低生产成本。

(3)扩大机床工艺范围和改变机床用途。采用一些夹具装置可以扩大机床工艺范围和改变机床的用途,从而使生产企业摆脱对机床设备的过度依赖,突破某些技术瓶颈。例如:在铣床上使用图 4-4 所示的万能分度头装置装夹齿轮坯件,就可采用成形铣刀铣削圆柱齿轮工件;采用花盘角铁式专用夹具可以装夹一些外形非回转体类的工件,从而可在车床上对其进行孔等回转表面的加工,如图 4-11 所示(读者可结合该图分析夹具的组成及各部分元件的作用)。通过专用夹具还可将车床改成拉床使用,附加靠模装置可进行仿形车削或铣削等。

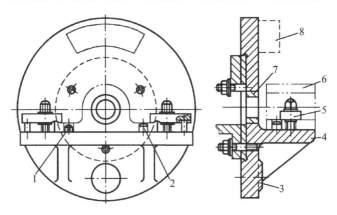

图 4-11 花盘角铁式车床夹具

1—菱形定位销;2—圆柱定位销;3—轴向定程基面;
4—夹具体;5—压板;6—工件;7—导向套;8—平衡块

(4)改善劳动条件和保证工艺纪律。使用夹具装夹工件方便、省力、安全,尤其是现代夹具多采用气动(或液动)等夹紧方式,可减轻工人的劳动强度,保证生产安全。另外,在生产过程中使用夹具,可确保生产周期,并保证生产调度的良好秩序。

2)机床夹具的设计流程

综上所述,机床夹具要满足以上工件装夹要求,需合理确定定位方案和夹紧装置,这是整个机床夹具的设计基础。机床夹具设计的流程如图 4-12 所示。

(1)夹具定位方案设计环节,其核心是定位精度分析,最终设计目的是确定定位件的位姿。

(2)夹具夹紧装置设计环节,其核心是夹紧可靠性分析,从而确定夹紧装置位姿。

(3)夹具其他功能机构设计,包括导向、分度、对刀等,若夹具需要该部分设计环节,其功能机构位姿可以由定位元件位姿与夹具装置位姿来确定,若发现三者位姿干涉,还需进行必要的调整和统一规划设计,这方面的研究工作是目前计算机辅助夹具设计(CAFD)的研究热点。

(4)由以上位姿的确定可以设计出夹具体结构,并选择相关的销、螺钉等标准连接件,最终完成机床夹具设计。

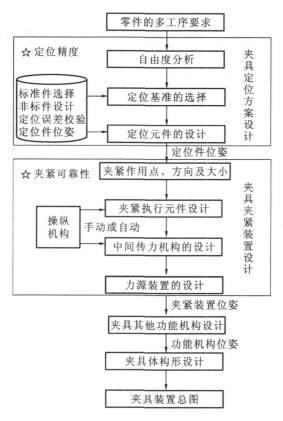

图 4-12　机床夹具设计基本流程

知识链接

机床夹具的应用

考虑夹具在生产中的流动和使用,对于精益生产管理具有重要意义。

车床夹具在车床上用来加工工件内、外回转面及端面,多数安装在主轴上,少数安装在床鞍或床身上。

三坐标夹具用在测量机上,利用其模块化的支承和参考装置,完成对所测工件的柔性固定。该装置能够进行自动编程,实现对工件的支承,并可建立无限的工件配置参考点。采用先进的专用软件,能够直接通过工件的几何数据,在几秒之内产生工件的装夹程序。

铣床夹具均安装在铣床工作台上,随机床工作台作进给运动,主要由定位装置、夹紧装置、夹具体、连接元件、对刀元件组成。铣削加工时,切削力较大,又是断续切削,振动较大,因此铣床夹具的夹紧力要求较大,夹具刚度、强度要求都比较高。

小　　结

定位和夹紧是夹具的两大主要功能,任何一款夹具都具有这两项功能。定位装置、夹紧装置和夹具体是机床夹具的三大基本组成部分。

能 力 检 测

1.夹具的基本概念是什么?

2.夹具由哪几部分组成?

3.夹具是如何分类的?

模块二　夹具的定位元件

【学习目标】

了解:了解工件以一面两孔定位的方法。

熟悉:工件常用的定位元件。

掌握:工件以平面、内孔、外圆柱面定位的方法。

任务二　工件以平面、内孔定位的方法

1.工件以平面定位的方法

在机械数控加工中,以工件的平面作为定位基准是最常见的,如箱体、机座、支架、盘件、板类件等多采用平面定位。根据工件所需限制的自由度情况,以平面定位的主要定位元件有以下几种。

1)固定支承

固定支承是指定位支承点位置固定不变的定位元件。属于固定支承的定位元件有支承钉和支承板。

(1)固定支承钉　如图 4-13 所示,支承钉有 A、B、C 三种型号。A 型为平头支承钉,主要用于对工件已加工表面(精基准)进行定位;B 型为球头支承钉,主要用于对工件的毛坯表面(粗基准)进行定位,这是因为工件毛坯表面粗糙不平整,采用布置较远的三个球头支承钉,可使其与毛坯面接触良好;C 型为齿纹头支承钉,用于粗基准的侧面定位,齿纹头可增大摩擦因数,防止工件受力滑动。在采用支承钉对工件的平面定位时,最多采用三个支承钉,可限制工件三个自由度,三个支承钉的放置须不在同一条直线上,且等高布置。图 4-14 所示为固定支

承钉与夹具体连接方式,具体配合方式可查阅夹具设计手册,一般多采用 H7/r6 或 H7/n6 配合。

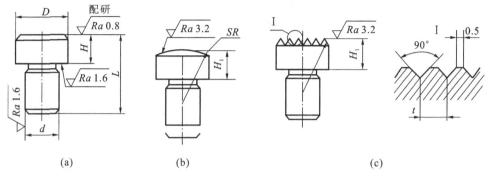

(a)   (b)   (c)

图 4-13 固定支承钉

(a)A 型;(b)B 型;(c)C 型

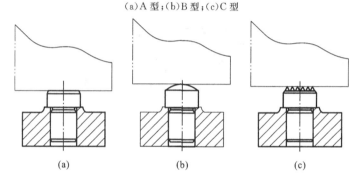

(a)   (b)   (c)

图 4-14 固定支承钉与夹具体连接方式

(a)A 型支承钉与夹具体的连接;(b)B 型支承钉与夹具体的连接;(c)C 型支承钉与夹具体的连接

(2)固定支承板　工件以加工过的平面(精基准)定位时,也常采用图 4-15 所示的固定支承板。其中 A 型支承板的结构简单,制造方便,但孔边切屑等不易清除干净,故适用于侧面和顶面定位。B 型支承板结构较 A 型复杂些,表面带有斜槽,但易于保证工作表面清洁,故适用于底面定位。

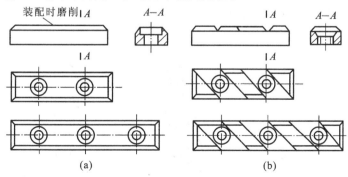

(a)   (b)

图 4-15 固定支承板与夹具体连接方式

(a)A 型支承板;(b)B 型支承板

固定支承板一般用2~3个螺钉紧固在夹具体上。

无论采用几个支承钉或支承板定位,都必须保证装配后定位的表面等高。为此,一般用支承钉、支承板装配后,再磨削各支承钉、支承板的定位工作面,以保证各定位元件的工作表面在同一平面上。

2)可换支承

可换支承是指长期使用磨损后可以更换的支承,但支承钉与夹具体的连接不是采用图4-14所示的方式,而是采用衬套连接,如图4-16所示,从而避免支承钉更换时与夹具体安装孔部分摩擦,其中衬套通常采用经过热处理的耐磨钢制作。

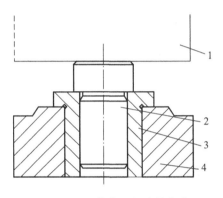

图4-16 可换支承钉连接方式

1—工件;2—支承钉;3—衬套;4—夹具体

3)可调支承

可调支承是指高度可以根据要求进行调整的支承,图4-17所示为不同结构形式的可调支承。支承调整到适当的高度时可通过螺母锁紧。可调支承常用于工件毛坯表面(粗基准)的定位。如铸件分批制造需要定位安装时,采用可调支承可根据毛坯的实际尺寸大小,调整夹具支承位置,避免引起工序余量变化,有利于保证工件加工的尺寸及精度等要求。如图4-18所示,铣削加工工件平面B时,采用可调支承对A面位置进行调整,从而可以根据尺寸H_1和H_2确保孔的加工余量均匀。

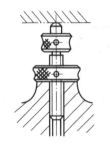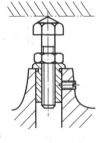

图4-17 可调支承

可调支承是针对毛坯批次进行调整,而非在装夹每个工件时都进行调整。在一批工件加工前调整一次,在同一批工件加工中,可调支承的作用相当于固定支承。

4)自位支承

自位支承又称浮动支承,它在定位过程中的位置会随着定位基准面位置的变化而自动变化,以与基准面位置变化适应。尽管每一个自位支承与工件可能不止一点接触,但实际上它只限制一个自由度,可以增加与工件定位基准面的接触面积,从而提高工件的定位刚度。为此,在夹具设计中为使工件支承稳定,或为避免过定位,常采用自位支承,如图 4-19 所示。其中,图 4-19(a)和图 4-19(b)为两点接触式自位支承;图 4-19(c)为三点接触式自位支承。它们多用于工件刚性不足的毛坯表面或不连续平面的定位。

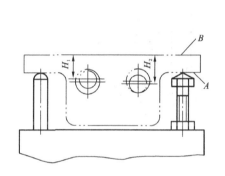

图 4-18 可调支承应用示意

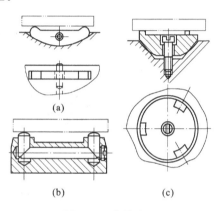

图 4-19 自位支承

(a)、(b)两点接触式自位支承;(c)三点接触式自位支承

5)辅助支承

在实际生产中,工件重力、切削力、夹紧力等因素可能导致工件定位后产生变形或定位不稳定。为了提高工件的安装刚度和稳定性,常采用辅助支承。图 4-20 所示的工件 1 通过下底面 A 进行定位,但工件在加工或自身重力影响下,可

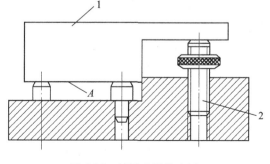

图 4-20 辅助支承的应用

1—工件;2—辅助支承

能出现右边悬空、不稳定的状况,为此在工件右边底面设置辅助支承 2,通过调整其高度来实现对工件的支承,提高工件刚度。

辅助支承在实际生产中应用较为广泛,其结构类型主要有以下几种。

(1)螺旋式辅助支承　如图 4-21(a)所示,该结构简单,但效率较低。

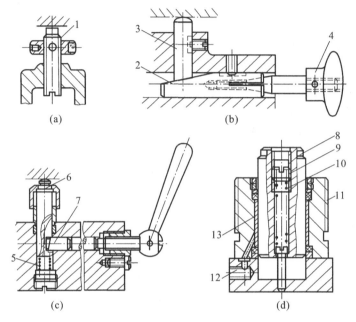

图 4-21　辅助支承的结构类型

(a)螺旋式辅助支承;(b)推引式辅助支承;(c)自位式辅助支承;(d)液压锁紧式辅助支承

1—螺旋式辅助支承;2—斜楔;3、6、8—滑柱;4—推动手轮;5、10—弹簧;7—滑块;

9—螺钉;11—螺纹;12—通油孔;13—薄壁夹紧套

(2)推引式辅助支承　如图 4-21(b)所示,工件定位后,推动手轮 4 使滑柱 3 与工件接触,转动手轮使斜楔 2 开槽部分胀开而锁紧。它适用于负载较大的场合。

(3)自位式辅助支承　如图 4-21(c)所示,弹簧 5 推动滑柱 6 与工件接触,用滑块 7 锁紧。弹簧力的大小应能使滑柱弹出,但不能顶起工件。

(4)液压锁紧式辅助支承　如图 4-21(d)所示,滑柱 8 通过弹簧 10 与工件接触,其中弹簧力可用螺钉 9 调节,由通油孔 12 进压力油,使薄壁夹紧套 13 锁紧滑柱。该类辅助支承结构紧凑、操作方便、动作迅速。通过螺纹 11 与夹具体上的螺纹孔连接后,接通油路即可。

2. 工件以圆柱孔定位

在机械数控加工中,常有圆柱孔作为定位基准的工件,如套筒、法兰盘、杠杆、拨叉等。工件以圆柱孔定位时采用的主要定位元件有以下几种。

1)圆柱定位销

根据工件定位孔的直径大小,圆柱定位销的结构尺寸分为三种,如图 4-22

所示。

当工件定位孔径 $D<10$ mm 时，为增加定位刚度，避免定位销因撞击而折断或热处理时淬裂，通常把根部倒出圆角，如图 4-22(a)所示，夹具体上设计沉头孔，使定位销圆角部分沉入孔内而不受影响。

为了便于工件顺利装入，定位销的头部应有 15°倒角，如图 4-22(b)所示。

当工件定位孔径 $D>18$ mm 时，采用图 4-22(c)所示的结构。

当工件是大批量生产时，可采用图 4-22(d)所示的快换定位销。

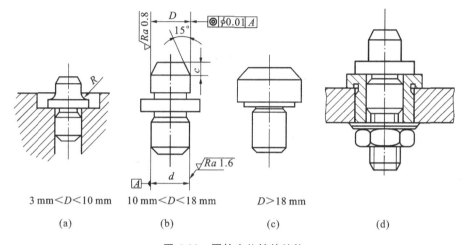

3 mm<D<10 mm　　10 mm<D<18 mm　　D>18 mm

(a)　　　　　(b)　　　　　(c)　　　　　(d)

图 4-22　圆柱定位销的结构

(a)3 mm<D<10 mm 的圆柱定位销；(b)10 mm<D<18 mm 的圆柱定位销；
(c)D>18 mm 的圆柱定位销；(d)快换定位销

圆柱定位销与夹具体之间的连接可用 H7/r6 或 H7/n6 配合。在快速圆柱定位销中，衬套内孔通过 H7/h6 或 H6/h5 配合连接，衬套外圆与夹具体孔采用 H7/n6 配合。

圆柱定位销已标准化，其中：$D\leqslant18$ mm 的圆柱定位销采用 T8A，淬火硬度为 55~60 HRC；$D>18$ mm 的圆柱定位销采用 20 钢，采用表面渗碳处理，淬火硬度为 55~60 HRC。

2)圆锥定位销

在实际生产中，圆锥定位销也是一种常见的孔定位销。圆锥销比圆柱销能多限制一个自由度，这是由于圆锥销锥面与工件定位孔端面接触，如图 4-23 所示。

图 4-23(a)所示结构的圆锥销主要用于对毛坯孔进行定位，从而减少与毛坯孔(粗基准)的接触面积，降低定位的误差。图 4-23(b)所示结构的圆锥销用于对精基准孔的定位。图 4-23(c)所示结构的圆锥销用于对平面和圆孔同时进行定位。

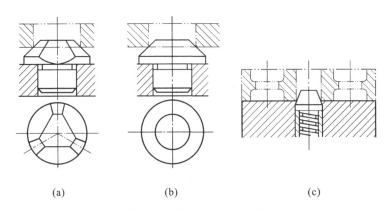

图 4-23 圆锥定位销的结构

(a)用于对毛坯孔进行定位;(b)用于对精基准孔进行定位;(c)用于对平面和圆孔同时进行定位

3)圆柱心轴

圆柱心轴主要用在车、铣、磨、齿轮加工等机床上加工盘套类、齿轮类零件,图 4-24 所示为几种常见的心轴。

图 4-24(a)所示为间隙配合心轴,采用这种心轴时装卸工件方便,但定心精度不高。为了减小间隙配合产生的误差,常以孔和端面联合定位,故要求孔与端面垂直,一般在一次安装中加工。为快速装卸,可采用开口垫圈,开口垫圈的两端面应相互平行。当工件的定位孔与端面的垂直度误差较大时,应采用球面垫圈。

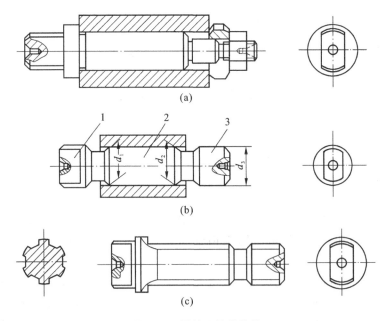

图 4-24 圆柱心轴的结构

(a)间隙配合心轴;(b)过盈配合心轴;(c)花键心轴

1—传动部分;2—工作部分;3—引导部分

图 4-24(b)所示为过盈配合心轴,分别由引导部分 5、工作部分 2 以及与传动装置相联系的传动部分 1 组成。引导部分的作用是使工件迅速而正确地套入心轴。这种心轴制造简便而定心准确,但装卸工件不便,且易损伤工件定位孔,因此,多用于定心精度要求较高的场合。

图 4-24(c)所示为花键心轴,主要用于加工以花键孔为定位基准的工件,当工件的长径比大于 1 时,工作部分可稍带锥度。

图 4-25 所示为利用心轴装夹工件的各种应用实例。图 4-25(a)所示定位形式可以用在外圆磨床上;图 4-25(b)所示定位形式常用在车床上;如图 4-25(c)所示,带莫氏锥度的心轴可以同与其型号一样的主轴前端莫氏锥孔配合,用在磨床等中;如图 4-25(d)所示,齿轮加工机床如滚齿机、插齿机等,可通过心轴安装齿轮工件。

如果工作部分的圆柱长度超过一定长度,则圆柱销与不带台肩的心轴定位元件类似,可以限制工件的四个自由度。因此,设计人员设计圆柱销时应当注意圆柱销长度。

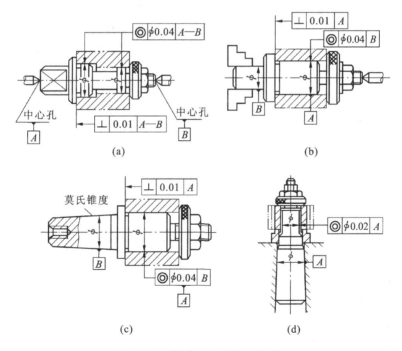

图 4-25　心轴在工件装夹中的应用

4)削边销

为了减小圆柱销与孔面接触的面积,将圆柱销"削成"四边形式,故称削边销。为了提高削边销的强度,一般多采用菱形结构,故又称之为菱形销。图 4-26所示三种结构的削边销分别对应定位孔径为 $D<10$ mm、10 mm$<D<18$ mm 和$D>18$ mm 的三种结构形式。削边销主要与圆柱销组合定位,限制工件的旋转自由度。如图 4-27 所示,工件以底面和两个孔进行定位,若两个孔都以圆柱销定位,将重复限制工件 y 方向的移动自由度,故将其中一个定位销更换为削边销,同时将削边销带有圆弧(修圆弧)的部分沿着 x 向放置,这样即可实现对工件绕 z 轴的旋转自由度的限制。

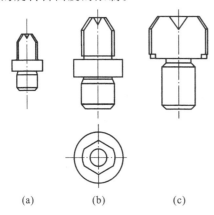

图 4-26　削边销结构

(a)$D<10$ mm;(b)10 mm$<D<18$ mm;(c)$D>18$ mm

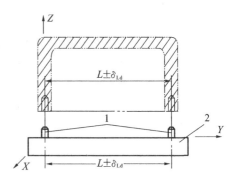

图 4-27　一面两销定位方式

1—定位销;2—支承板

任务三　工件以外圆柱面定位的方法

外圆柱表面也是工件典型表面,工件以外圆柱表面作为定位基准时,常用定位元件有 V 形块、定位套、半圆孔、圆锥孔及定心夹紧装置等。其中,V 形块是最常见的定位元件,以下将逐一介绍。

1.V 形块

V 形块是对中性良好的定位元件,可以用于对工件的外圆柱表面或不完整的圆弧表面等进行定位。V 口角度 α 有 60°、90°和 120°三种,一般以 90°角的 V 形块最为常见。图 4-28 所示为 V 形块的结构,在该结构中有两个圆柱销孔用于安装 V 形块,V 形块与夹具体连接时通过圆柱销起到定位作用,其中 h 深度的两个沉头孔用于将 V 形块与夹具体通过螺钉紧固。V 形块是系列化标准件,其结构中各个尺寸大小可根据定位工件尺寸 D 通过机床夹具设计手册查阅。

V 形块分为固定式和活动式的两种。图 4-28 所示就是固定式 V 形块。固定式 V 形块根据工件与 V 形块的接触母线长度分为两种。接触母线较长时,V 形块限制工件的 4 个自由度,该 V 形块称为长 V 形块;接触母线较短时,V 形块限制工件的 2 个自由度,该 V 形块称为窄 V 形块。活动 V 形块的应用如图 4-29 所示。图 4-29(a)所示为活动 V 形块限制工件在 x 方向上的移动自由度的示意图。图 4-29(b)所示为加工连杆孔的定位方式,活动 V 形块限制一个转动自由度,用以补偿因毛坯尺寸变化而对定位的影响。活动 V 形块除定位外,还兼有夹紧作用。

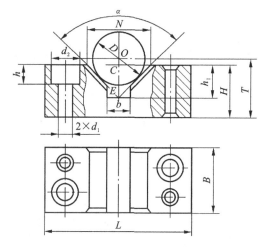

图 4-28 V 形块结构

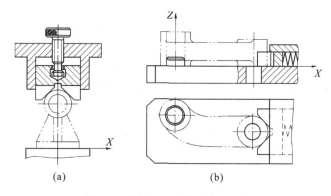

图 4-29 活动 V 形块的应用示意

(a)限制移动自由度;(b)限制转动自由度

2. 定位套

定位套以其圆柱孔对工件外圆柱表面进行定位,如常见的钢套即为定位套。定位套结构简单,适用于精基准定位。工件产生的定位误差主要是中心线径向的位移和倾斜,为了保证轴向定位精度,常用定位套与端面联合定位。

图 4-30 所示为常见的圆柱孔定位套。当孔轴向尺寸较短时,限制工件两个自由度;当孔轴向尺寸较长时,限制工件四个自由度。除此之外,还有定位锥套,可限制工件三个自由度。

3. 半圆定位套

半圆定位套主要用于大型轴类零件的定位,但不便于零件的轴向安装,定位基准精度不低于 IT9。如图 4-31 所示,该装置下半圆起定位作用,上半圆起夹紧作用。由于上半圆孔可卸去或掀开,故下半圆孔的最小直径应取工件定位基准外圆的最大直径,不需要配合间隙。

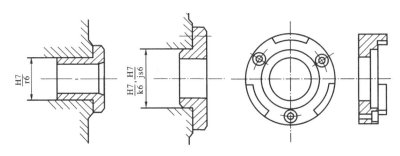

图 4-30　常见的定位套

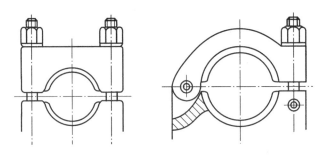

图 4-31　半圆定位套

综上所述,工件以平面、圆柱孔和外圆柱表面定位时,其对应的常见定位元件及其限制相应的自由度如表 4-1、表 4-2 和表 4-3 所示。需要说明的是,在不同的坐标系中,以表中所示方式定位时所限制的自由度有所不同。

表 4-1　工件以平面定位

工件的定位面	夹具的定位元件				
平面	支承钉	定位情况	一个支承钉	两个支承钉	三个支承钉
		图示			
		限制的自由度	$\vec{Y}$	$\vec{X}$　$\vec{Z}$	$\vec{Z}$　$\widehat{X}$　$\widehat{Y}$
	支承板	定位情况	一块条状支承板	两块条状支承板	一块矩形支承板
		图示			
		限制的自由度	$\vec{X}$　$\vec{Z}$	$\vec{Z}$　$\widehat{X}$　$\widehat{Y}$	$\vec{Z}$　$\widehat{X}$　$\widehat{Y}$

表 4-2　工件以圆柱孔定位

工件的定位面		夹具的定位元件			
圆孔	圆柱销	定位情况	短圆柱销	长圆柱销	两段短圆柱销
		图示	（图示）	（图示）	（图示）
		限制的自由度	$\vec{Z}$	$\vec{X}\ \vec{Z}\ \widehat{X}\ \widehat{Z}$	$\vec{X}\ \vec{Z}\ \widehat{X}\ \widehat{Z}$
		定位情况	菱形销	长销小平面组合	短销大平面组合
		图示	（图示）	（图示）	（图示）
		限制的自由度	$\vec{X}$	$\vec{X}\ \vec{Y}\ \vec{Z}\ \widehat{X}\ \widehat{Z}$	$\vec{X}\ \vec{Y}\ \vec{Z}\ \widehat{X}\ \widehat{Z}$
	圆锥销	定位情况	固定锥销	浮动锥销	固定锥销与浮动锥销组合
		图示	（图示）	（图示）	（图示）
		限制的自由度	$\vec{X}\ \vec{Y}\ \vec{Z}$	$\vec{Y}\ \vec{Z}$	$\vec{X}\ \vec{Y}\ \vec{Z}\ \widehat{Y}\ \widehat{Z}$
	心轴	定位情况	长圆柱心轴	短圆柱心轴	小锥度心轴
		图示	（图示）	（图示）	（图示）
		限制的自由度	$\vec{X}\ \vec{Z}\ \widehat{X}\ \widehat{Z}$	$\vec{X}\ \vec{Z}$	$\vec{X}\ \vec{Z}$

表 4-3　工件以外圆柱面定位

外圆柱面	V 形块	定位情况	一个短 V 形块	两个短 V 形块	一个长 V 形块
		图示			
		限制的自由度	$\vec{X}$　$\vec{Z}$	$\vec{X}$　$\vec{Z}$　$\hat{X}$　$\hat{Z}$	$\vec{X}$　$\vec{Z}$　$\hat{X}$　$\hat{Z}$
	定位套	定位情况	一个短定位套	两个短定位套	一个长定位套
		图示			
		限制的自由度	$\vec{X}$　$\vec{Z}$	$\vec{X}$　$\vec{Z}$　$\hat{X}$　$\hat{Z}$	$\vec{X}$　$\vec{Z}$　$\hat{X}$　$\hat{Z}$

知识链接

一面两孔定位

在加工箱体、支架、连杆和机体类工件时,常以平面和垂直于此平面的两个孔为定位基准组合起来定位,称为"一面两孔"定位,如图 4-32 所示。此时,工件上的孔可以是专为工艺定位需要而加工的工艺孔,也可以是工件上原有的孔。生产中广泛采用"一面两孔"定位,主要是因为这样能使工件在各道工序上的定位基准统一。定位基准统一的好处很多。"一面两孔"定位时,常用的定位元件为定位支承板和圆柱短销、削边短销,可简称为一面两销定位。

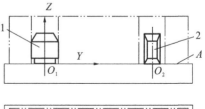
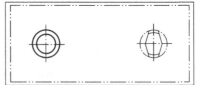

图 4-32　一面两孔定位

小　结

夹具的安装基面是使其安装在机床上的表面;定位元件的定位面与工件的已加工表面直接接触,起到确定工件位置的作用;安装基面、定位元件的定位面、工件被加工表面之间没有直接联系,只是在设计和加工时有一定的尺寸关系。

能 力 检 测

1.平面定位的主要定位元件有哪些？

2.内孔定位的主要定位元件有哪些？

3.外圆柱面定位的主要定位元件有哪些？

4.固定支承有哪些类型？各适用于什么场合？

5.何谓自位支承？具有何种特点？

6.辅助支承和可调支承有什么区别？

模块三　夹 紧 装 置

【学习目标】

了解：典型夹紧机构。

掌握：夹紧装置的组成和基本要求。

熟悉：夹紧力方向和作用点的选择。

任务四　夹紧装置的组成和基本要求、夹紧力方向和作用点的选择

1.夹紧装置的组成及基本要求

1）夹紧装置的组成

在机械数控加工过程中，由于受到切削力、自身重力、离心力、惯性力等作用，工件产生振动，会偏移位置，造成工件定位表面（基准）不与定位元件接触，因此，工件定位后必须通过夹具装置进行夹紧。夹紧装置的组成如图 4-33 所示。

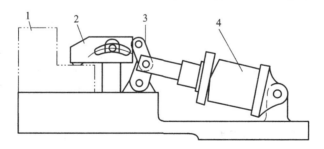

图 4-33　夹紧装置的组成

1—工件；2—压板；3—铰链机构；4—气缸

（1）力源装置　力源装置是整个夹紧装置的动力源，如图 4-33 所示的气缸，它为夹紧装置提供气动压力源。在夹紧装置中，力源装置有气动式、液动式、电

动式、磁力式、手动式等形式的,其中手动式力源装置主要依靠人力扳动。

(2)中间传动机构　中间传动机构是将力源装置的动力传递给夹紧元件的机构。如图4-33中的铰链机构3。合适的中间传动机构可改变夹紧力的方向和大小,甚至可以增加力,起到节能效果;同时它还具有自锁功能,保证夹具在力源消失以后,仍能可靠地夹紧工件,确保安全加工。

(3)夹紧元件　夹紧元件是夹紧装置的最终执行元件,它与工件直接接触,将工件夹紧,如图4-33所示的压板2。

2)夹紧装置的基本要求

夹紧装置应能保证加工质量,提高劳动生产率,降低加工成本和确保安全生产。夹具的夹紧装置基本要求如下:

(1)夹紧时不能破坏工件在夹具中占有的正确位置;

(2)夹紧力要适当;

(3)夹紧装置操作方便,夹紧迅速可靠和省力;

(4)夹紧装置结构紧凑、工艺性好,且自锁性良好。

2. 夹紧力的确定

夹紧力的方向、作用点和大小是夹紧力确定的三要素。在确定夹紧力的三要素时要分析工件的结构特点、加工要求、切削力及其他作用外力。

1)夹紧力方向的确定

(1)夹紧力方向应垂直于主要定位基准面。

如图4-34所示,工件在直角支座上镗孔,本工序要求所镗孔与 A 面垂直,故 A 面为工件定位的主要定位基准,在确定夹紧力方向时,应使夹紧力垂直于 A 面,以保证孔与 A 面的垂直度。反之,若夹紧力垂直于 B 面,当工件 A、B 两面有垂直度误差时,就无法以主要定位基准面定位,因而无法保证所镗孔与 A 面垂直的工序要求。

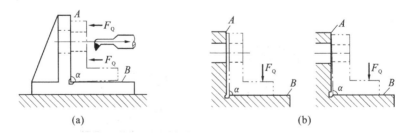

图4-34　夹紧力方向应垂直于主要定位基准面示意图

(a)夹紧力垂直于 A 面;(b)夹紧力垂直于 B 面

(2)夹紧力应沿着工件刚度较好的方向,使工件变形尽可能小。

如图4-35所示薄壁套管工件,若夹紧力方向如图4-35(a)所示,工件将产生较大的变形;若使夹紧力方向沿着工件的轴向方向,则工件夹紧时不会产生变形,如图4-35(b)所示。

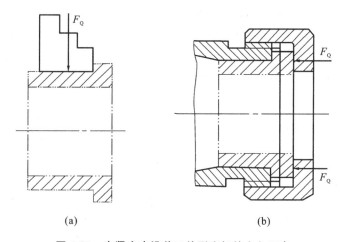

(a)　　　　　　　　　　　　　　　(b)

图 4-35　夹紧力应沿着工件刚度好的方向示意

(a)夹紧力方向不合理；(b)夹紧力方向合理

（3）夹紧力的方向应使所需夹紧力最小。

夹紧力最好与切削力、工件重力方向一致，这样既可减小夹紧力，又可缩小夹紧装置的结构。图 4-36 所示为钻削轴向切削力 F、夹紧力 F_Q、工件重力 G 都垂直于定位基面的情况，由于三者方向相同，钻削扭矩由这些同向力作用在支承面上产生的摩擦力矩所平衡，此时所需的夹紧力最小。

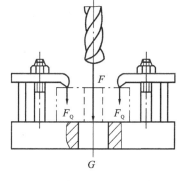

2)夹紧力作用点的确定

选择作用点的目的是在夹紧方向已定的情况下确定夹紧力作用点的位置和数目。合理选择夹紧力作用点必须注意以下几点。

图 4-36　夹紧力作用点示意

（1）夹紧力作用点应落在定位元件上或定位元件所形成的支承区域内。

如图 4-37（a）所示，夹紧力作用点不正确，工件夹紧时力矩会使工件产生转动；图 4-37（b）中夹紧力作用点正确，可保证工件夹紧牢靠。

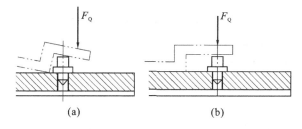

(a)　　　　　　　　　　(b)

图 4-37　夹紧力最小方向示意

(a)作用点不正确；(b)作用点正确

（2）作用点应作用在工件刚度较好的部位。

作用点应尽量避免或减少工件的夹紧变形，这一点对薄壁工件更显得重要。如图 4-38（a）所示夹紧力作用点不正确，夹紧时将会使工件产生较大的变形；图 4-38（b）所示的夹紧力作用点是正确的，夹紧变形会很小。

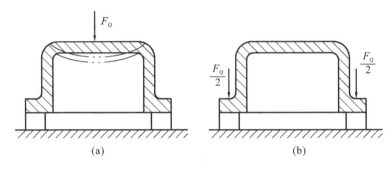

图 4-38　夹紧力作用点布置示意

(a)作用点不正确；(b)作用点正确

（3）夹紧力作用点应尽可能靠近加工面。

作用点尽可能靠近加工面可以减小切削力对夹紧点的力矩，从而减轻工件的振动。如图 4-39 所示，由于工件夹紧主要夹紧力 F_{Q1} 的作用点距离工件加工面较远，所以在靠近工件加工表面的部位设置了辅助支承，增加了夹紧力 F_{Q2}，这样既可提高工件的夹紧刚度，又可减小振动和变形。

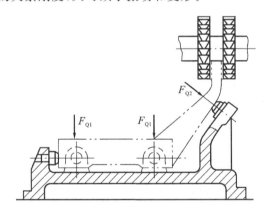

图 4-39　夹紧力作用点靠近加工面示意

3）夹紧力大小的确定

在夹紧力的方向、作用点确定之后，必须确定夹紧力的大小。夹紧力过小，难以保证工件定位的稳定性和加工质量；夹紧力过大，将不必要地增大夹紧装置等的规格、尺寸，还会使夹紧系统的变形增大，从而影响加工质量。特别是机动夹紧时，应计算夹紧力的大小。在机械数控夹具设计中，对夹紧力的大小通常是在静态状态下进行估算。在现代夹具设计中，也有采用有限元分析软件对高精度夹具进行优化设计的。

夹紧力的估算主要步骤如下。

(1)假设系统为刚性系统,切削过程处于稳定状态。

(2)分析系统受力情况。在常规情况下,只考虑切削力或力矩的影响。对重型工件应考虑工件重力的影响。分析对夹紧最不利的瞬时状态,按静力平衡方程计算所得的此状态下所需的夹紧力即为计算夹紧力。

(3)将计算夹紧力乘以安全系数 K,则为实际夹紧力。其中系数 K 为总安全系数,$K=K_0 K_1 K_2 K_3$,一般总安全系数 $K=1.5 \sim 2.5$,粗加工时安全系数可取得大些。具体安全系数的取值可参照机床夹具设计手册。

任务五　典型夹紧机构

夹紧机构是将力源的作用力转化为夹紧力的机构,是夹紧装置的重要组成部分。在夹具的各种夹紧机构中,斜楔、螺旋、偏心、铰链机构及由它们组合而成的各种机构应用最为普遍。

1.斜楔夹紧机构

斜楔夹紧机构是夹紧装置中最典型的一种机构,如图 4-40 所示。工件装入后,用锤击斜楔 1 的大端,楔紧工件 2;卸下工件时,用锤击斜楔 1 的小端。这种机构结构简单,但夹紧力较小,且操作费时,故在实际生产中常将斜楔与其他机构联合使用。如图 4-41 所示是将斜楔与滑柱合成所得的一种夹紧机构,可以采用手动或气动、液动等方式。

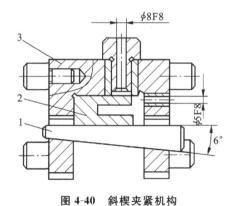

图 4-40　斜楔夹紧机构

1—斜楔;2—工件;3—夹具体

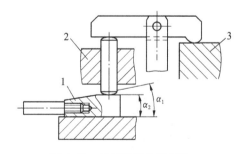

图 4-41　斜楔滑柱夹紧机构

1—斜楔;2—滑柱套;3—工件

斜楔的楔角是斜楔夹紧机构的重要参数。斜楔角过小,其增力比系数越大,自锁性越好,但夹紧行程速比系数越小。一般为了保证斜楔自锁和适当的夹紧行程,斜楔角一般小于 $12°$。

2.螺旋夹紧机构

螺旋夹紧机构是手动夹紧机构中最常见的机构,主要由螺钉、螺杆、螺母、垫圈、压块等元件组成。螺旋从原理上讲是斜楔的变型,通过转动螺旋,使绕在圆柱体上的斜楔高度变化产生夹紧力。由于螺旋线长、升角小,所以,螺旋夹紧机构增力大、自锁性好,但夹紧行程长,适合手动夹紧。螺旋夹紧机构分为单螺旋夹紧机构和螺旋压板夹紧机构。

如图 4-42 所示的两种类型的单螺旋夹紧机构,图(a)所示的类型常用于夹紧毛坯表面,图(b)所示的类型为了保证工件表面不被夹伤,采用压块 4,用于夹紧已加工表面。

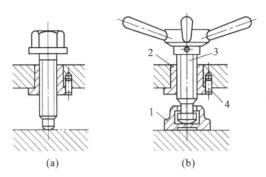

图 4-42　单螺旋夹紧机构

(a)用于夹紧毛坯表面;(b)用于夹紧已加工表面

1—压块;2—螺母套;3—螺杆;4—止动销

在实际生产中,螺旋压板夹紧机构在手动操作场合比单螺旋夹紧机构应用更为普遍。图 4-43(a)、(b)所示为两种螺旋移动压板夹紧机构,图 4-43(c)所示为螺旋铰链压板夹紧机构。它们是利用杠杆原理来实现夹紧作用的。由于这三种夹紧机构的夹紧点、支点和原动力作用点之间的相对位置不同,因此杠杆比各异,夹紧力也不相同。螺旋夹紧机构的夹紧力计算与斜楔相似。图 4-43(c)所示机构的增力倍数最大。

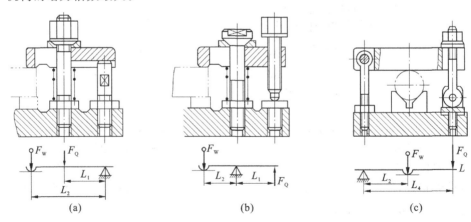

图 4-43　螺旋压板夹紧机构

(a)、(b)螺旋移动压板夹紧机构;(c)螺旋铰链压板夹紧机构

3. 偏心夹紧机构

用偏心件(如偏心轮、偏心轴、偏心叉等)直接或间接夹紧工件的机构,称为偏心夹紧机构。图4-44所示为常见的几种偏心夹紧机构。其中图4-44(a)、(b)中采用的是圆偏心轮,图4-44(c)中采用的是偏心轴,图4-44(d)中采用的是偏心叉。这种机构操作方便,但夹紧力较小,且自锁不好。

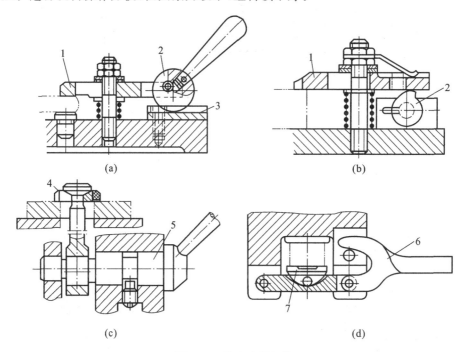

图4-44 偏心夹紧机构

(a)、(b)圆偏心轮夹紧机构;(c)偏心轴夹紧机构;(d)偏心叉夹紧机构

1—压板;2—偏心轮;3—偏心轮用垫板;4—快换垫圈;5—偏心轴;6—偏心叉;7—弧形压板

4. 定心夹紧机构

定心夹紧机构是夹具中一种具有定心作用的夹紧机构。它在工作过程中能同时实现工件定心(对中)和夹紧,如车床用的三爪自定心卡盘等。

1)螺旋式定心夹紧机构

如图4-45所示的螺旋式定心夹紧机构,旋动有左、右螺纹的双向螺杆6,使滑座1、5上的V形块钳口2、4作对向等速移动,从而实现对工件的定心夹紧,反之便可松开工件。V形块钳口可按工件需要更换,对中精度可借助调节杆3实现。这种夹紧机构定心精度较低,主要适合在粗加工或半精加工中夹紧需要行程大而定心精度要求不高的工件。

2)杠杆式定心夹紧机构

如图4-46所示为车床用的杠杆式定心卡盘。其气缸通过拉杆1带动滑套2向左移动时,三个构形杠杆3同时绕轴销4摆动,收拢位于滑槽中的三个夹爪5

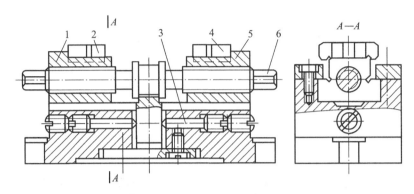

图 4-45　螺旋式定心夹紧机构

1、5—滑座；2、4—V形块钳口；3—调节杆；6—双向螺杆

而将工件夹紧。卡爪张开靠拉杆右移时装在滑套 2 上的斜面推动。这种机构夹紧力大，刚性好，但自定心精度不高，主要用于工件粗加工。由于杠杆机构不能自锁，故该机构自锁主要靠气动或其他机构。

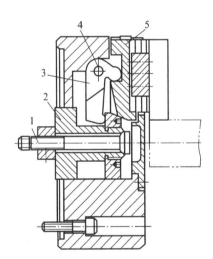

图 4-46　杠杆式定心卡盘

1—拉杆；2—滑套；3—构形杠杆；
4—销轴；5—卡爪

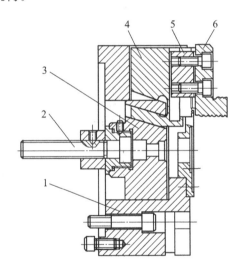

图 4-47　斜楔式定心卡盘

1—卡盘体；2—拉杆；3—滑体；
4—卡爪滑座；5—T 形滑块；6—卡爪

3）斜楔式定心夹紧机构

如图 4-47 所示为车床用的斜楔式定心卡盘。卡爪 6 和 T 形滑块 5 用螺钉紧固在卡爪滑座 4 的齿面上构成一个整体，卡爪滑座与滑体 3 直接以斜楔接触，滑体通过拉杆 2 与液压缸（图中未示）连接，当液压缸中活塞往复移动时，带动滑体轴向移动，借助于斜楔面的作用，卡爪滑座可在卡盘体 1 上的三个 T 形槽内径向移动，实现卡爪的自动夹紧和松开。该机构比杠杆式夹紧机构自定心精度高，可通过改变液压缸的压力高低实现夹紧力大小的调整。

4)薄膜卡盘定心夹紧机构

图 4-48 所示工件以大端面和外圆为定位基准面,在十个等高支柱 6 和膜片 2 的十个爪上定位。首先顺时针旋动螺钉 4 使楔块 5 下移,并推动滑柱 3 右移,迫使膜片 2 产生弹性变形,十个夹爪同时张开,以放入工件。逆时针旋动螺钉,使膜片恢复弹性变形,十个卡爪同时收缩,将工件定心夹紧。夹爪上支承钉 1 可以调节,以适应直径尺寸不同的工件。该机构具有刚性好、定心精度高、操作方面等优点,但其夹紧力较小,通常用于磨削或非铁金属件的精车加工。

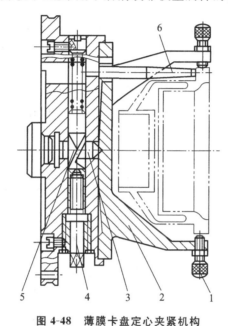

图 4-48 薄膜卡盘定心夹紧机构

1—支承钉;2—膜片;3—滑柱;4—螺钉;5—楔块;6—支柱

知识链接

数控机床夹具

数控机床夹具必须适应数控机床的高精度、高效率、多方向同时加工、数字程序控制及单件小批生产需求。

数控机床夹具的新要求:

(1)推行标准化、系列化和通用化;

(2)发展组合夹具和拼装夹具,降低生产成本;

(3)提高精度;

(4)提高夹具的高效自动化水平。

通用夹具可分为数控车床夹具、数控铣床夹具和加工中心夹具。数控车床夹具又可分为以下三种。

①三爪自定心卡盘 其优点是可自动定心，装夹方便，应用较广，缺点是夹紧力较小，不便于夹持外形不规则的工件。

②四爪单动卡盘 其特点是四个爪都可单独移动，安装工件时需找正，夹紧力大，适用于装夹毛坯及截面形状不规则和不对称的较重、较大的工件。

③花盘 它适用于形状不规则复杂铸件、铸钢件等壳体类工件的加工。

数控铣床夹具的特点是装夹方便，应用广泛，适于装夹形状规则的小型工件。

数控回转工作台是各类数控铣床和加工中心的理想配套附件。

数控回转工作台可分为立式工作台、卧式工作台和立卧两用回转工作台。回转工作台可以用来进行各种圆弧加工或与直线坐标进给联动进行曲面加工，及实现精确的自动分度。

其他的数控机床夹具还有拼装夹具、组合夹具、可调夹具等。

小　结

机床夹具是联系机床、刀具与工件的关键环节，夹具技术对提高工件的加工稳定性、加工精度以及生产效率都有着重要的作用。任何工件在机床上都必须进行装夹，而夹具是用于装夹的重要部件，为此，本项目主要介绍了夹具的概念、夹具的组成、特点，以及工件定位的原理、方式、定位元件及夹紧装置。若要学好夹具必须理解和掌握这部分内容；若要学会设计夹具，还必须学习夹具设计要点、如定位方案的分析、定位误差的计算等；在现代数控加工中，还需要掌握数控夹具如组合夹具、拼装夹具等的设计方法。

能 力 检 测

1.夹具对夹紧机构的基本要求有哪些？

2.夹紧机构由哪几部分组成？

3.定心夹紧机构有什么特点？

4.分析图 4-49 所示钻夹具结构，指出工件定位的表面和使用的定位元件分别限制了几个自由度，并说明采用的是何种夹紧机构。

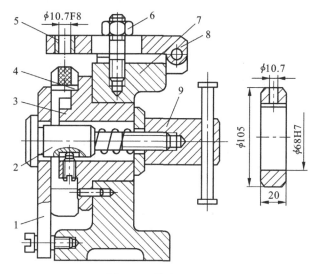

图 4-49 钻夹具结构

1—钩形垫圈；2—螺杆；3—法兰；4—键；5—钻套；
6—螺母；7—夹具体；8—钻模板；9—螺母

5.分析图 4-50 至图 4-52 所示的铣床夹具结构,指出工件定位的表面和使用的定位元件分别限制了几个自由度,并说明采用的是何种夹紧机构。

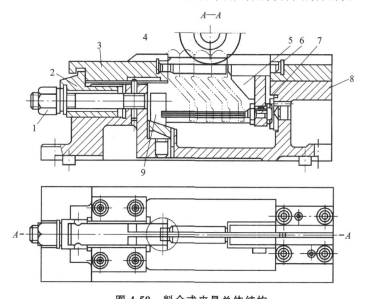

图 4-50 料仓式夹具总体结构

1—螺母；2—钩形压板；3—压块；4、6—压块孔；5—料仓；
7、9—缺口槽；8—夹具体

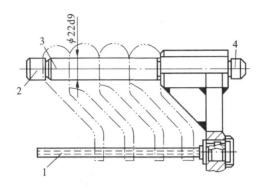

图 4-51 料仓式夹具的料仓结构

1—菱形销;2、3—轴;4—圆柱销

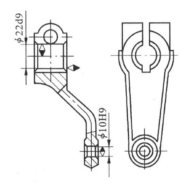

图 4-52 料仓式夹具所定位的工件

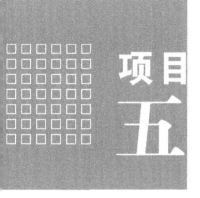

项目五

数控车削加工工艺

【学习目标】

了解:数控车削的加工工艺范围。

熟悉:数控车削零件的加工工艺分析。

掌握:数控车削加工的主要加工对象。

数控车床是一种自动化程度高、结构复杂且价格较高的先进加工设备,它与普通车床相比具有加工精度高、加工灵活、通用性强、生产效率高、质量稳定等优点,特别适合加工多品种、小批量形状复杂的零件,在机械加工中得到了日益广泛的应用。

任务一 数控车削加工的应用和数控车削加工零件的工艺性分析

1. 数控车削加工的工艺范围

数控车削加工是数控加工中应用最多的加工方法之一,由于数控车床具有精度高、能做直线和圆弧插补,以及加工过程中能自动变速的特点,其工艺范围较卧式车床宽得多。

数控车削加工工艺主要用于轴类或盘类零件的内、外圆柱面,任意角度的内、外圆锥面,复杂回转内、外曲面和圆柱、圆锥螺纹等的切削加工,并能进行切槽、钻孔、扩孔、铰孔及镗孔等切削加工。根据所选用的车刀角度和切削用量的不同,车削可分为粗车、半精车和精车等阶段。粗车的尺寸公差等级为 IT11～IT12,表面粗糙度 Ra 值为 $12.5\sim25\ \mu m$;半精车为 IT9～IT10,Ra 值为 $3.2\sim6.3\ \mu m$;精车为 IT7～IT8(外圆精度可达到 IT6),Ra 值为 $0.8\sim1.6\ \mu m$(精车非

铁金属 Ra 值可达到 $0.4\sim0.8~\mu\mathrm{m}$）。

1）车削外圆

车外圆是最常见、最基本的车削加工工作。图 5-1 所示为使用各种不同的车刀车削中小型零件外圆（包括车外回转槽）的方法。

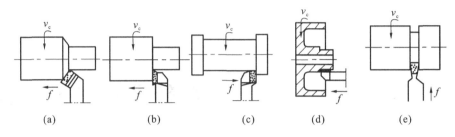

图 5-1　车削外圆

(a)用 45°偏刀车削外圆；(b)用 90°左偏刀车削外圆；(c)用右偏刀车削外圆；

(d)加工工件内部的外圆柱面；(e)加工外环槽

2）车削内圆（孔）

车削内圆（孔）是指用车削方法扩大工件的孔或加工空心工件的内表面。这也是常见的车削加工工作之一。常见的车孔方法如图 5-2 所示。在车削盲孔和台阶孔时，车刀要先纵向进给，当车到孔的根部时再横向进给，从外向中心进给车端面或台阶端面。另外，内圆（孔）也可使用孔加工刀具（如麻花钻）进行加工。

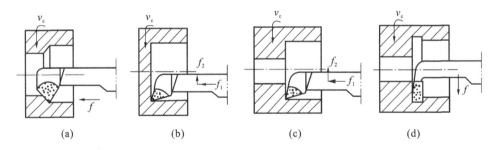

图 5-2　车削内圆（孔）

(a)车削通孔；(b)车削盲孔；(c)车削台阶孔；(d)车削内环槽

3）车削平面

车削平面主要指的是车端平面（包括台阶端面），常见的方法如图 5-3 所示。其中：图 5-3(a)所示是使用 45°偏刀车削平面，可采用较大背吃刀量，切削顺利，表面光洁，大、小平面均可车削；图 5-3(b)所示是使用 90°左偏刀从外向中心进给车削平面，适用于加工尺寸较小的平面或一般的台阶端面；图 5-3(c)所示是使用 90°左偏刀从中心向外进给车削平面，适用于加工中心带孔的端面或一般的台阶端面；图 5-3(d)所示是使用右偏刀车削平面，刀头强度较高，适宜车削较大平面，尤其是铸锻件的大平面。

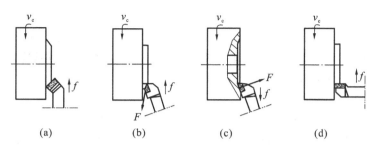

图 5-3　车削平面

(a)用 45°偏刀车削平面；(b)用左偏刀车削平面(自外向中心走刀)；

(c)用左偏刀车削平面(自中心向外走刀)；(d)用右偏刀车削平面

4)车削锥面

锥面可分为内锥面和外锥面，工程上经常使用的标准圆锥锥度有莫氏锥度、米制锥度和专用锥度三种。在普通车床上加工锥面的方法有小滑板转位法、尾座偏移法、靠模法和宽刀法等。小滑板转位法主要用于单件小批生产，内、外锥面的精度较低、长度较短(≤100 mm)；尾座偏移法用于单件或成批生产轴类零件上较长的外锥面；靠模法用于成批大量加工较长的内、外锥面；宽刀法用于成批和大量加工较短(≤20 mm)的内、外锥面。在数控车床上锥面可以视为特殊形式内圆、外圆的直接加工。

5)车削螺纹

在普通车床上一般使用成形车刀来加工螺纹，如加工普通螺纹、方牙螺纹、梯形螺纹和模数螺纹等。在数控车床上可采用螺纹刀具按外圆车削方式加工螺纹。

2. 数控车削的主要加工对象

与常规加工相比，数控车削的加工对象有如下几种。

1)轮廓形状特别复杂或难于控制尺寸的回转体零件

因为车床数控装置都具有直线和圆弧插补功能，还有部分车床数控装置具有某些非圆曲线插补功能，故能车削由任意平面曲线轮廓所组成的回转体零件，包括通过拟合计算处理后的、不能用方程描述的列表曲线类零件。

2)精度要求高的零件

零件的精度要求主要指尺寸、形状、位置和表面等精度要求，其中的表面精度主要指表面粗糙度。可用数控车削加工的零件如：尺寸精度高(达 0.001 mm 或更小)的零件；圆柱度要求高的圆柱体零件；素线直线度、圆度和倾斜度均要求高的圆锥体零件；线轮廓度要求高的零件(其轮廓形状精度可超过用数控线切割加工的样板精度)。在特种精密数控车床上，还可加工出几何轮廓精度极高(达 0.0001 mm)、表面粗糙度数值极小(Ra 达 0.02 μm)的超精零件(如复印机中的回转鼓及激光打印机上的多面反射体等)，同时，还能利用恒线速度切削功能加工表面精度要求高的各种变径表面类零件等。

3)特殊螺旋零件

这些螺旋零件是指特大螺距(或导程)、变(增/减)螺距、等螺距与变螺距或圆柱与圆锥螺旋面之间作平滑过渡的螺旋零件,以及高精度的模数螺旋零件(如圆柱、圆弧蜗杆)和端面(盘形)螺旋零件等。

4)淬硬工件的加工

在大型模具加工中,有不少尺寸大而形状复杂的零件。这些零件热处理后的变形量较大,磨削加工有困难,因此可以用陶瓷车刀在数控机床上对淬硬后的零件进行车削加工,以车代磨,提高加工效率。

3. 数控车削加工零件的工艺性分析

在制订零件的机械加工工艺规程之前,对零件进行工艺性分析,并对产品零件图提出修改意见,是制订工艺规程的一项重要工作。

1)结构工艺性分析

零件结构工艺性是指在满足使用要求的前提下,零件加工的可行性和经济性。要使设计的零件结构便于加工成形而且成本低、效率高。零件结构工艺性分析主要有以下几个方面的内容。

(1)审查与分析零件结构的合理性。在数控车床上加工零件时,应根据数控车削加工的特点,审查与分析零件结构的合理性。在结构分析时,若发现问题应及时向设计人员或有关部门提出修改意见,力求在不损害零件使用特性的范围内,更多地满足数控加工工艺的各种要求,并尽可能采用适合数控加工的结构,以尽可能发挥数控加工的优越性。如图 5-4(a)所示零件需用三把不同宽度的切槽刀切槽,如无特殊需要,显然这种结构是不合理的;若改成图 5-4(b)所示结构,只需一把刀即可切出三个槽,这样既可减少刀具数量、少占刀架刀位,又能节省换刀时间,从而可提高生产效益。

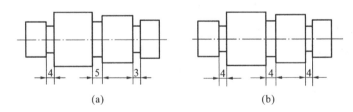

图 5-4　结构工艺性示例

(a)零件上有不同宽度的槽;(b)零件上有相同宽度的槽

(2)检查与分析零件图样中的尺寸标注方法是否齐全、合理且符合数控加工的特点。在数控加工零件图上,应以同一基准标注尺寸或直接给出坐标尺寸。这种标注方法既便于编程,又有利于设计基准和工艺基准、测量基准和编程原点的统一。例如图 5-5 所示零件,若采用图 5-5(a)所示局部分散的标注方法,会给工序安排和数控加工带来诸多不便。由于数控加工精度和重复定位精度都很高,不会因产生较大的累积误差而破坏零件的使用特性,因此,可将局部的分散标注法改为以同一基准标注或采用间接给出坐标尺寸的标注法,如图5-5(b)所示。

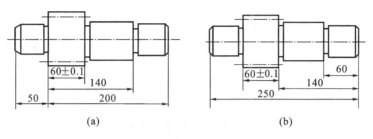

图5-5　尺寸标注

(a)局部分散标注;(b)坐标式标注

(3)审查与分析零件图样中构成轮廓的几何元素的条件是否充分、正确。构成零件轮廓的几何元素(点、线、面)的条件(如相切、相交、垂直和平行等),是数控编程的重要依据。手工编程时,要依据这些条件计算每一个节点的坐标;自动编程时,则要根据这些条件对构成零件的所有几何元素进行定义,无论哪一个条件不明确,编程都无法进行。因此,在分析零件图样时,务必分析几何元素的给定条件是否充分,发现问题要及时与设计人员协商解决。如图5-6(a)所示,圆弧与斜线的关系要求为相切,但经计算后却发现其为相交关系,而非相切;如图5-6(b)所示,图样上给定几何条件自相矛盾,给出的各段长度之和不等于其总长。

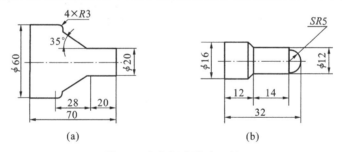

图5-6　几何要素缺陷示例

(a)圆弧与斜线关系不符合要求;(b)给定几何条件自相矛盾

2)零件精度与技术要求分析

零件精度与技术要求分析的主要内容包括:

(1)分析零件精度与各项技术要求是否齐全、合理,对采用数控车削加工的表面的精度要求应该尽量一致,以便最后能够一次走刀连续加工;

(2)分析工序中的数控加工精度能否达到图样要求,并注意给后续工序留足够的加工余量;

(3)找出零件图样中有较高位置精度的表面,确定这些表面能否在一次安装中完成;

(4)对零件表面粗糙度要求较高的表面或对称表面,确定使用恒线速功能进行切削加工。

3)零件的材料分析

分析所提供的毛坯材质本身的力学性能和热处理状态,毛坯的铸造品质和被加工部位的材料硬度,是否有白口、夹砂、疏松等缺陷。判断其加工的难易程度,为选择刀具材料和切削用量提供依据。所选的零件材料应经济合理,切削性能好,满足使用性能的要求。

4)零件图形的数学处理和编程尺寸的计算

(1)编程原点的选择　编程原点亦称工件坐标系原点,是指工件装夹完成后所选择的作为编程基准点的工件上的某一点。数控车床编程原点的选取如图5-7所示。X向一般选在工件的回转轴线上,而Z向一般选在完工工件的右端面(O点)或左端面(O'点)的中心线上。采用左端面的中心作为Z向工件原点时,有利于保证工件的总长;采用右端面的中心作为Z向工件原点时,则有利于对刀。

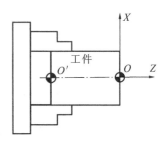

图 5-7　编程原点

(2)编程尺寸值的确定　编程尺寸值理论上应该为该尺寸的误差分散中心,但是由于事先不知道分散中心的确切位置,因此可以先由平均尺寸替代,最后根据试加工结果进行修正,来消除编程尺寸值误差的影响。

①零件精度高时的尺寸处理:将零件的基本尺寸换算成平均尺寸。

②零件轨迹曲线几何关系的处理:保持原来重要的几何关系不变,例如角度、相切或相交等。

③零件精度低时的尺寸处理:通过修改一般尺寸,来确保零件原有的几何关系,使之协调。

④节点坐标尺寸的计算:按照调整后的尺寸计算有关未知节点的坐标尺寸。

⑤编程尺寸的修正:按照调整后的尺寸编程,加工一组零件,测量零件关键尺寸的实际分散中心,并且求出几何误差,再按照此误差调整编程尺寸并相应修改编制的加工程序。

知识链接

数控机床简介

数控机床是用数字信息进行控制的机床,即把加工信息代码化,将刀具移动轨迹信息记录在程序介质上,然后送入数控系统,经过译码和运算控制机床刀具与工件的相对运动及控制加工所要求的各种状态,加工出所需工件的一类机床。

数控车床是数控金属切削机床中最常用的一种机床,是一种高精度、高效率的自动化机床。数控车床的主运动和进给运动是由不同的电动机进行驱动的,而且这些电动机可以在机床的控制系统控制下,实现无级调速。数控车床还配备了多工位刀塔或动力刀塔,使数控车床具有广泛的加工工艺性能,可加工具有直线圆柱面、斜线圆柱面、圆弧和各种螺纹、槽等特征的工件,以及蜗杆等复杂工件,具有直线插补、圆弧插补各种补偿功能,在复杂零件的批量生产中发挥了良好的经济效果。

小　　结

零件的加工工艺性分析是合理制订零件加工工艺规程的前提和关键。了解数控车床的加工工艺范围,能选择合适的加工内容使用数控车床加工,能正确分析数控车床零件加工的工艺性,是本任务学习的主要目标。在分析零件数控车床加工工艺性时,应根据不同的加工要求,综合考虑多方面的加工因素,以便最大限度地发挥数控车床的效益。

能　力　检　测

1. 简述数控车削加工的工艺范围。
2. 数控车削加工的主要对象有哪些?
3. 什么是数控车削加工零件的工艺性分析?

模块二　数控车削刀具及数控车床对刀

【学习目标】

了解:各种数控车刀的用途。

熟悉:数控车床的对刀。

掌握:数控车刀的类型、常用数控车刀的选择和车刀的装夹。

任务二　数控车刀的类型与选择

数控车床加工时,能根据程序指令实现全自动换刀。为了缩短数控车床的准备时间、适应柔性加工要求,数控车床对刀具提出了更高的要求,要求刀具不仅精度高、刚性好、耐用度高,而且安装、调整、刃磨方便,断屑及排屑性能好。在全功能数控车床上,可预先安装 8～12 把刀具,当被加工工件改变后,一般不需要更换刀具就能完成工件的全部车削加工。为了满足加工要求,配备刀具时应

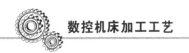

注意以下几个问题：

（1）在可能的范围内，使被加工工件的形状、尺寸标准化，从而减少刀具的种类，实现不换刀或少换刀，以缩短准备和调整时间；

（2）使刀具规格化和通用化，以减少刀具的种类，便于刀具管理；

（3）尽可能采用可转位刀片，这样磨损后只需更换刀片，从而增加了刀具的互换性；

（4）在设计或选择刀具时，应尽量采用高效率、断屑及排屑性能好的刀具。

1. 常用数控车刀的种类和用途

由于工件材料、生产批量、加工精度、机床类型及工艺方案不同，车刀类型也较多。数控车刀按照刀尖的形状一般分为三类，即尖形车刀、圆弧形车刀和成形车刀。

1）尖形车刀

尖形车刀以直线形切削刃为特征的车刀一般称为尖形车刀。这类车刀的刀尖（同时也为其刀位点）由直线形的主、副切削刃构成，如90°内外圆车刀，左、右端面车刀，切断（切槽）车刀及刀尖倒棱很小的各种外圆和内孔车刀。用这类车刀加工零件时，其零件的轮廓形状主要由一个独立的刀尖或一条直线形主切削刃位移后得到，它与另两类车刀加工时得到零件轮廓形状的原理是截然不同的。

2）圆弧形车刀

圆弧形车刀是较为特殊的数控加工用车刀。其特征是，构成主切削刃的刀刃形状为一圆度误差或线轮廓误差很小的圆弧，该圆弧刃每一点都是圆弧形车刀的刀尖。因此，刀位点不在圆弧上，而在该圆弧的圆心上。车刀圆弧半径理论上与被加工零件的形状无关，并可按需要灵活确定或经测定后确认。

当某些尖形车刀或成形车刀（如螺纹车刀）的刀尖具有一定的圆弧形状时，也可作为圆弧形车刀使用。

圆弧形车刀可以用于车削内、外表面，特别适宜于车削各种光滑连接（凹形）的型面。

3）成形车刀

成形车刀俗称样板车刀，其加工零件的轮廓形状完全由车刀刀刃的形状和尺寸决定。

数控车削加工中，常见的成形车刀有小半径圆弧车刀、非矩形车槽刀和螺纹车刀等。在数控加工中，应尽量少用或不用成形车刀，当确有必要选用时，则应在工艺准备文件或加工程序单上进行详细说明。

此外，数控车削刀具还有以下分类方法：按进刀方向的不同，可分为左进刀、右进刀和中间进刀车刀三种；按刀具对工件的加工位置的不同，可分为内孔车刀、外圆车刀和端面车刀三种；按加工工件形状的不同，可分为切槽刀、螺纹车刀和仿形车刀三种；按刀片与刀体固定方式的不同，可分为焊接式和机夹式两种。

图5-8所示为数控车削常用刀具。

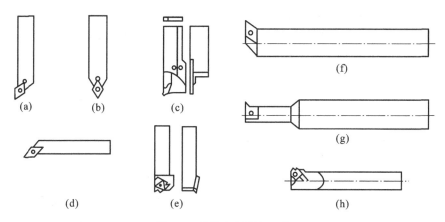

图 5-8 数控车削常用刀具

(a)外圆车刀;(b)尖头车刀;(c)切断刀;(d)端面车刀;(e)螺纹车刀;
(f)内孔车刀;(g)内孔切槽刀;(h)内螺纹车刀

2. 机夹可转位车刀的选用

为了减少换刀时间和方便对刀,便于实现机械加工的标准化,数控车削加工时,应尽量采用机夹可转位车刀。机夹可转位车刀主要由刀片、刀垫、刀柄及杠杆、螺钉等元件组成。在数控车床加工中更换磨损的刀片,只需松开螺钉,将刀片转位,再将新的刀片放于切削位置即可。如图 5-9 所示,在刀片上压制出断屑槽,周边经过精磨,刃口磨钝后可方便地转位换刃,不需重磨,刀片转位固定后一般不需要刀具尺寸补偿或仅需要少量刀片尺寸补偿就能正常使用。

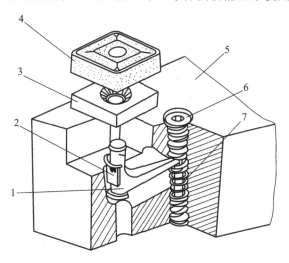

图 5-9 机夹可转位车刀的组成

1—杠杆;2—卡簧;3—刀垫;4—刀片;5—刀柄;6—螺钉;7—弹簧

1)刀片材质的选择

车刀刀片的材料主要有高速钢、硬质合金、涂层硬质合金、陶瓷、立方氮化硼和金刚石等。其中应用最多的是硬质合金和涂层硬质合金刀片。刀片材质的选择，主要依据被加工工件的材料、被加工表面的精度、表面质量要求、切削载荷的大小及切削过程中有无冲击和振动等因素来进行。

2）刀片形状的选择

刀片形状主要依据被加工工件的表面形状、切削方法、刀具的主偏角、刀尖角和有效刃数等因素选择。

常见可转位车刀刀片形状及角度如图5-10所示。

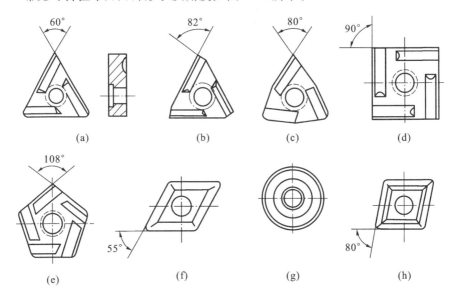

图5-10　常见可转位车刀刀片形状及角度

(a)T 型；(b)F 型；(c)W 型；(d)S 型；(e)P 型；(f)D 型；(g)R 型；(h)C 型

正三角形刀片（T 型）可用于主偏角为60°或90°的外圆、端面和内孔车刀。由于正三角形刀片刀尖角小、强度差、耐用度低，故只宜采用较小的切削用量。

正方形刀片（S 型）的刀尖角为90°，比正三角形刀片的刀尖角（60°）要大，因此其强度和散热性能均有所提高。该种刀片通用性较好，主要用于主偏角为45°、60°、75°等的外圆车刀、端面车刀和镗孔刀。

正五边形刀片（P 型）的刀尖角为108°，其强度、耐用度高、散热面积大，但切削时径向力大，只宜在加工系统刚性较好的情况下使用。

菱形刀片（有 C、D、E、M、V 型共五种，其刀尖角分别为80°、55°、75°、86°、35°）和圆形刀片（R 型）主要用于成形表面和圆弧表面的加工，其形状及尺寸可结合加工对象参照国家标准来选定。

3）可转位刀片的型号选择

可转位刀片型号由代表一给定意义的字母和数字代号按一定顺序位置排列所组成，各刀片型号表示规则可按国家标准 GB/T 2076—2007《切削刀具用可转位刀片型号表示规则》选择。

例如:车刀可转位刀片 CNMG120408EN 公制型号为

①	②	③	④	⑤	⑥	⑦	⑧	⑨
C	N	M	G	12	04	08	E	N

①——刀片形状。代号 C 表示刀尖角为 80°的菱形刀片。

②——刀片法后角。代号 N 表示法后角为 0°。

③——允许偏差等级,即刀片内切圆直径 d 与刀片的厚度 s 和刀尖位置尺寸 m 的偏差等级代号。代号 M 表示刀尖位置尺寸允许偏差为±(0.08～0.2) mm,刀片内切圆允许偏差为±(0.05～0.15) mm,厚度允许偏差为±0.13 mm。

④——夹固形式及有无断屑槽。代号 G 表示双面有断屑槽,有圆形固定孔。

⑤——刀片长度。代号 12 表示切削刃长度为 12 mm。

⑥——刀片厚度。代号 04 表示刀片厚度为 4.76 mm。

⑦——刀尖角形状。代号 08 表示刀尖圆弧半径为 0.8 mm。

⑧——切削刃截面形状。代号 E 表示倒圆切削刃。

⑨——切削方向。代号 N 表示双向。

4)可转位刀片的夹紧方式

对刀片的夹紧方式有如下基本要求:

(1)夹紧可靠,不允许刀片松动或移动;

(2)定位准确,确保定位精度和重复精度;

(3)排屑流畅,有足够的排屑空间;

(4)结构简单,操作方便,制造成本低,转位动作快。

常见的可转位刀片的夹紧方式有楔块上压式、杠杆式、螺钉上压式等,如图 5-11 所示。

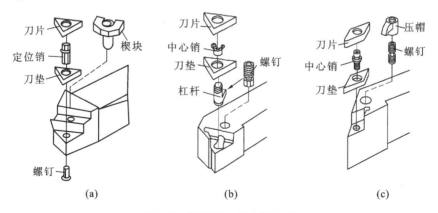

图 5-11　可转位刀片夹紧方式

(a)楔块上压式;(b)杠杆式;(c)螺钉上压式

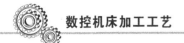

5)刀片法后角的选择

常用的刀片法后角大小有 0°(N)、7°(C)、11°(P)、20°(E)等。一般粗加工、半精加工可用法后角代号为 N 的刀片;半精加工、精加工可用法后角代号为 C、P 的刀片,也可用带断屑槽的法后角代号为 N 的刀片;加工铸铁、硬钢可用法后角代号为 N 的刀片;加工不锈钢可用法后角代号为 C、P 的刀片;加工铝合金可用法后角代号为 P、E 的刀片等;加工弹性恢复性好的材料可选用后角大一些的刀片;加工一般孔可选用法后角代号为 C、P 的刀片,大尺寸孔可选用法后角代号为 N 的刀片。

6)刀尖圆弧半径的选择

刀尖圆弧半径不仅影响切削效率,而且关系到被加工表面的粗糙度及加工精度。从刀尖圆弧半径与最大进给量的关系来看,最大进给量不应超过刀尖圆弧半径的 80%(见表 5-1),否则将恶化切削条件,甚至出现螺纹状表面和打刀等问题。刀尖圆弧半径还与断屑的可靠性有关。为保证断屑,切削余量和进给量有一个最小值。当刀尖圆弧半径减小时,所得到的这两个最小值也相应减小,因此,从断屑可靠的角度出发,通常对于小余量、小进给量的车削加工应采用小的刀尖圆弧半径,反之宜采用较大的刀尖圆弧半径。

表 5-1　不同刀尖圆弧半径下的最大进给量

刀尖圆弧半径/mm	0.4	0.8	1.2	1.6	2.4
最大推荐进给量/(mm/r)	0.25~0.35	0.4~0.7	0.5~1.0	0.7~1.3	1.0~1.8

7)刀杆的选择

刀杆头部形式按主偏角和直头、弯头分有 15~18 种,各形式规定了相应的代码,国家标准和刀具样本中都一一列出,可以根据实际情况选择。有直角台阶的工件,可选主偏角大于或等于 90°的刀杆;一般粗车可选主偏角为 45°~90°的刀杆;精车可选主偏角为 45°~75°的刀杆;中间切入、仿形车削则选主偏角为 45°~107.5°的刀杆;工艺系统刚性好时可选较小值,工艺系统刚性差时可选较大值。当刀杆为弯头结构时,则既可用于加工外圆,又可用于加工端面。

刀柄有 R(右手)、L(左手)、N(左右手)型三种。要注意区分左、右刀的方向。选择时要考虑车床刀架是前置式还是后置式、前刀面是向上还是向下、主轴的旋转方向以及需要进给的方向等。

8)刀片尺寸的选择

刀片尺寸的大小取决于必要的有效切削刃长度 L,有效切削刃长度与背吃刀量 a_p 和车刀的主偏角 k_r 有关,使用时可查阅有关刀具手册。

任务三　数控车刀的装夹

装刀与对刀是数控车床加工操作中非常重要和复杂的一项基本工作。装刀与对刀的精度,将直接影响到加工程序的编制及零件的尺寸精度。现以数控车床转塔刀架刀具的安装为例介绍刀具的安装。数控车床使用的转塔设有 8 个刀位(也有 12 个刀位的),在刀架的端面上刻有 1～8 的字样,如图 5-12 所示。

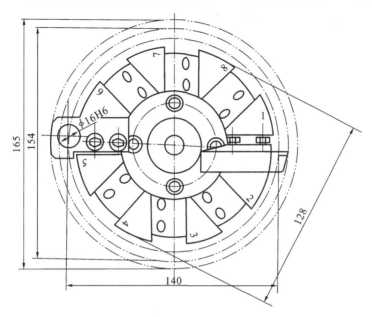

图 5-12　转塔刀架端面

1. 外圆车刀的安装

外圆车刀可以正向安装(见图 5-13(a)),也可以反向安装(见图 5-13(b)),车刀靠垫刀块 1 上的两只螺钉 2 反向压紧(见图 5-13(c))。刀具轴向定位靠侧面,径向定位靠刀柄端面,将刀柄端面靠在刀架中心圆柱体上。因此,刀具装拆以后仍能保持较高的定位精度。

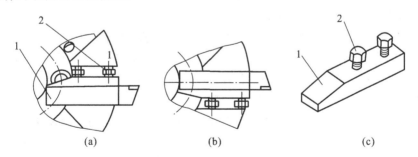

(a)　　　　　　　　　(b)　　　　　　　　　(c)

图 5-13　刀具的夹紧和定位

(a)正向安装;(b)反向安装;(c)垫刀块

1—垫刀块;2—螺钉

2. 内孔刀具的安装

麻花钻可安装在内孔刀座 1 中,内孔刀座 1 用两只螺钉 2 固定在刀架上。麻花钻头的侧面用两只螺钉 2 紧固,直径较小的麻花钻头可增加隔套 3 再用螺钉紧固,如图 5-14(a)所示。内孔车刀做成圆柄的,并在刀杆上加工出一个小平面,两只螺钉 2 通过小平面将刀杆紧固在刀架上,如图 5-14(b)所示。

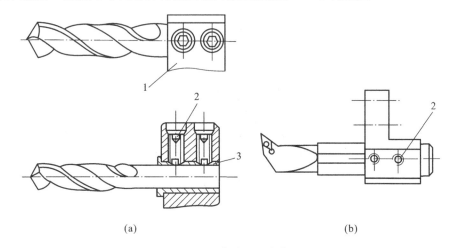

(a) (b)

图 5-14 内孔刀具安装

(a)麻花钻的安装;(b)内孔车刀的安装

1—刀座;2—螺钉;3—隔套

车刀安装不正确,将直接导致切削不能顺利进行,并影响工件的加工质量。安装车刀时,应注意下列几个问题。

(1)车刀安装在刀架上,伸出部分不宜太长,伸出量一般为刀杆高度的 1～1.5 倍。伸出过长会使刀杆刚性变差,切削时易产生振动,影响工件的表面粗糙度。

(2)车刀垫铁要平整,数量要少,垫铁应与刀架对齐。车刀至少要用两个螺钉压紧在刀架上,并逐个轮流拧紧。

(3)车刀刀尖应与工件轴线等高,否则会因基面和切削平面的位置发生变化,而改变车刀工作时的前角和后角的数值。当车刀刀尖高于工件轴线时,将使工作后角减小,从而增大车刀后刀面与工件间的摩擦;当车刀刀尖低于工件轴线时,将使工作前角减小,切削力增加,从而会使切削不顺利。车端面时,车刀刀尖若高于或低于工件中心,车削后工件端面中心处会留有凸头,使用硬质合金车刀时,如不注意这一点,车削到中心处会使刀尖崩碎。

(4)车刀刀杆中心线应与进给方向垂直,否则会使主偏角和副偏角的数值发生变化。如螺纹车刀安装歪斜,会使螺纹牙型半角产生误差。用偏刀车削台阶时,必须使车刀主切削刃与工件轴线之间的夹角在安装后等于 90°或大于 90°,否则,车削出来的台阶面与工件轴线将不垂直。

任务四 数控车床对刀

对刀是数控机床加工中极其重要和复杂的工作,对刀精度的高低将直接影响到零件的加工精度。在数控车床车削加工过程中,首先应确定零件的加工原点,以建立准确的工件坐标系;其次要考虑刀具的不同尺寸对加工的影响。这其中涉及的问题都是要通过对刀来解决的。

1. 刀位点

刀位点是指在加工程序编制中,用以表示刀具位置的点,也是对刀和加工的基准点。对于车刀,各类车刀的刀位点如图 5-15 所示。

2. 刀补的测量

数控车床刀架内有一个刀具参考点(即基准点),如图 5-16 中标记"×"处。数控系统通过控制该点运动,间接地控制每把刀的刀位点的运动。而各种形式的刀具安装后,由于刀具的几何形状及安装位置的不同,其刀位点的位置是不一致的,即每把刀的刀位点在两个坐标方向的位置尺寸是不同的。所以,刀补设置的目的是测出各刀的刀位点相对刀具参考点的距离即刀补值(X'、Z'),并将其输入 CNC 的刀具补偿寄存器中。在加工程序调用刀具时,系统会自动补偿两个方向的刀偏量,从而准确控制每把刀的刀尖轨迹。

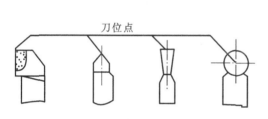

图 5-15　车刀的刀位点

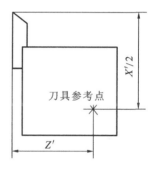

图 5-16　刀补值

3. 对刀

1)对刀的含义

在加工程序执行前,调整每把刀的刀位点,使其尽量重合于某一基准点,这一过程称为对刀。对刀操作实际上就是刀补值的测量过程。

对刀操作的目的是通过确定刀具起始点建立工件坐标系及设置刀偏量(刀具偏置量或位置补偿量)。各类数控机床的对刀方法各有差异,可查阅机床说明书,但其原理及目的是一致的,即通过对刀操作,将刀补值测出后输入 CNC 系统,加工时系统根据刀补值自动补偿两个方向的刀偏量,使零件加工程序不受刀具(刀位点)安装位置的影响。对刀的方法按所用的数控机床的类型不同也有所区别,一般可分为机内对刀和机外对刀两大类。机内对刀较多地用于车削类数控机床。根据其对刀原理,对刀方法又可分为两种:试切法和测量法对刀。

2)对刀的方法

(1)试切法对刀　由于试切法对刀不需要任何辅助设备,所以被广泛地用于经济型(低档)数控机床中。其基本原理是通过每一把刀具对同一工件的试切削,分别测量出其切削部位的直径和轴向尺寸,来计算出各刀具刀尖的相对尺寸,从而确定各刀具的刀补量。

数控车床所用的位置检测器分为相对式和绝对式两种。下面介绍采用相对位置检测器的对刀过程,这里以 Z 向为例说明对刀方法,如图 5-17 所示。设图中端面刀是第一把刀,内孔刀为第二把刀,由于是相对位置检测,需要用 G50 进行加工坐标系设定。假定程序原点设在零件左端面,如果以刀尖点为编程点,则坐标系设定中的 Z 向数据为 L_1,这时可以将刀架向左移动并将右端面光切一刀,测出车削后的零件长度 N 值,并将 Z 向显示值置零,再把刀架移回到起始位置,此时的 Z 向显示值就是 M 值,N 加 M 即是 L_1。采用这种以刀尖为编程点的方式时,应将第一把刀的刀具补偿设定为零。接着用同样方法测出第二把刀的 L_2 值。L_2-L_1 即是第二把刀对第一把刀的 Z 向位置差,此处是负值。如果程序中第一把刀转为第二把刀时不变换坐标,那么第二把刀的 Z 向刀补值应设定为 $-\Delta L$。

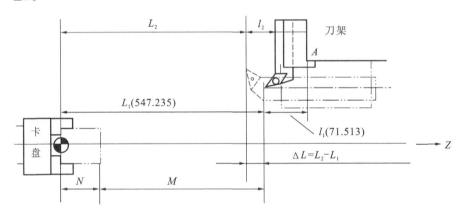

图 5-17　试切法对刀原理

试切法对刀属于手动对刀,它的基础是通过试切零件来对刀,还没跳出传统车床的"试切—测量—调整"对刀模式的窠臼,并且手动对刀要较多地占用机床时间。

(2)测量法对刀(对刀仪对刀)　测量法对刀的本质是测量出刀具假想刀尖点到刀具台基准之间在 X 及 Z 方向上的距离,即刀具 X 和 Z 向的长度。可利用机外对刀仪将刀具预先在机床外校对好,装上机床即可以使用。图 5-18 所示为一种比较典型的机外对刀仪,它适用于各种数控车床。针对某台具体的数控车床,应制作相应的对刀刀具台,将其安装在刀具台安装座上。这个对刀刀具台与刀座的连接结构及尺寸,应与机床刀架相应结构及尺寸相同,甚至制造精度也要求与机床刀架相应部位一样。此外,还应制作一个刀座、刀具联合体(也可将刀具焊接在刀座上),作为调整对刀仪的基准。把此联合体装在机床刀架上,尽可能精确地对出 X 及 Z 向的长度,并将这两个值刻在联合体表面,对刀仪使用若干

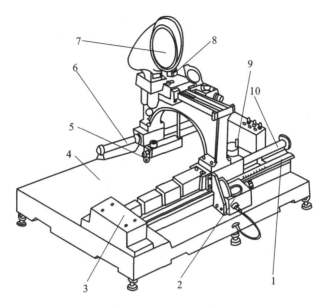

图 5-18 机外对刀仪

1—刻度尺；2—微型读数器；3—刀具台安装座；4—底座；5—光源；6、10—轨道；7—投影放大镜；

8—X 向进给手柄；9—Z 向进给手柄

时间后就应装上这个联合体作一次调整。机外对刀的大致顺序是：将刀具随同刀座一起紧固在对刀刀具台上，摇动 X 向和 Z 向进给手柄，使移动部件载着投影放大镜沿着两个方向移动，直至假想刀尖点与放大镜中十字线交点重合为止，如图 5-19 所示。这时通过 X 和 Z 向的微型读数器分别读出 X 和 Z 向的长度值，该长度值就是这把刀具的对刀长度。如果这把刀具需马上使用，那么将它连同刀座一起装到机床某刀位上之后，再将对刀长度利用相应刀具补偿号或程序存储就可以了。如果这把刀是备用的，应做好记录。

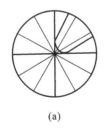
(a)

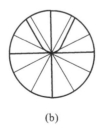
(b)

(c)

图 5-19 刀尖在放大镜中的对刀投影

(a)端面外径刀尖；(b)对称刀尖；(c)端面内径刀尖

(3)机内对刀——ATC 对刀 在机床上利用对刀显微镜自动地计算出车刀长度，即 ATC 对刀。对刀镜与支架不用时取下，需要对刀时才装到主轴箱上。对刀时，用手动方式将刀尖移到对刀镜的视野内，再用手动脉冲发生器微量移动刀架使假想刀尖点与对刀镜内的中心点重合，再将光标移到相应刀具补偿号，并按"自动计算(对刀)"按键,这把刀两个方向的长度就被自动计算出来并自动存入它相应刀具补偿号的存储器中。

3)对刀点与换刀点位置的确定

在编制加工程序时,其程序原点通常设定在对刀点位置上。在一般情况下,对刀点既是加工程序执行的起点,也是加工程序执行后的终点。

在加工实践中,不管是刀具相对于工件运动还是工件相对于刀具运动,对刀点始终是相对运动的起点,即起刀点。该点的位置可由 G92 等指令进行设定。

(1)对刀点位置的确定　对刀点位置的选择原则如下:

①尽量与工件的设计基准或工艺基准相一致;

②尽量使加工程序的编制工作简单和方便;

③便于用常规量具和量仪在机床上进行找正;

④该点的对刀误差应较小,或可能引起的加工误差为最小;

⑤尽量使加工程序中的引入(或返回)路线短,并便于换(转)刀;

⑥应选择在与机床约定机械间隙状态(消除或保持最大间隙方向)相适应的位置上,避免在执行其自动补偿时造成"反补偿";

⑦必要时,对刀点可设定在工件的某一要素或其延长线上,或设定在与工件定位基准有一定坐标关系的夹具某位置上。

确定对刀点位置的方法较多。对设置了固定原点的数控机床,配合手动及显示功能,并用 G92 指令即可方便地确定对刀点位置;对未设置固定原点的数控机床,则可视其确定的精度要求而分别采用位移换算法、模拟定位法或近似定位法等进行确定。

(2)换刀点位置的确定　换刀点是指在编制加工中心、数控车床等多刀加工的各种数控机床所需加工程序时,相对于机床固定原点而设置的一个自动换刀或换工作台的位置。换刀的位置可设定在程序原点、机床固定原点或浮动原点上,其具体的位置应根据工序内容而定。

为了防止在换(转)刀时碰撞到被加工零件或夹具,除特殊情况外,换刀点都应设置在被加工零件的外面,并留有一定的安全区。

 知识链接

数控车床的刀具系统

数控机床加工由于使用的刀具品种、规格和数量较多,因此常使用数控加工刀具系统。数控加工刀具系统是由数控刀具及实现刀具快换所必需的定位、夹紧、抓拿及刀具保护等机构组成的,它的作用是实现刀具快换及高效切削。

　　数控车床的刀具系统主要与数控车床的回转刀架配套,常用的有两种形式:①刀块式,用凸键定位,螺钉夹紧定位可靠,夹紧牢固,刚性好,但换装费时,不能自动夹紧,如图 5-20 所示;②圆柱齿条式,可实现自动夹紧,换装也快捷,刚性较刀块式的稍差,如图 5-21 所示。

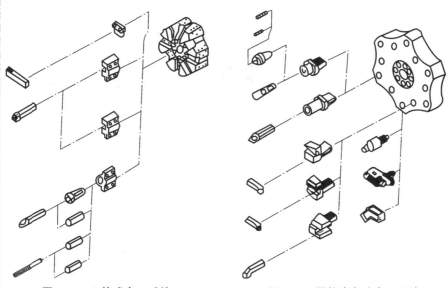

图 5-20　刀块式车刀系统　　　　　　　图 5-21　圆柱齿条式车刀系统

　　瑞典山德维克(Sandvik)公司推出了一套模块化的车刀系统,其刀柄是一样的,仅更换刀头和刀杆后即可用于各种加工,刀头很小,更换快捷,定位精度高,也可以自动更换,如图 5-22 所示。与此类似的小刀头刀具系统还有多种。

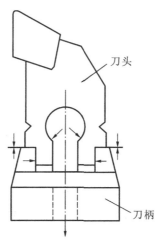

刀头

刀柄

图 5-22　模块化车刀系统

小　　结

在数控车床加工中,刀具的选择和车削加工前的对刀是保证加工质量、降低加工成本、提高加工效率的重要途径之一。通过本模块的学习要求学生能根据工件加工的具体要求选择合适的车削刀具,在车削加工中会正确装夹刀具,掌握数控车削加工前的对刀方法。

能 力 检 测

1.数控加工对刀具有哪些要求?

2.常用数控车刀的类型有哪些?

3.简述常用数控车刀的装夹方式。

4.简述可转位数控车刀刀片的分类与应用。

5.数控车刀的对刀点位置如何确定?

模块三　数控车削加工的工艺设计

【学习目标】

了解:数控车削加工零件图样的分析。

熟悉:数控车削切削用量的选择。

掌握:数控车削加工顺序的确定、走刀路线的确定。

制订加工工艺是数控车削加工的前期工艺准备工作。加工工艺制订得合理与否,对程序编制、机床的加工效率和零件的加工精度都有重要影响。数控车削加工工艺制订的主要内容为:分析零件图样;安排加工顺序;确定刀具的进给路线;确定切削用量。

任务五　分析零件图样

分析零件图是工艺制订中的首要工作,它主要包括以下内容。

1.零件结构工艺性分析

零件的结构工艺性是指零件对加工方法的适应性,即所设计的零件结构应便于加工成形。在数控车床上加工零件时,应根据数控车削的特点,认真审视零件结构的合理性。

2.轮廓几何要素分析

在手工编程时,要计算每个基点坐标;在自动编程时,要对构成零件轮廓的所有几何元素进行定义。因此,在分析零件图时,要分析几何元素的给定条件是否充分。由于设计等多方面的原因,可能在图样上出现构成加工轮廓的条件不充分、尺寸模糊不清及尺寸封闭等缺陷,从而将增加编程工作的难度,有的甚至无法编程。

3. 精度及技术要求分析

对被加工零件的精度及技术要求进行分析,是零件工艺性分析的重要内容,只有在分析零件尺寸精度和表面粗糙度的基础上,才能对加工方法、装夹方式、刀具及切削用量进行正确而合理的选择。

精度及技术要求分析的主要内容:一是分析精度及各项技术要求是否齐全、是否合理;二是分析本工序的数控车削加工精度能否达到图样要求,若达不到,需采取其他措施(如磨削)弥补的话,则应给后续工序留有余量;三是找出图样上有位置精度要求的表面,这些表面应尽量在一次安装下完成;四是对表面粗糙度要求较高的表面,应确定用恒线速切削。

任务六 加工顺序的确定

在数控车床上加工零件,应按工序集中的原则划分工序,在一次安装下尽可能完成大部分甚至全部表面的加工。根据零件的结构形状不同,通常选择外圆、端面或内孔、端面装夹,并力求使设计基准、工艺基准和编程原点统一。

在数控车削加工过程中,由于加工对象复杂多样,特别是轮廓曲线的形状及位置千变万化,加上材料、批量等多方面因素的影响,在制订具体零件加工方案时,应该进行具体分析和区别对待、灵活处理。只有这样,才能使所制订的加工方案合理,从而达到质量优、效率高和成本低的目的。

在对零件图进行认真和仔细的分析后,再制订加工方案。制订加工方案的一般原则为:先粗后精,先近后远,先内后外,程序段最少,走刀路线最短。

1. 先粗后精

为了提高生产效率并保证零件的精加工质量,在切削加工时,应先安排粗加工工序,在较短的时间内,将精加工前的大部分加工余量去掉,同时尽量满足精加工的余量均匀性要求。

当粗加工工序安排完后,接着安排半精加工和精加工(换刀后进行)。其中,安排半精加工的目的是:当粗加工后所留余量的均匀性满足不了精加工要求时,将半精加工作为过渡性工序,以使精加工余量小而均匀。

在安排可以一刀或多刀进行的精加工工序时,其零件的最终加工轮廓应由最后一刀连续加工而成。这时,刀具的进、退刀位置要考虑妥当,尽量不要在连续的轮廓中安排切入和切出或换刀及停顿,以免因切削力突然变化而造成弹性变形,致使光滑连接轮廓上产生表面划伤、形状突变或滞留刀痕等疵病。

例如,车削如图5-23所示的零件时,应在粗车工序中较快地将图中双点画线内部分切除掉。粗车一方面能提高金属切除率,另一方面也能满足精车的余量均匀性要求,若粗车后所留余量的均匀性满足不了精加工的要求,则要安排半精车,为精车作准备。

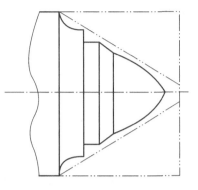

图 5-23　先粗后精车削示例

2. 先近后远

这里所说的远与近,是按加工部位相对于对刀点的距离大小而言的。在一般情况下,特别是在粗加工时,通常安排离对刀点近的部位先加工、离对刀点远的部位后加工,以缩短刀具移动距离、减少空行程时间。

例如,当加工图 5-24 所示的零件时,如果按 $\phi38$ mm→$\phi36$ mm→$\phi34$ mm 圆柱面的次序安排车削,会增加刀具返回对刀点所需的空行程时间,还可能使台阶的外直角处产生毛刺(飞边)。对这类直径相差不大的台阶轴,当第一刀的背吃刀量(图 5-24 中最大背吃刀量可为 3 mm 左右)未超限时,宜按 $\phi34$ mm →$\phi36$ mm→$\phi38$ mm 的次序先近后远地安排车削。

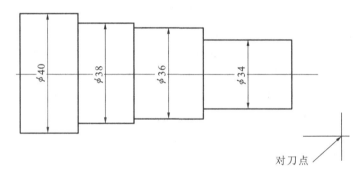

图 5-24　先近后远车削示例

3. 先内后外

对既有内表面又有外表面的零件,在制订其加工方案时,通常应安排先加工内形和内腔,后加工外形表面。这是因为控制内表面的尺寸和形状较困难,刀具刚性相应较差,刀尖(刃)的使用寿命易受切削热影响而降低,以及在加工中清除切屑较困难等。

4. 程序段最少

按照每个单独的几何要素(即直线、斜线和圆弧等)分别编制出相应的加工程序,其构成加工程序的各条程序即程序段。在加工程序的编制工作中,总是希望以最少的程序段数来实现对零件的加工,以使程序简洁,减少出错的几率及提高编程工作的效率。

由于机床数控装置普遍具有直线和圆弧插补运算的功能,除了非圆曲线外,程序段数可以由构成零件的几何要素及由工艺路线确定的各条程序得到。

　　对于非圆曲线轨迹的加工,所需主程序段数要在保证其加工精度的条件下,进行计算后才能得知。这时,一条非圆曲线应按逼近原理划分成若干个主程序段(大多为直线或圆弧),当能满足其精度要求时,所划分的若干个主程序段的段数仍应为最少。这样,不但可以大大减少计算的工作量,而且能减少输入的时间及计算机内存容量的占有数。

5.走刀路线最短

　　走刀路线是指数控车床加工过程中刀具相对零件的运动轨迹和方向,也称进给路线。它泛指刀具从对刀点(或机床固定原点)开始运动起,直至返回该点并结束加工程序为止所经过的路径,包括切削加工的路径及刀具切入、切出等非切削空行程。

　　确定走刀路线的工作重点,主要在于确定粗加工及空行程的走刀路线,因精加工切削过程的走刀路线基本上都是沿其零件轮廓顺序进行的。

　　在保证加工质量的前提下,使加工程序具有最短的走刀路线,不仅可以节省整个加工过程的执行时间,还能减少一些不必要的刀具消耗及机床进给机构滑动部件的磨损等。

任务七　车削加工走刀路线的确定

　　走刀路线不但包括工步的内容,也反映出工步顺序。走刀路线是编写程序的依据之一,因此,在确定走刀路线时最好画一张工序简图,将已经拟订的走刀路线(包括进、退刀路线)画上去,这样可为编程带来不少方便。

1.进刀、走刀方式

　　在数控车削加工中应根据毛坯类型和工件形状确定进刀、走刀方式,以达到减少循环走刀次数、提高加工效率的目的。

　　(1)轴套类零件　对轴套类零件应采用径向进刀、轴向走刀方式,循环切除余量的循环终点在粗加工起点附近,这样可以减少走刀次数,避免不必要的空走刀,节省加工时间。

　　(2)轮盘类零件　对轮盘类零件应采用轴向进刀、径向走刀方式,循环切除余量的循环终点在粗加工起点。编制轮盘类零件的加工程序时,加工顺序与轴套类零件相反,是从大直径端开始加工。

2.退刀路线

　　数控车床加工过程中,为了提高加工效率,刀具从起始点或换刀点运动到接近工件部位及加工完成后退回起始点或换刀点是以 G00(快速点定位)方式运动的。数控系统的退刀路线,原则上首先是考虑安全性,即在退刀过程中不能与工件发生碰撞,其次是考虑使退刀路线最短。

相比之下安全是第一位的。刀具加工零件部位不同,退刀路线的确定方式也不同,车床数控系统提供了以下三种退刀方式。

(1)斜线退刀方式 斜线退刀方式路线最短,适用于加工外圆表面的偏刀退刀,如图 5-25 所示。

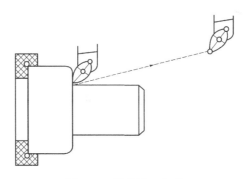

图 5-25 斜线退刀方式

(2)径-轴向退刀方式 这种退刀方式是刀具先径向垂直退刀,到达指定位置时再轴向退刀,如图 5-26 所示。切槽时即采用此种退刀方法。

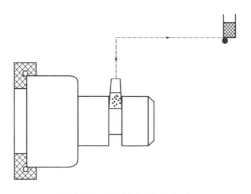

图 5-26 径-轴向退刀方式

(3)轴-径向退刀方式 这种退刀方式与径-轴向退刀方式顺序恰好相反,即先轴向退刀,再径向垂直退刀,如图 5-27 所示。粗车孔时就采用此种退刀方式。精车孔时通常先径向退刀,然后轴向退刀至外孔,再斜线退刀。

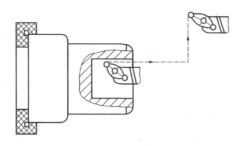

图 5-27 轴-径向退刀方式

3. 确定最短的走刀路线

1)最短的空行程路线

(1)巧用起刀点　图 5-28(a)所示为采用矩形循环方式进行粗车的一般情况示例。考虑到在精车等加工过程中需方便地换刀,故将对刀点 A 设置在离坯件较远的位置处,同时将起刀点与对刀点重合在一起,按三刀粗车的走刀路线安排:

第一刀为 $A \to B \to C \to D \to A$;

第二刀为 $A \to E \to F \to G \to A$;

第三刀为 $A \to H \to I \to J \to A$。

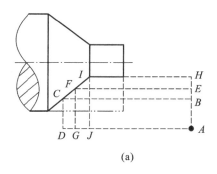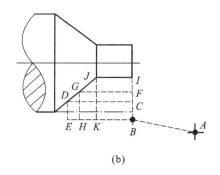

(a) 　　　　　　　　　　　　(b)

图 5-28　巧用起刀点

(a)对刀点与起刀点重合;(b)起刀点与对刀点分离

图 5-28(b)所示则是将起刀点与对刀点分离,并设于图示 B 点位置,仍按相同的切削量进行三刀粗车,其走刀路线安排如下:

起刀点与对刀点分离的空行程为 $A \to B$;

第一刀为 $B \to C \to D \to E \to B$;

第二刀为 $B \to F \to G \to H \to B$;

第三刀为 $B \to I \to J \to K \to B$。

显然,图 5-28(b)所示的走刀路线较短。

该方法也可用在其他循环(如螺纹车削)指令格式的加工程序编制中。

(2)巧设换刀点　为了考虑换刀的方便和安全,有时也将换刀点设置在离坯件较远的位置处(如图 5-28(a)中的 A 点),那么,当换第二把刀后,进行精车时的空行程路线必然也较长;如果将第二把刀的换刀点设置在较近的位置(如图 5-28(b)中的 B 点)上,则可缩短空行程距离。

(3)合理安排"回零"路线　在手工编制较复杂轮廓的加工程序时,为使其计算过程尽量简化,既不易出错,又便于校核,编程者有时将每一刀加工完后的刀具终点通过执行"回零"(即返回对刀点)指令,使其全都返回对刀点位置,然后再执行后续程序。这样会增加走刀距离,降低生产效率。因此,在合理安排"回零"路线时,应使其前一刀终点与后一刀起点间的距离尽量减短,或者为零,即满足走刀路线为最短的要求。

2)最短的切削走刀路线

切削走刀路线为最短,可有效地提高生产效率、降低刀具的损耗等。在安排粗加工或半精加工的切削进给路线时,应兼顾被加工零件的刚性及加工的工艺性等要求,不要顾此失彼。

图 5-29 所示为粗车零件的几种不同切削进给路线的安排示例。其中:

图 5-29(a)所示为利用数控系统具有的封闭式复合循环功能而控制车刀进行的进给路线;

图 5-29(b)所示为利用循环功能安排的"三角形"进给路线;

图 5-29(c)所示为利用矩形循环功能安排的"矩形"进给路线。

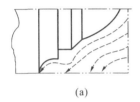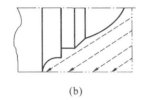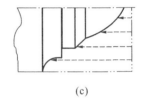

(a)　　　　　　　　　　(b)　　　　　　　　　　(c)

图 5-29　进给路线示例

(a)沿工件轮廓进给;(b)"三角形"进给;(c)"矩形"进给

分析以上三种切削进给路线可知,在同等条件下,矩形循环切削所需时间(不含空行程)最短,刀具的损耗小,故实际加工中矩形循环进给路线应用较多。

3)巧用切断(槽)刀

对切断面带一倒角要求的零件(见图 5-30(a)),在批量车削中比较常见。为了便于切断并避免调头倒角,可巧用切断刀同时完成车倒角和切断两个工序,效果很好。

如图 5-30(b)所示,用切断刀先按 $4 \times \phi 26$ mm 工序尺寸安排车槽,这样,既能为倒角提供方便,也可减小刀尖切断较大直径坯件时的长时间摩擦,同时有利于切断时的排屑。

图 5-30(c)所示为倒角时切断刀刀位点的起、止位置。

图 5-30(d)所示为切断时切断刀的起始位置及路径。

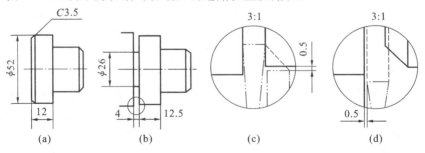

图 5-30　巧用切断刀

(a)带倒角要求的零件;(b)安排车槽;(c)倒角时切断刀的刀位点起、止位置;

(d)切断时切断刀的起始位置及路径

4)灵活选用不同形式的切削路线

图 5-31 所示为切削凹圆弧表面时的几种常用路线。

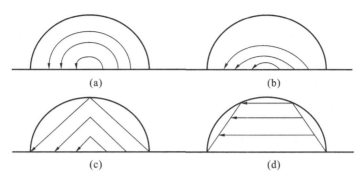

图 5-31　切削凹圆弧的进给路线

(a)同心圆形式；(b)等径圆(不同心)形式；(c)三角形形式；(d)梯形形式

对以上进给路线的比较和分析如下。

(1)采用同心圆及等径圆形式的进给路线时程序段最少。

(2)采用同心圆形式时进给路线最短，其余从短到长依次为三角形、梯形及等径圆形式的进给路线。

(3)采用等径圆形式的进给路线时计算和编程最简单(可利用程序循环功能)，其余依次为同心圆、三角形和梯形形式的进给路线。

(4)采用梯形形式的进给路线时金属切除率最高、切削力分布最合理。

(5)采用同心圆形式的进给路线时精车余量最均匀。

任务八　车削加工切削用量的选择

当编制数控加工程序时，编程人员必须确定每道工序的切削用量，并填入程序单中。数控车床加工的切削用量包括：背吃刀量、主轴转速或切削速度(用于恒线速切削)、进给速度或进给量。切削用量(a_p、f、v_c)选择是否合理，对能否充分发挥机床潜力与刀具切削性能，实现优质、高产、低成本和安全操作具有很重要的作用。

切削用量的选择原则是：粗车时，首先考虑选择尽可能大的背吃刀量 a_p，其次选择较大的进给量 f，最后确定一个合适的切削速度 v_c。增大背吃刀量 a_p 可使走刀次数减少，增大进给量 f 有利于断屑；精车时，加工精度和表面粗糙度要求较高，加工余量不大且较均匀，选择精车的切削用量时，应着重考虑如何保证加工质量，并在此基础上尽量提高生产率。因此，精车时应选用较小(但不能太小)的背吃刀量和进给量，并选用性能高的刀具材料和合理的几何参数，以尽可能提高切削速度。

在选择切削用量时应保证刀具能加工完成一个零件或保证刀具的寿命不低于一个工作班，最少也不低于半个工作班的工作时间。具体数值应根据机床说明书中的规定、刀具寿命及实践经验选取。

1. 背吃刀量的确定

根据机床、夹具、刀具和零件的刚度以及机床功率来确定背吃刀量。在工艺系统刚性允许的条件下,尽可能选取较大的切削用量,以减少走刀次数、提高生产效率,即尽量使背吃刀量等于工序余量,一次切除余量最好。当零件精度要求较高时,应根据要求选取最后一道工序的加工余量。数控车削的精加工余量小于普通车削,一般取 0.1~0.5 mm。

2. 主轴转速的确定

1)轮廓车削时的主轴转速

主轴转速的确定应根据被加工部位的直径,并按零件和刀具的材料及加工性质等条件所允许的切削速度来确定。切削速度可通过计算、查表和实践经验获取。对使用交流变频调速的数控机床,由于其低速输出力矩小,因而切削速度不能太低。表 5-2 所示为硬质合金外圆车刀切削速度的参考值,可结合实践经验参考选用。

表 5-2　硬质合金外圆车刀切削速度参考值

工件材料	热处理状态	$a_p=0.3\sim2$ mm $f=0.08\sim0.3$ mm/r	$a_p=2\sim6$ mm $f=0.3\sim0.6$ mm/r	$a_p=6\sim10$ mm $f=0.6\sim1$ mm/r
		v_c/(m/min)		
低碳钢 易切削钢	热轧	140~180	100~120	70~90
中碳钢	热轧	130~160	90~110	60~80
	调质	100~130	70~90	50~70
合金结构钢	热轧	100~130	70~90	50~70
	调质	80~110	50~70	40~60
工具钢	退火	90~120	60~80	50~70
灰铸铁	<190HBS	90~120	60~80	50~70
	190~225HBS	80~110	50~70	40~60
高锰钢 ($w(Mn)=13\%$)		10~20		
铜及铜合金		200~250	120~180	90~120
铝及铝合金		300~600	200~400	150~200
铸铝合金 ($w(Si)=13\%$)		100~180	80~150	60~100

2）车螺纹时的主轴转速

在切削螺纹时，车床的主轴转速将受到螺纹的螺距（或导程）大小、驱动电动机的升降频特性及螺纹插补运算速度等多种因素影响，故对于不同的数控系统，推荐不同的主轴转速选择范围。如对大多数经济型车床数控系统，推荐车螺纹时的主轴转速为

$$n \leqslant \frac{1200}{p} - k \tag{5-1}$$

式中　p——工件螺纹的螺距或导程（mm）；

k——保险系数，一般取 80。

3. 进给速度的确定

进给速度是指在单位时间内，刀具沿进给方向移动的距离（单位为 mm/min）。有些数控车床规定可以选用进给量（单位为 mm/r）表示进给速度。

1）确定进给速度的原则

（1）当工件的质量要求能够得到保证时，为提高生产率，可选择较高（2000 mm/min 以下）的进给速度。

（2）切断、车削深孔或精车削时，宜选择较低的进给速度。

（3）刀具空行程，特别是远距离"回零"时，可以设定尽量高的进给速度。

（4）进给速度应与主轴转速和背吃刀量相适应。

2）进给速度的计算

（1）单向进给速度的计算　单向进给速度包括纵向进给速度和横向进给速度，其值按式(1-1)计算。式(1-2)中的进给量，粗车时一般取 0.3～0.8 mm/r，精车时常取 0.1～0.3 mm/r，切断时常取 0.05～0.2 mm/r。表 5-3 所示为用硬质合金车刀粗车外圆及端面的进给量参考值。

表 5-3　用硬质合金车刀粗车外圆及端面的进给量参考值

工件材料	车刀刀杆尺寸 $B \times H$ /(mm×mm)	工件直径 d_w /mm	背吃刀量 a_p/mm				
			≤3	>3～5	>5～8	>8～12	>12
			进给量 f/(mm/r)				
碳素结构钢、合金结构钢及耐热钢	16×25	20	0.3～0.4	—	—	—	
		40	0.4～0.5	0.3～0.4	—	—	
		60	0.5～0.7	0.4～0.6	0.3～0.5	—	
		100	0.6～0.9	0.5～0.7	0.5～0.6	0.4～0.5	
		400	0.8～1.2	0.7～1.0	0.6～0.8	0.5～0.6	
	20×30 25×25	20	0.3～0.4	—	—	—	
		40	0.4～0.5	0.3～0.4	—	—	
		60	0.6～0.7	0.5～0.7	0.4～0.6	—	
		100	0.8～1.0	0.7～0.9	0.5～0.7	0.4～0.7	
		400	1.2～1.4	1.0～1.2	0.8～1.0	0.6～0.9	0.4～0.6

续表

工件材料	车刀刀杆尺寸 $B \times H$ /(mm×mm)	工件直径 d_w /mm	背吃刀量 a_p/mm				
			≤3	>3～5	>5～8	>8～12	>12
			进给量 f/(mm/r)				
铸铁及铜合金	16×25	40	0.4～0.5	—	—	—	—
		60	0.5～0.8	0.5～0.8	0.4～0.6	—	—
		100	0.8～1.2	0.7～1.0	0.6～0.8	0.5～0.7	—
		400	1.0～1.4	1.0～1.2	0.8～1.0	0.6～0.8	—
	20×30 25×25	40	0.4～0.5	—	—	—	—
		60	0.5～0.9	0.5～0.8	0.4～0.7	—	—
		100	0.9～1.3	0.8～1.2	0.7～1.0	0.5～0.8	—
		400	1.2～1.8	1.2～1.6	1.0～1.3	0.9～1.1	0.7～0.9

注 ①加工断续表面及有冲击的工件时,表内进给量应乘系数 $k=0.75～0.85$。

②在无外皮加工时,表内进给量应乘系数 $k=1.1$。

③加工耐热钢及其合金时,进给量不大于 1 mm/r。

④加工淬硬钢时,进给量应减小。当钢的硬度为 44～56 HRC 时,乘系数 $k=0.8$;当钢的硬度为 57～62 HRC 时,乘系数 $k=0.5$。

(2)合成进给速度的计算　合成进给速度是指刀具作合成(斜线及圆弧插补等)运动时的进给速度,如加工斜线及圆弧等轮廓时,刀具的进给速度由纵、横两个坐标轴同时运动的速度决定,即

$$v_{fH} = \sqrt{v_{fx}^2 + v_{fz}^2} \tag{5-2}$$

由于计算较烦琐,实际运用时大多凭实践经验或试切确定其速度值。

知识链接

数控车削薄壁类零件的装夹

数控车削加工一般采用三爪自定心卡盘夹持工件,轴类工件还可以采用尾座顶尖支持工件。为了便于工件的夹紧,多采用液压高速动力卡盘。但对于特殊零件加工,如薄壁类零件,为防止工件夹持过程中发生过大变形而影响加工精度,通常采用开缝套筒(见图5-32)或特殊软卡爪,使可夹持面积增大。增加接触面积可使夹紧力均匀分布在工件上,使工件夹紧时不易变形。

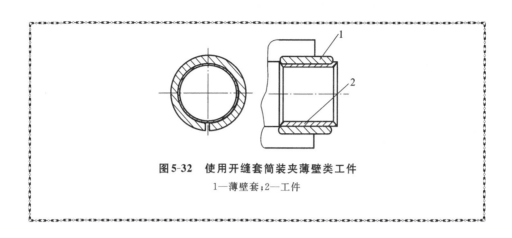

图5-32 使用开缝套筒装夹薄壁类工件
1—薄壁套；2—工件

小 结

在数控车床加工中，数控车削加工工艺的设计是数控程序编制的基础和保证。通过本任务的学习，要了解数控车削加工的零件工艺性分析内容，学会数控车削加工工序的划分原则和方法，能正确地确定数控车削加工的走刀路线，掌握数控车削切削用量的选择原则，并能按加工要求正确选择数控车削加工的切削用量。

能 力 检 测

1. 应从哪些方面对数控车削加工的零件进行工艺性分析？
2. 数控车削加工工序的划分方法有哪些？试举例说明。
3. 制订数控车削加工工序时，一般应遵循哪些原则？
4. 什么是数控加工的走刀路线？确定数控车削加工的走刀路线时应考虑哪些原则？
5. 切削用量的选择应遵循哪些原则？具体应如何选择？
6. 在数控车床上加工零件时，确定进给速度的原则是什么？

模块四 典型零件的数控车削工艺

【学习目标】

熟悉：典型零件的数控车削工艺安排流程。

掌握：数控车削加工工艺的制订内容。

典型轴类零件如图 5-33 所示,其数控车削加工工艺安排如下。

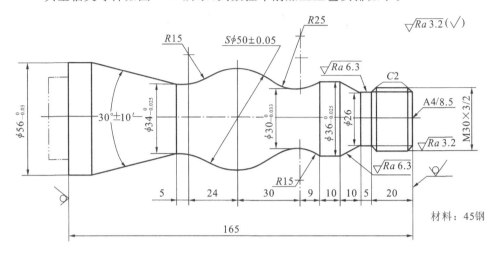

图 5-33　轴

1. 分析零件图样

图 5-33 所示零件包括圆柱、圆锥、顺圆弧、逆圆弧及双线螺纹等表面,其多个直径尺寸有较严的尺寸公差和表面粗糙度等要求,球面 $S\phi50$ mm 的尺寸公差还兼有控制该球面形状(线轮廓)误差的作用。

该零件的材料为 45 钢,可以采用 $\phi60$ mm 棒料,无热处理和硬度要求。

此坯件左端已预先车出夹持部分(双点画线部分),右端端面已车出并已钻好 A4/8.5 中心孔。

2. 加工设备选定

根据被加工零件的外形和材料等条件,选定数控车床为 KC6140。根据机床说明书,其数控系统为 FNAUC。

3. 确定零件的定位基准和装夹方式

(1)定位基准　确定坯件轴线和左端大端面(设计基准)为定位基准。

(2)装夹方式　左端采用三爪自定心卡盘夹紧,右端采用活动顶尖支撑的装夹方式。

4. 确定刀具并对刀

1)粗、精车用刀具

(1)粗车采用硬质合金 90°外圆车刀,副偏角取为 60°,断屑性能应较好。

(2)精车采用硬质合金 60°外螺纹车刀,刀尖角取为 59°30′,刀尖圆弧半径取为 0.2 mm。

2）对刀

(1)将粗车用 90°外圆车刀安装在绝对刀号自动转位刀架的 1 号刀位上,并定为 1 号刀。

(2)将精车外形(含外螺纹)用 60°外螺纹车刀安装在绝对刀号自动转位刀架的 2 号刀位上,并定为 2 号刀。

(3)在对刀过程中,同时测定出 2 号刀相对于 1 号刀的刀位偏差。

5. 确定对刀点及换刀点位置

1)确定对刀点

确定对刀点距离车床主轴轴线 30 mm,距离坯件右端端面 5 mm,对刀点在正 X 和正 Z 方向上并处于消除机械间隙状态。

2)确定换刀点

为使各车刀在换刀过程中不致碰撞到尾座上的顶尖,故确定换刀点距离车床主轴轴线 60 mm,即在正 X 方向距离对刀点 30 mm,距离坯件右端端面 5 mm,即在 Z 方向与对刀点一致。

6. 制订加工方案

(1)用 1 号刀粗车全部外形,留 1.5 mm(直径量)半精车余量;

(2)用 2 号刀半精车全部外形,留 0.5 mm 精车余量;

(3)用 2 号刀车螺纹;

(4)用 2 号刀精车全部外形。

7. 确定切削用量

1)背吃刀量

粗车时,确定背吃刀量为 3 mm 左右;精车时为 0.25 mm。

2)主轴转速

(1)车直线和圆弧轮廓时的主轴转速　参考表 5-3 并根据实践经验确定切削速度为 90 m/min。粗车时确定主轴转速为 500 r/min,精车时确定主轴转速为 800 r/min。编程中还可以对直线、圆弧采用不同的主轴转速。

(2)车螺纹时的主轴转速　将车螺纹时的主轴转速定为 320 r/min。

3)进给速度

粗车时,按式 $v_f = nf$ 可选择 $v_{f1} = 200$ mm/min;精车时,兼顾圆弧插补运行,故选择 $v_{f2} = 60$ mm/min 左右,短距离空行程的 $v_{f3} = 300$ mm/min。

8. 填写数控加工技术文件

填写图 5-34 所示轴的数控加工工序卡片,如表 5-4 所示。

表 5-4 轴的数控加工工序卡片

(工厂)数控加工工序卡片			产品名称或代号		零件名称		材料		零件图号
					轴		45 钢		
工序号	程序编号	夹具名称		夹具编号		使用设备		车间	
		三爪卡盘						数控中心	
工步号	工步内容		加工面	刀具号	刀具规格/mm	主轴转速/(r/min)	进给速度/(mm/min)	背吃刀量/mm	备注
1	粗车全部外形			T01		500	200		
2	半精车全部外形			T01		500	200		
3	车螺纹			T02		320			
4	精车全部外形			T02		800	60		
编制		审核		批准				共 1 页	第 1 页

图 5-34 所示轴的数控加工刀具卡片如表 5-5 所示。

表 5-5 轴的数控加工刀具卡片

产品代号		零件名称	轴		零件图号			程序号	
工步号	刀具号	刀具名称	刀具型号		刀 片			刀尖圆弧半径/mm	备注
					型号		牌号		
1、2	T01	90°外圆车刀	PTGNR2020-16Q		TNUM160401R-A4		YT5	0	
3、4	T02	60°外螺纹刀	CTECN2020-16Q		TCUM160402N-V3		YT5	0.2	
编制		审核		批准				共 1 页	第 1 页

数控加工程序单略。

任务十 套类零件的数控车削加工工艺

典型的套类零件如图 5-34 所示,其数控车削加工工艺安排如下。

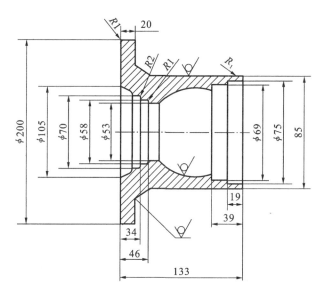

图 5-34 套

1.零件图样分析

套类零件的径向和轴向尺寸较大,一般要求加工外圆、端面及内孔,有时还需调头加工。为保证加工要求和数控车削时工件装夹的可靠性,应注意加工顺序和装夹方式。图 5-34 所示的套类零件,除端面和内孔的车削加工外,两端内孔还有同轴度要求。

2.确定工件的装夹方式

采用可调卡爪式卡盘装夹工件。可调卡爪式卡盘常用于装夹套、盘类工件。

3.数控加工工序安排

加工需要在两次装夹中完成,首先夹小端,车削加工大端各部;然后夹大端,车削加工小端各部。为保证车削加工后工件的同轴度,先加工大端面和内孔,并且内孔预留精加工余量 0.3 mm,然后将工件调头装夹。在车完大端内孔后,反向车小端内孔,以保证两端内孔的同轴度。图 5-34 所示套的数控加工工序内容如表 5-6 所示。

表 5-6 套的数控加工工序卡片

装夹	工步	工步内容	刀具	切削用量		
				背吃刀量/mm	主轴转速/(r/min)	进给速度/(mm/r)
夹小端,加工大端各部	1	粗车外圆、端面,留余量0.3 mm	T01		＜1500	0.3
	2	精车外圆、端面到尺寸	T02	0.3	＜1500	0.15
	3	粗车孔ϕ58 mm到尺寸ϕ57.4 mm	T03		＜1500	0.25
夹大端,加工小端各部	1	粗车端面,留余量0.3mm	T04		＜1500	0.3
	2	精车端面到尺寸	T05	0.3	＜1500	0.15
	3	粗车系列孔、倒圆	T06		＜1500	0.3
	4	精车系列孔	T07	0.3	＜1500	0.15
	5	反向精车同轴孔	T08	0.3	＜1500	0.15

(1)车削大端各部的走刀路线如图 5-35 所示。

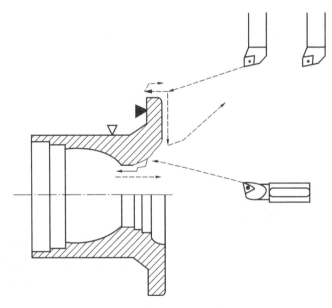

图 5-35 车削大端各部的走刀路线

(2)车削小端各部的走刀路线如图 5-36 所示。

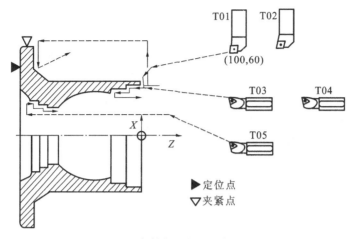

图 5-36　车削小端各部的走刀路线

4. 工件坐标系原点及换刀点确定

车大端各部加工时,以工件的轴线为 X 轴,选工件装夹位置右端(大端)面为 Z 轴原点。

车小端各部加工时,以工件的轴线为 X 轴,选工件装夹位置右端(小端)面为 Z 轴原点,在第二参考点换刀。

任务十一　盘类零件的数控车削加工工艺

典型的盘类零件如图 5-37 所示,其数控车削加工工艺安排如下。

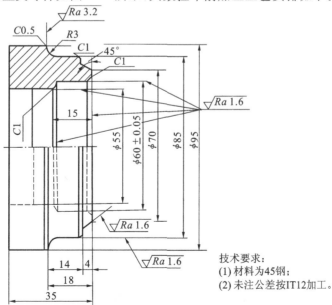

技术要求:
(1) 材料为45钢;
(2) 未注公差按IT12加工。

图 5-37　盘

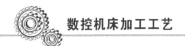

1. 零件图样分析

图 5-37 所示零件属于典型的盘类零件,材料为 45 钢,可选用圆钢为毛坯,坯件尺寸为 $\phi100$ mm×50 mm。该零件表面由内、外圆柱面,圆锥面,圆弧面等表面组成,其中直径尺寸 $\phi60\pm0.05$ mm 有较高的尺寸精度,各表面还有粗糙度要求。

通过上述分析,再结合零件图样,可采取以下几点工艺措施。

(1)为保证在进行数控加工时工件能可靠定位,可在数控加工前用手动方法加工左侧端面、$\phi95$ mm 外圆,同时将 $\phi55$ mm 内孔钻至 $\phi50$ mm。

(2)零件图样中所标注的尺寸,编程时均取基本尺寸。

(3)对于表面粗糙度要求,主要通过选用合适的刀具及其几何参数,正确的粗、精加工路线,合理的切削用量及冷却等措施来保证。

2. 选择数控机床

根据被加工零件的外形和材料等条件,选用 CK6132 型数控车床(前置刀架)进行工件的加工。

3. 确定工件的定位与装夹方案

工件加工时,以端面和外圆表面定位,采用三爪自定心卡盘进行定位与装夹。

工件装夹时的夹紧力要适中,既要防止工件的变形与夹伤,又要防止工件在加工过程中产生松动。工件装夹过程中,应对工件进行找正,以保证工件轴线与主轴轴线同轴。

4. 制订加工方案与走刀路线

工件采用两次装夹完成所有表面粗、精加工的加工方案。

在第一次装夹中,在数控车床上用手动方法加工左侧端面、$\phi95$ mm 外圆,同时将 $\phi55$ mm 内孔钻至 $\phi50$ mm。

在第二次装夹中,在数控车床上用自动方法先加工右端面,再对内孔进行粗、精加工,最后完成外表面的粗、精加工。

由于该零件为单件小批量生产,走刀路线设计不必考虑最短进给路线或最短空行程路线,内、外轮廓表面车削走刀路线可沿零件轮廓顺序进行。

进行数控车削加工时,加工的起始点定在离工件毛坯 2 mm 的位置。尽可能采用沿轴向切削的方式进行加工,以提高加工过程中工件与刀具的刚度。

5. 选择刀具

(1)车削端面选用 45°硬质合金端面车刀。

(2)采用 $\phi4$ mm 中心钻钻中心孔,以利于钻削底孔时刀具的找正。

(3)采用 $\phi50$ mm 高速钢麻花钻钻内孔、底孔。

(4)粗、精镗内孔选用硬质合金内孔镗刀。

(5)选用 93°硬质合金右偏粗、精车刀,副偏角选 35°,自右向左分别粗、精车削外表面。

（6）选用宽度为 2.5 mm 的切断刀切断工件。

将所选定的刀具及有关参数填入表 5-7 所示数控加工刀具卡片中，以便于编程和操作管理。

表 5-7 盘的数控加工刀具卡片

产品名称或代号		数控车工艺分析实例	零件名称		带孔圆盘	零件图号	01
序号	刀号	刀具名称	数量	加工表面		刀尖半径/mm	备注
1	T01	45°硬质合金端面车刀	1	车端面		0.5	
2	T02	ϕ4 mm 中心钻	1	钻中心孔			
3	T03	ϕ50 mm 高速钢麻花钻	1	手动钻内孔、底孔			
4	T04	硬质合金粗镗刀	1	粗镗内孔		0.4	
5	T05	硬质合金精镗刀	1	精镗内孔		0.4	
6	T06	93°硬质合金右偏粗车刀	1	自右向左粗车外表面		0.2	
7	T07	93°硬质合金右偏精车刀	1	自右向左精车外表面		0.2	
8	T08	宽度为 2.5 mm 的切断刀	1	切断工件			
编制		审核		批准			共 1 页

6. 切削用量的选择

1）选择主轴转速与进给速度

考虑被加工表面质量要求、刀具材料和工件材料等诸多因素，根据实际加工经验、参考切削用量手册等有关资料选取切削速度与每转进给量，填入表 5-8 所示的盘的数控加工工艺卡片中。

2）选择背吃刀量

背吃刀量的选择因粗、精加工而有所不同。粗加工时，在工艺系统刚性和机床功率允许的情况下，尽可能取较大的背吃刀量，以减少进给次数；精加工时，为保证零件表面粗糙度要求，背吃刀量一般取 0.2～0.4 mm 较为合适。

7. 制订加工工艺

通过以上分析，将图 5-38 所示盘的数控加工工艺列于表 5-8 中。

表 5-8 盘的数控加工工艺卡片

（厂名）		数控加工工艺卡片	产品名称或代号	零件名称	零件图号
			数控车工艺分析实例	带孔圆盘	01
工艺序号	程序编号	夹具名称	夹具编号	使用设备	车间
	O1000			CK6132	

续表

工步号	工步内容(加工面)	刀号	刀具名称	主轴转速 /(r/min)	进给速度 /(mm/r)	背吃刀量 /mm
1	手动加工左端面	T01	45°硬质合金端面车刀	600	200	0.5
2	手动钻中心孔	T02	φ4 mm 中心钻	1000	30	1.5
3	手动钻孔	T03	φ50 mm 高速钢麻花钻	250	50	10.0
4	手动粗车外圆表面至 φ95 mm	T06	93°硬质合金右偏粗车刀	600	200	1.5
5	调头装夹,加工右端面 (含 Z 向对刀)	T01	45°硬质合金端面车刀	600	200	0.5
6	粗镗内孔	T04	硬质合金粗镗刀	500	100	1.0
7	精镗内孔	T05	硬质合金精镗刀	1000	50	0.15
8	粗车外表面	T06	93°硬质合金右偏粗车刀	600	200	1.5
9	精车外表面	T07	93°硬质合金右偏精车刀	1200	80	0.15
10	切断工件	T08	切断刀	600	80	
11	工件精度检测					
编制	审核		批准	共 1 页 第 1 页		

知识链接

自 动 编 程

自动编程是利用计算机专用软件编制数控加工程序的过程。随着计算机技术的发展,计算机辅助设计与制造(CAD/CAM)技术逐渐走向成熟。目前,采用 CAD/CAM 一体化集成形式的软件已成为数控加工自动编程系统的主流。利用这些软件,可以采用人机交互方式,进行零件几何建模(绘图、编辑和修改),对机床与刀具参数进行定义和选择,确定刀具相对于零件的运动方式、切削加工参数,自动生成刀具轨迹和程序代码,最后经过后置处理,按照所使用机床规定的文件格式生成加工程序。通过串行通信的方式,将加工程序传送到数控机床的数控单元,即可实现对零件的数控加工。

小　　结

　　在数控车床加工中,轴类、套类和盘类零件为最常见的加工零件。在本模块中,通过学习三种常见典型零件数控车削加工工艺的制订过程,要求熟悉数控车削加工工艺的制订流程和制订内容,并能举一反三学会各种数控车削零件的加工工艺制订。

能　力　检　测

1.分析图 5-38 所示轴类零件的数控车削加工工艺。

$\sqrt{Ra\,3.2}\,(\sqrt{\,})$

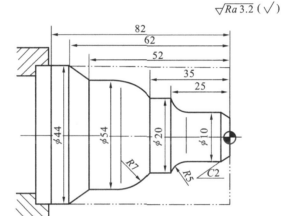

图 5-38　轴类零件(一)

2.分析图 5-39 所示轴类零件的数控车削加工工艺。

$\sqrt{Ra\,3.2}\,(\sqrt{\,})$

图 5-39　轴类零件(二)

3.分析图 5-40 所示轴类零件的数控车削加工工艺。

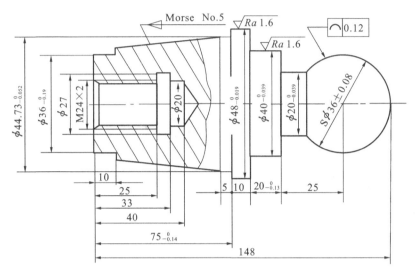

图 5-40 轴类零件(三)

4. 分析图 5-41 所示套类零件的数控车削加工工艺。

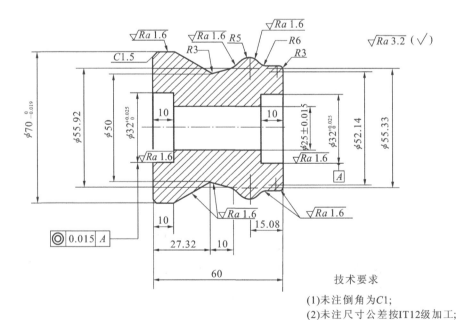

技术要求

(1)未注倒角为C1;
(2)未注尺寸公差按IT12级加工;
(3)坯料尺寸为 $\phi80\times70$。

图 5-41 套类零件(一)

5.分析并编制图 5-42 所示套类零件的数控车削加工工艺。

$\sqrt{Ra\,3.2}\,(\sqrt{})$

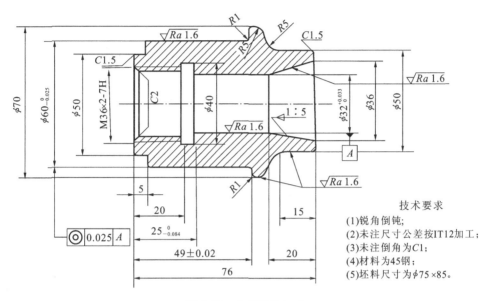

技术要求
(1)锐角倒钝;
(2)未注尺寸公差按IT12加工;
(3)未注倒角为C1;
(4)材料为45钢;
(5)坯料尺寸为$\phi75 \times 85$。

图 5-42 套类零件(二)

6.分析并编制图 5-43 所示套类零件的数控车削加工工艺。

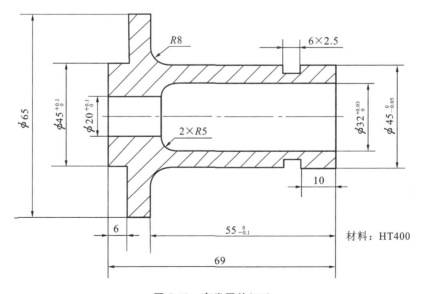

材料:HT400

图 5-43 套类零件(三)

7.分析并编制图 5-44 所示盘类零件的数控车削加工工艺。

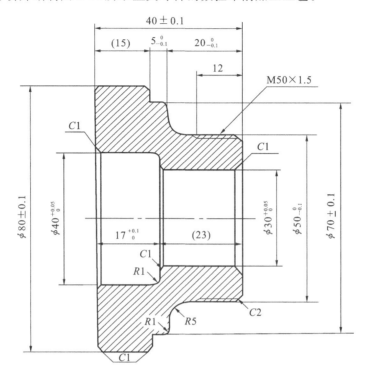

图 5-44　盘类零件

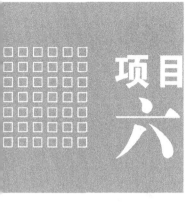

数控铣削加工工艺

模块一 数控铣削加工工艺分析

【学习目标】

了解:数控铣削加工工艺范围、数控铣削加工的主要特点。

熟悉:数控铣削方式、数控铣削的加工工艺性分析。

掌握:数控铣削加工的主要对象。

任务一 数控铣削加工的加工范围、铣削方式的确定

1.数控铣削加工工艺范围

铣削是铣刀作旋转主运动,工件或铣刀作进给运动的切削加工方法。铣削的主要工作及刀具与工件的运动形式如图 6-1 所示。

数控铣削是一种应用非常广泛的数控切削加工方法,能完成数控铣削加工的数控设备主要是数控铣床和加工中心。由于数控铣床是多轴联动,所以除图6-1 所示各种加工方法外,各种平面轮廓和立体轮廓的零件,如凸轮、模具、叶片、螺旋桨等都可采用数控铣削加工。此外,数控铣床也可进行钻、扩、铰孔及攻螺纹、镗孔等加工。

2.数控铣削方式

在铣削过程中,根据铣床、铣刀及运动形式的不同可将铣削分为如下几种。

1)根据铣床分类

根据铣床的结构可将铣削方式分为立铣和卧铣,立式铣床和卧式铣床分别如图 6-2、图 6-3 所示。由于数控铣削一个工序中一般要加工多个表面,所以常见的数控铣床多为立式铣床。

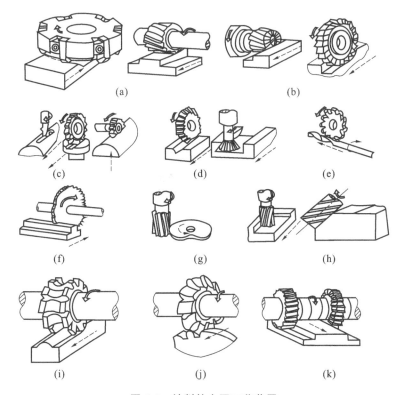

图 6-1　铣削的主要工艺范围

(a)铣平面;(b)铣台阶;(c)铣槽;(d)铣型槽;(e)铣螺旋槽;(f)切断;(g)铣凸轮;

(h)立铣刀铣平面;(i)铣型面;(j)铣齿轮;(k)组合铣刀铣台阶

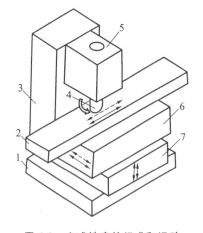

图 6-2　立式铣床的组成和运动

1—底座;2—工作台;3—立柱;

4—主轴;5—立铣头;6—床鞍;7—升降台

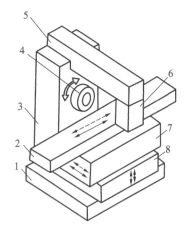

图 6-3　卧式铣床的组成和运动

1—底座;2—工作台;3—立柱;4—主轴;

5—横梁;6—支架;7—床鞍;8—升降台

2)根据铣刀分类

根据铣刀切削刃的形式和方位,可将铣削方式分为周铣和端铣。用分布于铣刀圆柱面上的刀齿铣削工件表面,称为周铣,如图 6-4(a)所示;用分布于铣刀端平面上的刀齿进行铣削称为端铣,如图 6-4(b)所示。

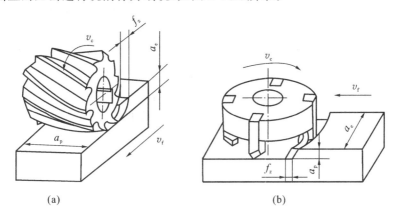

(a)   (b)

图 6-4 周铣和端铣

(a)周铣;(b)端铣

图中平行于铣刀轴线测量的切削层参数 a_p 为切削深度,垂直于铣刀轴线测量的切削层参数 a_e 为切削宽度,f_z 是每齿进给量。单独的周铣和端铣主要用于加工平面类零件,数控铣削中常用周、端铣组合加工曲面和型腔。

3)根据铣刀和工件的运动形式分类

根据铣刀和工件的相对运动将铣削方式分为顺铣和逆铣。铣削时,铣刀切出工件时的切削速度方向与工件的进给方向相同,称为顺铣,如图 6-5(a)所示;铣削时,铣刀切入工件时的切削速度方向与工件进给方向相反,称为逆铣,如图 6-5(b)所示。

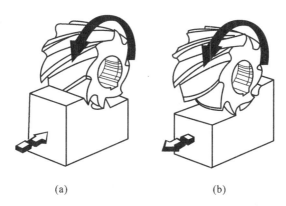

(a)   (b)

图 6-5 顺铣和逆铣

(a)顺铣;(b)逆铣

逆铣时,切削厚度由零逐渐增大,切入瞬时刀刃钝圆半径大于瞬时切削厚度,刀齿在工件表面上要挤压和滑行一段后才能切入工件,将使已加工表面产生冷硬层,从而加剧刀齿的磨损,同时会使工件表面粗糙不平。此外,逆铣时刀齿作用于工件的垂直进给力 F_v 朝上,有抬起工件的趋势,这就要求工件装夹牢固。但是逆铣时刀齿是从切削层内部开始工作的,当工件表面有硬皮时,对刀齿没有直接影响。

顺铣时,刀齿的切削厚度从最大开始,避免了挤压、滑行现象,并且 F_v 朝下压向工作台,有利于工件的夹紧,可提高铣刀耐用度和加工表面质量。与逆铣相反,顺铣加工要求工件表面没有硬皮,否则刀齿很易磨损。

铣床工作台的纵向进给运动一般由丝杠和螺母来实现。使用顺铣法加工时,对普通铣床,要求铣床的进给机构具有消除丝杠螺母间隙的装置。数控铣床采用无间隙的滚珠丝杠传动,因此数控铣床均可采用顺铣方式加工。

3. 数控铣削主要特点

(1)生产率高　铣刀同时有多个刀齿参加切削,刀具强度较大,可以采用较大的切削参数,故此可以获得较高的生产率。

(2)可选用不同的铣削方式　采用顺铣加工可使加工表面质量好,刀齿磨损小;逆铣加工时,刀齿是从已加工表面切入,不会崩刃,机床进给机构的间隙不会引起振动和爬行。阶梯铣削及铣削深度较大时,建议采用逆铣。

(3)断续切削　铣削时,刀齿依次切入和切离工件,易引起周期性的冲击振动。

(4)半封闭切削　铣削的刀齿多,使每个刀齿的容屑空间小,呈半封闭状态,容屑空间小,排屑条件差。

4. 数控铣削主要加工对象

数控铣床除具有上述特点外,由于机床可多坐标联动,因而特别适宜铣削如下几类零件。

1)平面类零件

(1)平面类零件的定义　加工面平行或垂直于水平面,或加工面与水平面的夹角为定角的零件为平面类零件(见图 6-6)。平面类零件的特点是各个加工面是平面,或可以展开成平面,如柱面和锥面。例如图 6-6 中的曲线轮廓面 M 和正圆台面 N,展开后均为平面。目前在数控铣床上加工的绝大多数零件都属于平面类零件。

平面类零件是数控铣削加工对象中最简单的一类零件,一般只需用三坐标数控铣床的两坐标联动(即两轴半坐标联动)就可以把它们加工出来。

(2)平面类零件的斜面加工方法　有些平面类零件的某些加工单元面(或加工单元面的母线)与水平面既不垂直也不平行,而是呈一个定角。这些斜面的加工常用方法如下。

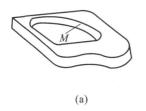
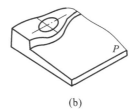
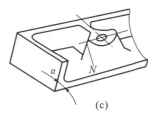

图 6-6　平面类零件

(a)曲线轮廓面；(b)斜面；(c)正圆台面

①对图 6-6(b)所示的斜面，当工件尺寸不大时，可用斜垫板垫平后加工；若机床主轴可以摆角，则可以摆成适当的定角来加工。当工件尺寸很大、斜面坡度又较小时，也常用行切法加工，但会在加工面上留下叠刀时的刀锋残痕，要用钳工修锉方法加以清除。用三坐标数控立铣加工飞机整体壁板零件时常用此法。当然，加工斜面的最佳方法是用五坐标铣床主轴摆出定角后加工，可以不留残痕。

②图 6-6(c)所示的正圆台和斜肋表面，一般可用专用的角度成形铣刀来加工，此时如采用五坐标铣床摆角加工在经济上反而不合算。

2)变斜角类零件

(1)变斜角类零件的定义　加工面与水平面的夹角呈连续变化的零件称为变斜角类零件。这类零件多为飞机零件，如飞机上的整体梁、框、椽条与肋等。图 6-7 所示为飞机上的一种变斜角梁椽条。

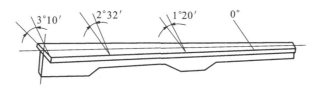

图 6-7　变斜角类零件

(2)变斜角类零件的特点　变斜角类零件的变斜角加工面不能展开为平面，但在加工中，加工面与铣刀圆周接触的瞬间为一条线。最好采用四坐标或五坐标数控铣床摆角加工，在没有上述机床时，可采用三坐标数控铣床，进行两轴半坐标近似加工。

(3)主要加工方法　加工变斜角面的常用方法主要有以下三种。

①对曲率变化较小的变斜角面，用四轴联动的数控铣床加工，所用刀具为圆柱铣刀。当工件斜角过大、超过铣床主轴摆角范围时，可用角度成形刀加以弥补，以直线插补方式摆角加工，如图 6-8(a)所示。加工时，为保证刀具与零件型面在全长上始终贴合，刀具对 A 轴的偏转角为 α。

②对曲率变化较大的变斜角加工面，用四轴联动、直线插补加工难以满足加工要求，最好采用五轴联动数控铣床，以圆弧插补方式进行摆角加工，如图 6-8(b)所示。实际上图中的 α 角与 A、B 两摆角是球面三角关系，这里仅为示意图。

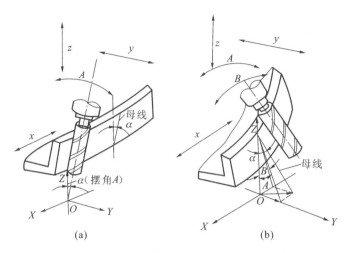

图 6-8　用四、五轴数控铣床加工变斜角零件

(a)用四轴数控铣床加工变斜角零件；(b)用五轴数控铣床加工变斜角零件

③用三轴数控铣床进行两轴加工，刀具为球头铣刀（又称指状铣刀，只能加工大于 90°的开斜角面）和鼓形铣刀，以直线或圆弧插补方式分层铣削，所留叠刀残痕用钳修方法清除。图 6-9 所示为用鼓形铣刀分层铣削变斜角面的情形。由于鼓形铣刀的鼓径可以做得较大（比球头铣刀的球径大），所以加工后的叠刀残痕较小，加工效果比用球头铣刀好，而且可以加工闭斜角面（小于 90°的斜面）。

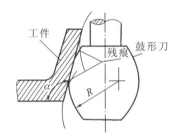

图 6-9　用鼓形铣刀分层铣削变斜角面

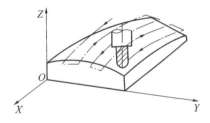

图 6-10　二轴半坐标行切加工的示意图

3)曲面类零件

(1)曲面类零件的定义及特点　加工面为空间曲面的零件称为曲面类零件，如模具、叶片、螺旋桨等。曲面类零件的加工面不能展开为平面，加工时，加工面与铣刀始终为点接触。加工曲面类零件一般采用三轴数控铣床。当曲面较复杂、通道较狭窄、会伤及毗邻表面及需刀具摆动时，要采用四轴或五轴铣床。

(2)曲面的主要加工方法　常用曲面加工方法主要有下列两种。

①采用三轴数控铣床进行二轴半坐标控制加工，加工时只有两个坐标联动，另一个坐标按一定行距周期性进给。这种方法常用于不太复杂的空间曲面的加工。图 6-10 所示为对曲面进行二轴半坐标行切加工的示意图。

②采用三轴数控铣床三轴联动加工空间曲面。所用铣床必须具有三轴联动功

能,进行空间直线插补。这种方法常用于发动机及模具等较复杂空间曲面的加工。

③加工曲面类零件的刀具　因为使用其他形状的刀具加工曲面时更容易产生干涉而铣伤邻近表面,所以通常采用球头铣刀。

任务二　数控铣削加工零件的工艺性分析

1.数控铣削加工工艺分析

制订零件的数控铣削加工工艺时,首先要对零件图进行工艺分析,其主要内容是数控铣削加工内容的选择。数控铣床的工艺范围比普通铣床宽,但其价格较普通铣床高得多,因此,选择数控铣削加工内容时,应从实际需要和经济性两个方面考虑。通常选择下列加工部位为其加工内容:

(1)零件上的曲线轮廓,特别是由数学表达式描绘的非圆曲线和列表曲线等曲线轮廓;

(2)已给出数学模型的空间曲面;

(3)形状复杂、尺寸繁多,划线与检测困难的部位;

(4)用通用铣床加工难以观察、测量和控制进给的内、外凹槽;

(5)以尺寸协调的高精度孔或面;

(6)能在一次安装中顺带铣出来的简单表面;

(7)采用数控铣削能成倍提高生产率、大大减轻体力劳动强度的一般加工内容。

2.零件结构工艺性

零件的结构工艺性是指根据加工工艺特点,对零件的设计所产生的要求,也就是说零件的结构设计会影响或决定工艺性的好坏。根据铣削加工特点,从以下几方面来考虑结构工艺性特点。

1)零件图样尺寸的正确标注

由于加工程序是以准确的坐标点来编制的,因此,各图形几何要素间的相互关系(如相切、相交、垂直和平行等)应明确;各种几何要素的条件要充分满足,应无引起矛盾的多余尺寸或影响工序安排的封闭尺寸等。

2)保证获得要求的加工精度

虽然数控机床精度很高,但对一些特殊情况要予以重视。例如过薄的底板与肋板,因为加工时产生的切削拉力及薄板的弹性退让极易引起切削面的振动,使薄板厚度尺寸公差难以保证,其表面粗糙度值也将增大。根据实践经验,对于面积较大的薄板,当其厚度小于3mm时,就应在工艺上充分重视这一问题。

3)尽量统一零件轮廓内圆弧的有关尺寸

轮廓内圆弧半径 R 常常限制刀具的直径。如图 6-11 所示,工件的被加工轮廓高度低,转接圆弧半径也大,可以采用较大直径的铣刀来加工,且加工其底板面时,进给次数也相应减少,表面加工质量也会好一些,因此工艺性较好。反之,数控铣削工艺性较差。一般来说,当 $R<0.2H$(H 为被加工轮廓面的最大高度)时,可以判定零件上该部位的工艺性不好。

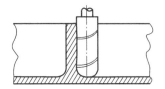 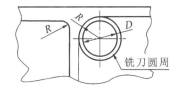

图 6-11 肋板的高度与内转接圆弧对零件铣削工艺性的影响

铣面时槽底面圆角或底板与肋板相交处的圆角半径 r(见图 6-12)越大,铣刀端刃铣削平面的能力越差,效率越低。当 r 大到一定程度时甚至必须用球头铣刀加工,这是应当避免的。因为铣刀与铣削平面接触的最大直径 $d=D-2r$(D 为铣刀直径),当 D 越大、r 越小时,铣刀端刃铣削平面的面积越大,加工平面的能力越强,铣削工艺性当然也越好。有时,当铣削的底面面积较大,底部圆弧 r 也较大时,只能用两把刀刃圆角半径不同的铣刀(一把刀的刀刃圆角半径小些,另一把刀的刀刃圆角半径符合零件图样的要求)分成两次进行切削。

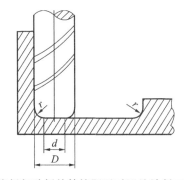

图 6-12 底板与肋板的转接圆弧对零件铣削工艺性的影响

零件上的这种凹圆弧半径在数值上的一致性对数控铣削的工艺性相当的重要。一般来说,即使不能寻求完全统一,也要力求将数值相近的圆弧半径分组靠拢,达到局部统一,以尽量减少铣刀规格与换刀次数,并避免因频繁换刀而增加的零件加工面上的接刀痕,降低表面质量。

4)保证基准统一

有些零件需要在铣完一面后再重新安装以铣削另一面,由于数控铣削时不能使用通用铣床加工时常用的试切法来接刀,往往会因为零件的重新安装而难以接刀。这时,最好采用统一基准定位,因此零件上应有合适的孔作为定位基准孔。如果零件上没有基准孔,也可以专门设置工艺孔作为定位基准,如可在毛坯上增加工艺凸台或在后继工序要铣去的部分设基准孔。

5)分析零件的变形情况

零件在数控铣削加工时的变形,不仅影响加工质量,而且当变形较大时,将使加工不能继续进行下去。这时就应当考虑采取一些必要的工艺措施进行预防,如对钢件进行调质处理,对铸铝件进行退火处理,对不能用热处理方法解决的,也可考虑粗、精加工及对称去余量等常规方法。

铣削件的结构工艺性图例如表 6-1 所示。

表 6-1　数控铣削件的结构工艺性图例

序号	工艺性差的结构	工艺性好的结构	说　明
1			图(b)所示结构可选用较高刚度刀具
2			图(b)所示结构需用刀具比图(a)所示结构需用刀具少,减少了换刀时间
3			图(b)所示结构 R 大,r 小,铣刀端刃铣削面积大,生产效率高

序号	工艺性差的结构	工艺性好的结构	说　明
4	$a<2R$　R　$a<2R$ (a)	R　$a>2R$　$a>2R$ (b)	图(b)所示结构$a>2R$,便于半径为R的铣刀进入,所需刀具少,加工效率高
5	$(b/H)>10$　b　H (a)	$(b/H)<10$　b　H (b)	图(b)所示结构刚性好,可用大直径铣刀加工,加工效率高
6	(a)	$0.5\sim1.5$　$0.5\sim1.5$ (b)	图(b)所示结构在加工面和不加工面之间加入过渡表面,可减少切削量
7	(a)	(b)	图(b)所示结构用斜面肋代替阶梯肋,可节约材料、简化编程
8	(a)	(b)	图(b)所示结构采用对称结构,可简化编程

　　除了零件的结构工艺性外,有时还要考虑毛坯的结构工艺性,因为在数控铣削加工零件时,加工过程是自动的,毛坯余量的大小、如何装夹等问题在选择毛

坯时就要仔细考虑好,否则,一旦毛坯不适合数控铣削,加工就将很难进行下去。根据经验,确定毛坯的余量和装夹时应注意以下两点。

(1)毛坯加工余量应充足并尽量均匀。毛坯主要指锻件、铸件。锻模时的欠压量与允许的错模量会造成余量的不等;铸造时也会因砂型误差、收缩量及金属液体的流动性差不能充满型腔等造成余量的不等。此外,锻造、铸造后,毛坯的挠曲与扭曲变形量的不同也会造成加工余量不充分、不稳定。因此,除板料外,不论是锻件、铸件还是型材,只要准备采用数控加工,其加工面均应有较充分的余量。

热轧中、厚铝板经淬火时效后很容易在加工中与加工后出现变形现象,所以需要考虑在加工时要不要分层切削,分几层切削,一般尽量做到各个加工表面的切削余量均匀,以减少内应力所致的变形。

(2)分析毛坯的装夹适应性。主要考虑毛坯在加工时定位和夹紧的可靠性与方便性,以便在一次安装中加工出尽量多的表面。对于不便装夹的毛坯,可考虑在毛坯上另外增加装夹余量或工艺凸台、工艺凸耳等辅助基准。如图 6-13 所示,由于该工件缺少合适的定位基准,可在毛坯上铸出三个工艺凸耳,在凸耳上制出定位基准孔。

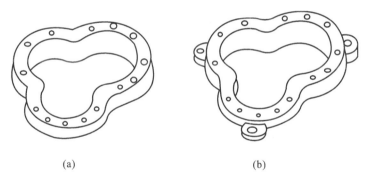

(a)   (b)

图 6-13 增加毛坯工艺凸耳示例

(a)毛坯;(b)铸有凸耳的毛坯

 知识链接

数控铣床简介

数控铣床是在一般铣床的基础上发展起来的,它与普通铣床的加工工艺基本相同,结构也有些相似,但数控铣床是靠程序控制的自动加工机床,所以其结构也与普通铣床有很大区别。数控铣床一般由数控系统、主传动系统、进给伺服系统、冷却润滑系统等几大部分组成。

数控铣床是一种用途广泛的机床,按主轴布置方式分为立式和卧式两种,并能够完成直线、斜线和曲线等轮廓的铣削加工。目前,三轴数控铣床占较大比重,可进行三轴联动加工;如果只能进行三轴中的任意两个轴联动,通常称为两轴半数控铣床。两轴半数控铣床可实现平面曲线的轮廓加工,如凸轮、样板、靠模、弧形槽等。

小 结

零件的加工工艺性分析是合理制订零件加工工艺规程的前提和关键。了解数控铣床的加工工艺范围,能选择合适的加工内容使用数控铣床加工,能正确选择铣削方式、正确分析数控车床零件加工的工艺性,是本模块学习的主要目标。在分析零件数控铣削加工工艺性时,应根据不同的加工要求,综合考虑多方面的加工因素,以便最大限度地发挥数控铣床的效益。

能 力 检 测

1. 简述数控铣削加工的工艺范围。
2. 数控铣削加工的主要对象有哪些?
3. 数控铣削加工的主要特点是什么?
4. 数控铣削方式有几种?
5. 数控铣削零件的工艺性分析包括哪些方面?

模块二 数控铣削加工刀具及其选用

【学习目标】

熟悉:数控铣刀的对刀。
掌握:数控铣刀的类型、常用数控铣刀的选择和铣刀的装夹。

任务三 常用数控铣削刀具及孔加工刀具

在数控铣削中,根据被加工工件材料的热处理状态、切削性能及加工余量,选择刚性好、耐用度高的铣刀,是充分发挥数控铣床的生产效率和获得合格加工质量的前提。

1. 对数控铣削刀具的基本要求

1)铣刀刚性要好

要求铣刀刚性要好,一是为提高生产率而采用大切削用量的需要,二是为适应数控铣床加工过程中难以调整切削用量的特点。

2）铣刀的耐用度要高

尤其是当一把铣刀加工的内容很多时,如刀具不耐用而磨损较快,不仅会影响零件的表面质量与加工精度,而且会增加换刀引起的调刀与对刀次数,也会使工作表面留下因对刀误差而形成的接刀台阶,从而降低零件的表面质量。

此外,铣刀切削刃的几何参数的选择及排屑性能等也非常重要。切屑黏刀形成积屑瘤在数控铣削中是十分忌讳的。

2. 数控铣刀的种类

数控铣刀种类很多,下面介绍在数控机床上常用的几种铣刀。

1）面（端）铣刀

面铣刀的圆周表面和端面上都有切削刃,端部切削刃为副切削刃。由于面铣刀的直径一般较大,为 $\phi 50 \sim 500$ mm,故常制成套式镶齿结构,即将刀齿和刀体分开,刀齿材料为高速钢或硬质合金,刀体采用 40Cr 制作,可长期使用。高速钢面铣刀按国家标准规定,直径 $d = 80 \sim 250$ mm,螺旋角 $\beta = 10°$,刀齿数 $z = 10 \sim 26$。

硬质合金面铣刀与高速钢铣刀相比,铣削速度较高、加工效率高、加工表面质量也较好,并可加工带有硬皮和淬硬层的工件,故得到广泛应用。硬质合金面铣刀按刀片和刀齿的安装方式不同,分为整体焊接式、机夹-焊接式和可转位式三种（见图 6-14）。

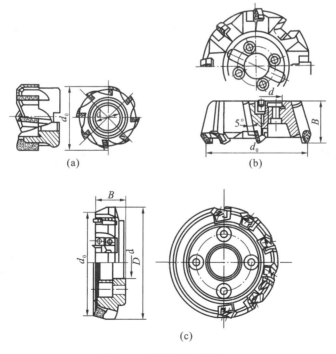

（a）　　　　　　　　　　（b）

（c）

图 6-14 硬质合金面铣刀

（a）整体焊接式；（b）机夹-焊接式；（c）可转位式

由于可转位铣刀在提高产品质量、加工效率,降低成本,操作使用方便等方面都具有明显的优越性,目前已得到广泛应用。

面铣刀主要以端齿加工各种平面。主偏角为 90°的面铣刀还能同时加工出与平面垂直的直角面,但这个面的高度受刀片长度的限制。

面铣刀齿数对铣削生产率和加工质量有直接影响,齿数越多,同时工作的齿数也越多,生产率越高,铣削过程越平稳,加工质量越好。可转位面铣刀的齿数根据直径不同可分为粗齿、细齿、密齿三种(参见表 6-2)。粗齿铣刀主要用于粗加工;细齿铣刀用于平稳条件下的铣削加工;密齿铣刀的每齿进给量较小,主要用于薄壁铸件的加工。

表 6-2　可转位面铣刀直径与齿数的关系

直径/mm	50	63	98	100	125	160	200	250	315	400	500
粗齿	4				6	8	10	12	16	20	26
细齿				6	8	10	12	16	20	26	34
密齿					12	24	32	40	52	52	64

2)立铣刀

立铣刀是数控铣床上用得最多的一种刀具,主要有高速钢立铣刀和硬质合金立铣刀两种类型,其结构如图 6-15 所示。立铣刀的圆柱表面和端面上都有切削刃,它们可同时进行切削,也可单独进行切削,主要用于加工凸轮、台阶面、凹槽和箱口面。

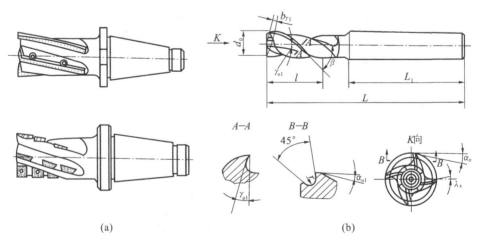

图 6-15　立铣刀

(a)硬质合金立铣刀;(b)高速钢立铣刀

立铣刀圆柱表面的切削刃为主切削刃,端面上的切削刃为副切削刃。主切削刃一般为螺旋齿,这样可以增加切削平稳性,提高加工精度。由于普通立铣刀端面中心处无切削刃,所以立铣刀不能作大切深的轴向进给,端面刃主要用来加工与侧面垂直的底平面。

为了能加工较深的沟槽,并保证有足够的备磨量,立铣刀的轴向长度一般较长。为了改善切屑卷曲情况,增大容屑空间,防止切屑堵塞,立铣刀齿数比较少,容屑槽圆弧半径则较大。一般粗齿立铣刀齿数 $z=3\sim4$,细齿立铣刀齿数 $z=5\sim8$,套式结构铣刀齿数 $z=10\sim20$。容屑槽圆弧半径 $r=2\sim5$ mm。

直径较小的立铣刀,一般制成带柄形式的。$\phi2\sim71$ mm 的立铣刀制成直柄式的;$\phi6\sim63$ mm 的立铣刀制成莫氏锥柄式的;$\phi25\sim80$ mm 的立铣刀制成 7：24 锥柄式的,锥柄顶端有螺孔用来拉紧刀具。但是由于数控机床要求铣刀能快速自动装卸,故立铣刀柄部形式也有很大不同,一般是由专业厂家按照一定的规范设计制造成统一形式、统一尺寸的刀柄。直径为 $\phi40\sim160$ mm 的立铣刀可制成套式结构的。

3)模具铣刀

模具铣刀由立铣刀发展而成,可分为圆锥形立铣刀、圆柱形球头立铣刀和圆锥形球头立铣刀三种,其柄部有直柄、削平型直柄和莫氏锥柄。它的结构特点是球头或端面上布满了切削刃,圆周刃与球头刃圆弧连接,可以作径向和轴向进给。铣刀工作部分用高速钢或硬质合金制造。图 6-16 所示为高速钢模具铣刀,图 6-17 所示为硬质合金模具铣刀。

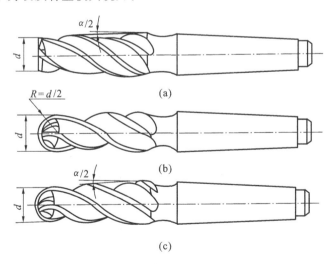

图 6-16　高速钢模具铣刀

(a)圆锥形立铣刀;(b)圆柱形球头立铣刀;(c)圆锥形球头立铣刀

213

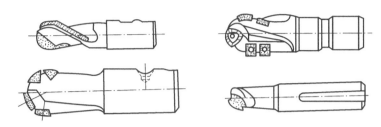

图 6-17　硬质合金模具铣刀

小规格的硬质合金模具铣刀多制成整体结构的，$\phi16$ mm 以上直径的制成焊接结构或机夹可转位刀片结构的。

4）键槽铣刀

键槽铣刀（见图 6-18）有两个刀齿，圆柱面和端面都有切削刃，兼有钻头和立铣刀的功能。端面刃延至圆心，使立铣刀可以沿其轴向钻孔，切出键槽深；又可以像立铣刀，用圆柱面上的刀刃铣削出键槽长度。铣削时，立铣刀先对工件钻孔，然后沿工件轴线铣出键槽全长。

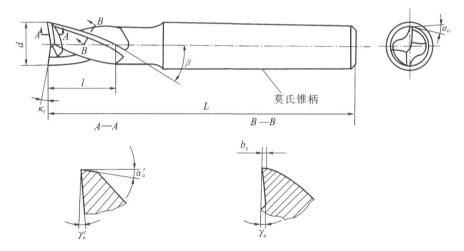

图 6-18　键槽铣刀

国家标准规定，直柄键槽铣刀直径 $d=2\sim22$ mm，锥柄键槽铣刀直径 $d=5\sim14$ mm。键槽铣刀直径的偏差有 e8 和 d8 两种。

5）鼓形铣刀

如图 6-19 所示为一种典型的鼓形铣刀，它的切削刃分布在半径为 R 的圆弧面上，端面无切削刃。加工时控制刀具上、下位置，相应改变刀刃的切削部位，可以在工件上切出从负到正的不同斜角。R 越小，鼓形铣刀所能加工的斜角范围越广，但所获得的表面质量也越差。这种刀具的缺点是刃磨困难，切削条件差，而且不适于加工有底的轮廓表面。

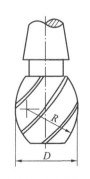

图 6-19　鼓形铣刀

6）成形铣刀

图 6-20 所示是常见的几种成形铣刀，一般都是为特定的工件结构或加工内容专门设计制造的，如角度面、凹槽、特形孔或特形台等。

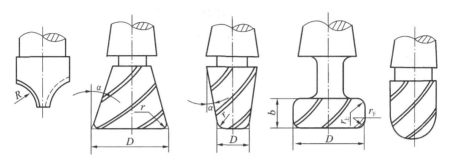

图 6-20　成形铣刀

除了上述几种典型的铣刀类型外，目前也有其他新的数控铣刀不断出现，例如图 6-21 所示铣刀（俗称牛鼻铣刀），其刚度、刀具耐用度和切削性能都较好。数控铣床也可使用各种通用铣刀。但因不少数控铣床的主轴内有特殊的拉刀位置，或因主轴内锥孔有别，使用通用铣刀须配制过渡套和拉钉。

3. 数控铣削刀具的特点

数控铣削刀具与普通机床上所用的刀具相比，有许多不同的要求，主要有以下特点：

（1）刚性好（尤其是粗加工刀具）、精度高，抗震性能好，热变形小；

（2）互换性好，便于快速换刀；

（3）寿命高，切削性能稳定、可靠；

（4）刀具的尺寸便于调整，能减少换刀调整时间；

（5）刀具能可靠地断屑或卷屑，利于切屑的排除；

（6）已系列化、标准化，利于编程和刀具管理。

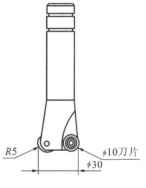

图 6-21　牛鼻铣刀

任务四　数控铣削刀具的选择与装夹

1. 数控铣削加工刀具的选择

数控铣削中应根据机床的加工能力、工件材料的性能、加工工序、切削用量以及其他相关因素正确选用刀具（包括刀柄）。刀具选择总的原则是：安装调整方便、刚性好、耐用度和精度高。在满足加工要求的前提下，尽量选择较短的刀柄，以提高刀具加工的刚性。

数控铣刀的选择主要是铣刀结构类型的选择和铣刀参数的确定。

1)铣刀类型的选择

铣刀类型应与工件表面形状与尺寸相适应,加工较大的平面应选择面铣刀;加工凹槽、较小的台阶面及平面轮廓应选择立铣刀;加工空间曲面、模具型腔或凸模成形表面等多选用模具铣刀;加工封闭的键槽选择键槽铣刀;加工变斜角零件的变斜角面应选用鼓形铣刀;加工各种直的或圆弧形的凹槽、斜角面、特殊孔等应选用成形铣刀。

2)铣刀参数的选择

数控铣床上使用最多的是可转位面铣刀和立铣刀,因此,这里重点介绍面铣刀和立铣刀参数的选择。

(1)面铣刀主要参数的选择　标准可转位面铣刀直径为$\phi 16 \sim 630$ mm。铣刀的直径应根据铣削宽度、深度选择,一般铣前深度、宽度越大、越深,铣刀直径也应越大。精铣时,铣刀直径要大些,尽量包容工件整个加工面宽度,以提高加工精度和生产效率,并减小相邻两次进给之间的接刀痕。铣刀齿数应根据工件材料和加工要求选择,一般铣削塑性材料或粗加工时,选用粗齿铣刀;铣削脆性材料或半精加工、精加工时,选用中、细齿铣刀。

面铣刀几何角度的标注如图 6-22 所示。前角的选择原则与车刀基本相同,只是由于铣削时有冲击,故前角数值一般比车刀略小,尤其是硬质合金面铣刀,前角数值一般减小得更多些。铣削强度和硬度都高的材料时可选用负前角。前角的数值主要根据工件材料和刀具材料来选择,其具体数值可参考表 6-3。

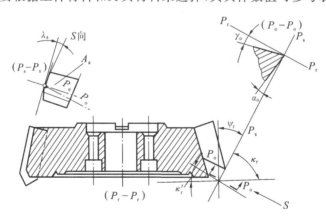

图 6-22　面铣刀几何的标注角度

表 6-3　面铣刀的前角

刀具材料	工件材料			
	钢	铸铁	黄铜、青铜	铝合金
高速钢	$10° \sim 20°$	$5° \sim 15°$	$10°$	$25° \sim 30°$
硬质合金	$-15° \sim 15°$	$-5° \sim 5°$	$4° \sim 6°$	$15°$

铣刀的磨损主要发生在后刀面上，因此适当加大后角，可减少铣刀磨损。常取 $\alpha=5°\sim12°$。工件材料较软时取大值，工件材料硬取小值；粗齿铣刀取小值，细齿铣刀取大值。铣削时冲击力大，为了保护刀尖，硬质合金面铣刀的刃倾角常取 $\lambda_s=-5°\sim-15°$。只有在铣削低强度材料时，取 $\lambda_s=5°$。

主偏角 κ_γ 在 $45°\sim90°$ 范围内选取，铣削铸铁常用 $45°$，铣削一般钢材常用 $75°$，铣削带凸肩的平面或薄壁零件时要用 $90°$。

（2）立铣刀主要参数的选择　立铣刀主切削刃的前角在法剖面内测量，后角在端剖面内测量，前、后角都为正值，分别根据工件材料和铣刀直径选取，其具体数值可分别参考表 6-4 和表 6-5。

表 6-4　立铣刀前角

工件材料		前　角
钢	$\sigma_b<0.589$ GPa	20°
	$\sigma_b<0.589\sim0.981$ GPa	15°
	$\sigma_b<0.981$ GPa	10°
铸铁	$\leqslant150$ HBS	15°
	>150 HBS	10°

表 6-5　立铣刀后角

铣刀直径 d_0/mm	后　角
$\leqslant10$	25°
$10\sim20$	20°
>20	16°

立铣刀的有关尺寸参数如图 6-23 所示，一般按经验公式选取。

①刀具半径 R 应小于零件内轮廓面的最小曲率半径 R_{min}，一般取 $R=(0.8\sim0.9)R_{min}$。

②零件的加工高度 $H\leqslant(1/6\sim1/4)R$，以保证刀具有足够的刚度。

③对不通孔（深槽），选取 $l=H+(5\sim10)\text{mm}$（l 为刀具切削部分长度，H 为零件高度）。

④加工外形及通槽时，选取 $l=H+r+(5\sim10)\text{mm}$（r 为端刃圆角半径）。

⑤加工肋时，刀具直径为 $D=(5\sim10)b$（b 为肋的厚）。

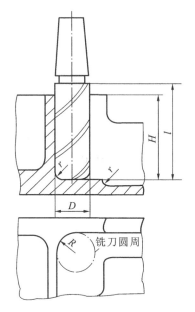

图 6-23　立铣刀的尺寸选择

⑥粗加工内轮廓面时,立铣刀最大直径 D 可按下式计算(见图 6-24):

$$D_{max} = \frac{2(\delta\sin\phi/2 - \delta_1)}{1 - \sin\phi/2} + D \qquad (6\text{-}1)$$

式中　D——轮廓的最小凹圆角半径;

　　　δ——圆角邻边夹角等分线上的精加工余量;

　　　δ_1——精加工余量;

　　　ϕ——圆角两邻边的最小夹角。

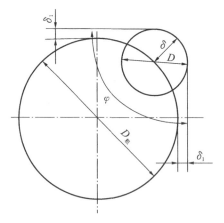

图 6-24　粗加工立铣刀最大直径估算

2.数控铣刀磨损的判断

在实际生产中,一般可按铣削过程中出现的一些直观现象来判断铣刀是否已磨钝。

(1)铣削钢材、纯铜等塑性材料时,工件边缘产生严重的毛刺;铣削铸铁等脆性材料时,工件边缘产生明显的碎裂剥落现象。

(2)铣削时发生不正常的刺耳啸叫,或用硬质合金铣刀高速铣削时切削刃出现严重的火花。

(3)工件振动加剧。

(4)切屑由规则的片状或带状切屑变为不规则的碎片。

(5)铣削钢件时,高速钢铣刀的切屑由灰白色变成黄色,或硬质合金铣刀的切屑呈紫黑色。

(6)精铣时,工件的尺寸精度明显下降或表面粗糙度明显上升。

在经济型数控机床的加工过程中,由于刀具的刃磨、测量和更换多为人工手动进行,占用辅助时间较长,因此,必须合理安排刀具的排列顺序。一般应遵循以下原则:尽量减少刀具数量;一把刀具装夹后,应完成其所能进行的所有加工步骤;粗、精加工的刀具应分开使用,即使是相同尺寸规格的刀具;先铣后钻;先进行曲面精加工,后进行二维轮廓精加工,可对加工面进行清根处理;在可能的情况下,应尽可能利用数控机床的自动换刀功能,以提高生产效率等。

在数控加工过程中要注意刀具齿数的选择,铣刀齿数愈多,切削愈平稳,加工表面粗糙度愈小,在 f_z 一定时,可提高铣削效率。但齿数过多,会减少齿槽有效容屑空间,限制 f_z 的提高。一般粗齿的标准高速钢铣刀适用于粗铣或加工塑性材料;细齿适用于精铣或加工脆性材料。

硬质合金面铣刀有疏齿、中齿及密齿之分。疏齿适用于钢件的粗铣;中齿适用于铣削带有断续表面的铸铁件或对钢件的连续表面进行粗铣及精铣;密齿适用于在机床功率足够时对铸铁件进行粗铣或精铣。

3. 铣刀的装夹

1)刀片在刀体上的装夹(针对机夹可转位铣刀)

刀片在刀体上的装夹应起到两个作用:一是保证刀片在刀体上的定位,即刀片在转位或更换切削刃后径向误差在允差范围内;二是确保刀片、定位元件及夹紧元件在切削过程中不松动和移位。具体的装夹方式与适量的位置调整根据所用刀具而定。

2)铣刀在机床上的装夹

根据铣刀与机床主轴连接方式的不同,铣刀可分为套式面铣刀和带柄式铣刀两大类。

(1)套式面铣刀的装夹　直径在 $50\sim160$ mm 之间的面铣刀,用带端键的套式面铣刀柄连接,面铣刀以内孔和端面在铣刀柄上定位,用螺钉将铣刀紧固在铣刀柄上,由端面键传递力矩;直径大于 160 mm 的套式面铣刀用内六角螺钉固定在端键传动接杆上。

(2)带柄式铣刀的装夹　其柄部有直柄和锥柄两种。目前,锥柄铣刀主要是通过莫氏孔铣刀柄过渡,然后安装在铣床轴上;直柄铣刀通过弹簧夹头刀柄安装,将直柄铣刀装入弹簧夹头并旋紧夹头螺母即可,如图 6-25 所示。使用时应根据铣刀直柄的直径和与铣床主轴相连的铣刀柄内孔锥度,选择弹簧夹头的内孔尺寸和外锥。具体参数可查阅有关国家标准。

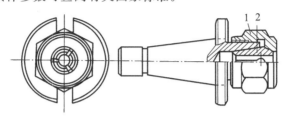

图 6-25　弹簧夹头刀柄

1—螺母;2—弹簧夹头

弹簧夹头外圆上有三条弹性槽,螺母锁紧时,三条槽合拢,内孔收缩,将直柄铣刀夹紧。弹簧夹头的结构如图 6-26 所示。

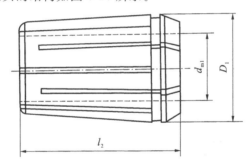

图 6-26　弹簧夹头结构

任务五　数控铣削刀具的对刀

1. 对刀及对刀点

数控铣削加工开始前,首先应将刀具定位,即进行对刀操作。对刀的目的与车削相同,主要为确定刀位点的位置及各把刀具相对标准(基准)刀具的刀具补偿值。

确定对刀点的原则如下。

(1)对刀点应该与工件的定位基准有一定的坐标尺寸关系,以便确定机床坐标系与工件坐标系间的相互位置关系。

如图 6-27 所示,在有机床原点的数

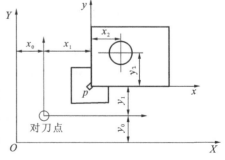

图 6-27　对刀点的设定

控机床上,对刀点距工件坐标系原点 p 的距离是 x_1、y_1,据此可以设定工件坐标系(pxy 坐标系)。而对刀点距机床坐标系(OXY 坐标系)原点 O 的坐标为(x_0、y_0),这样 p 点与 O 点的位置即可确定,工件坐标系与机床坐标系之间的关系也就确定了。

(2)对刀点应尽量选择在工件的设计基准或工艺基准上,以保证加工的位置精度。

(3)对刀点应尽量选择在找正容易、便于对刀且便于在加工中进行检查的地方。在确定工件坐标系的原点时应注意:对于对称的零件,原点可设在对称中心上;对于一般零件,工件的原点设在工件外轮廓的某一角上。Z 轴一般设在工件的上表面。

2. 对刀方法

对刀的准确程度将直接影响加工精度。因此,对刀操作一定要仔细,对刀方法应同零件加工精度要求相适应。数控铣加工常用的对刀方法如下。

1)机内对刀

数控铣床在设定工件坐标系和设置刀具长度补偿值时可使用机内对刀。机内对刀法又称碰刀法,它是直接通过刀具确定坐标系的对刀方法。其基本原理为:先设定标准刀具,将标准刀具轻微接触工件上表面后将相对坐标置零;更换其他刀具接触同一表面,通过机床的刀具参数设置功能和坐标值显示,计算并输入刀具长度补偿量,再根据试切加工情况修正误差。具体操作步骤与数控机床类型有关。

机内对刀主要分四种方法:单边碰刀、双边分中、复合法、预留加工余量法。其对刀后所获得的基准点如图 6-28 所示。

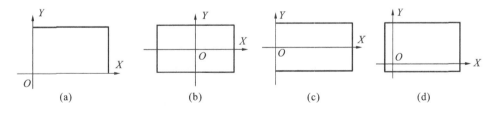

图 6-28 机内对刀基准点

(a)单边碰刀;(b)双边分中;(c)复合法;(d)预留加工余量法

(1)单边碰刀 该方法适用于工件(程序)的基准点为工件的角点的加工程序。如果基准点不在角点,在将刀具向工件方向移动等于刀具半径的距离的基础上,再加上此点距水平基准边、垂直基准边、顶面的距离就可以了。当图样上给出的设计、绘图、编程基准为一个角时,就用单边碰刀法,否则采用双边分中法。

(2)双边分中 双边分中法适用于设计、绘图基准为工件中心的工件。

（3）复合法 复合法是前两种方法的综合使用。例如：X 方向用单边碰刀法，Y 方向用双边分中法，或者相反。复合法适用于在 X 或 Y 中的一个方向上是对称的，而在另一个方向上不对称的工件。

（4）预留加工余量法 此法与单边碰法有一点类似。当刀具碰到工件的一边时，除了要移动一个刀具半径加上一个加工余量的距离。X、Y、Z 方向用同一种方法。该方法适用于非中心对称的工件。

2）机外对刀

机外对刀是使用专用对刀仪，包括光电对刀器、光学对刀仪、分中棒、对刀台等对刀。

（1）机外对刀仪的组成 常用机外对刀仪的基本组成如图 6-29 所示。

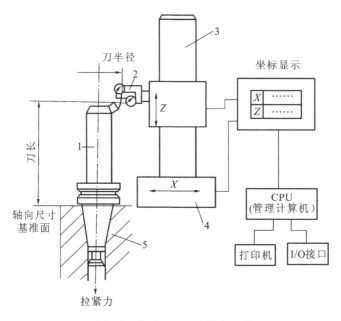

图 6-29 常用对刀仪的基本组成
1—被测刀具；2—测头；3—立柱；4—中滑板；5—刀杆定位套

①刀柄定位机构 刀柄定位基准是测量的基准，所以有很高的精度要求，一般都要和机床主轴定位基准的要求接近，这样才能使测量数据接近在机床上使用的实际情况。定位机构实质上是一个回转精度很高、与刀柄锥面接触很好、带拉紧刀柄机构的对刀仪主轴。该主轴的轴向尺寸基准面与机床主轴相同。主轴能高精度回转，便于找出刀具上刀刃的最高点。对刀仪主轴中心线测量轴 Z、X 有很高的平行度和垂直度要求。

②测头 测头有接触式测量和非接触式的两种。接触式测量是指用百分表（或扭簧仪）直接测量刀刃最高点，测量精度可达 $0.002 \sim 0.01$ mm。接触式测量比较直观，但容易损伤表头和切削刃。

③Z、X 轴尺寸测量机构　通过移动带测头部分的两个坐标轴,测得 Z 轴和 X 轴尺寸,即为刀具的轴向尺寸和半径尺寸。两轴使用的实测元件有许多种:机械式的有游标刻线尺、精密丝杠和刻线尺加读数头;电测量式的有光栅数显、感应同步器数显和磁尺数显仪器等。

④测量数据处理装置　由于柔性制造技术的发展,对数控机床的刀具测试数据需要进行有效管理,因此在对刀仪上再配置计算机及附属装置,用来存储、输出、打印刀具预调数据,并与上一级管理计算机(刀具管理工作站、单元控制器)联网,形成供柔性制造单元(FMC)、柔性制造系统(FMS)使用的有效刀具管理系统。

(2)寻边器的使用　常用的浮动测量工具为寻边器,把浮动测量工具装夹在弹簧夹头中,启动机床并使主轴中速旋转,同样手动操作使浮动测量工具头部逐渐趋近并接触工件的左侧面。当观察到浮动测量工具的浮动轴与固定轴同轴旋转时,铣床主轴轴线与工件表面 X 轴的相对位置就确定了(见图 6-30)。这时通过显示器记录下 X 轴坐标值。但需注意实际工件零点 X 轴偏置量须加上测量头的半径,即

$$X_s = X + \frac{d}{2}$$

然后,用相同的方法测出 Y 轴的尺寸,同样也必须根据显示器记录的数值,加上测量头半径来确定工件零点 Y 轴的偏置量。

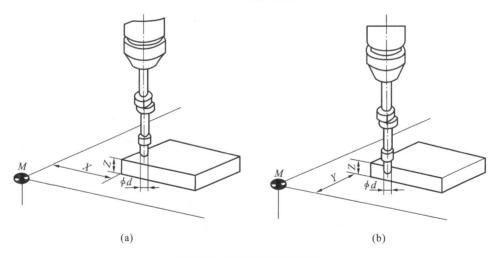

(a)　　　　　　　　　　　　　　(b)

图 6-30　寻边器的使用方法

(a)X 轴的偏置尺寸;(b)Y 轴的偏置尺寸

工件 Z 轴的偏置尺寸可以用高度游标卡尺直接测得。Z 轴方向零点偏置值的计算如图 6-31 所示。

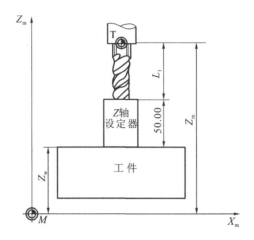

图 6-31　Z 轴方向零点偏置值的计算

 知识链接

对称铣削与非对称铣削

　　如图 6-32 所示,工件处在铣刀中间时的铣削称为对称铣削。铣削时,刀齿在工件的下半部分为逆铣,上半部分为顺铣,由于切削力的竖直分量在方向上的交替变化,故工件和工作台易产生窜动,另外,切削刀在横向的水平分力 $F_{横}$ 较大,易造成窄长的工件的变形和弯曲,所以对称铣削只在工件较宽时采用。

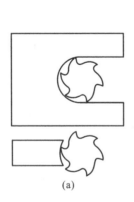

(a)

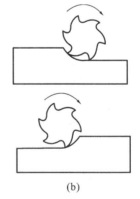

(b)

图 6-32　对称铣削与非对称铣削

(a)对称铣削;(b)非对称铣削

非对称铣削又可分为非对称逆铣和非对称顺铣。在非对称逆铣时，刀齿由最小的切削厚度切入工件，由较大的切削厚度切出，所以切入时振动小，工作平衡而且没有用圆柱铣刀进行逆铣时，由于切入时切削厚度为零而引起的滑擦现象。加工碳钢及高强度低合金钢时，采用这样铣削方式较好。

　　非对称顺铣时，刀齿由较大的切削厚度切入工件，而以较小的切削厚度切出。在加工不锈钢等变形系数较大，冷作硬化现象较严重的材料时，宜选用这种铣削方式。非对称顺铣时，刀齿切入工件时的振动要比非对称逆铣时的大，而且工作台进给丝杠与螺母间的间隙应予以消除，以免由于水平铣削分力（它与工作台的进给方向相同）过大，引起工作台窜动。

小　　结

　　在数控铣床加工中刀具的选择和数控铣削加工前的对刀是保证加工质量、降低加工成本、提高加工效率的重要途径之一。通过本模块的学习，应能根据工件加工的具体要求选择合适的数控铣削刀具，在铣削加工中应会正确装夹刀具，并要掌握数控铣削加工前的对刀方法。

能 力 检 测

　　1.对数控铣削刀具有哪些要求？

　　2.常用数控铣刀的种类有哪些？

　　3.简述常用数控铣刀的装夹方式。

　　4.简述常用数控铣刀的选择。

　　5.立铣刀和键槽铣刀有何区别？

　　6.数控铣削加工确定对刀点的原则是什么？

　　7.试说明数控铣床对刀的目的及方法。

模块三　数控铣床加工工艺设计

【学习目标】

了解：数控铣削加工零件图样的分析。

熟悉：数控铣削切削用量的选择。

掌握：数控铣削加工顺序的确定、走刀路线的确定。

任务六　加工顺序的确定

1. 确定被加工零件数控加工的内容

当决定对某个零件进行数控加工后,并不是指所有的加工内容都要在数控机床上完成,而可能只是对其中的一部分进行数控加工,因此必须对零件图样进行仔细的工艺分析,选择那些适合、需要进行数控加工的内容和工序。在选择并作出决定时,应结合本单位的实际,立足于解决生产难题,保证加工质量和提高生产效率,充分发挥数控加工的优势。选择时,一般可按下列顺序考虑:

(1)用普通机床无法加工的内容应作为优先选择内容;

(2)用普通机床难加工、质量也难以保证的内容应作为重点选择内容;

(3)用普通机床加工效率低、劳动强度大的内容,可在数控机床尚存在富余能力的基础上进行选择。

一般来说,上述这些加工内容采用数控加工时,产品质量、生产率与综合经济效益等都会得到明显提高。相比之下,下列一些加工内容则不宜选择采用数控加工。

需要通过较长时间占机调整的加工内容(如以毛坯的粗基准定位来加工第一个精基准的工序等);必须按专用工装协调的孔及其他加工内容(主要原因是采集编程用的数据有困难,协调效果也不一定理想);按某些特定的制造依据(如样板、样件、模胎等)加工的型面轮廓(主要原因是取数据难,易与检验依据发生矛盾,增加编程难度);不能在一次安装中加工完成的其他零星部位,采用数控加工很麻烦,效果不明显,可安排普通机床补加工。

此外,在选择和决定加工内容时,也要考虑生产批量、生产周期、工序间周转情况等。总之,要尽量做到合理,达到多、快、好、省的目的。要防止把数控机床降格为普通机床使用。

2. 数控加工工序的划分

确定在零件的加工过程中采用数控机床后,拟订其工艺路线时,要尽量采用工序集中原则。针对数控加工的特点,对零件的加工工序的划分还应考虑下述因素。

1)按工件的定位方式划分工序

数控加工常常是粗加工和精加工在一次装夹下完成,工序内容较多,要求夹紧力大。为了保证数控加工中定位夹紧的可靠性,一般需要用精基准定位,因此拟订工艺路线要遵循基准先行的原则。在工艺过程中首先用普通机床完成工件精基准的加工,然后用精基准定位,采用数控机床加工零件的主要表面。例如图6-33所示盘状凸轮的工艺路线,一般分成两个加工阶段。第一阶段采用普通铣床完成上、下两个平面、$\phi 22H7$ mm 中心孔及另一个 $\phi 4H7$ mm 工艺孔的加工;第二阶段采用数控铣床,由一面两孔定位,加工凸轮的曲线轮廓表面。再如,加工箱体零件的工艺路线也可分为两个阶段,即在数控加工工序前安排工序,用普通机床加工箱体工件上的精基准表面,之后,才宜采用数控加工中心机床尽可能多地加工其他表面,这样能使数控加工中装夹可靠,有利于保证加工精度,从而可充分利用数控机床的设备优势。

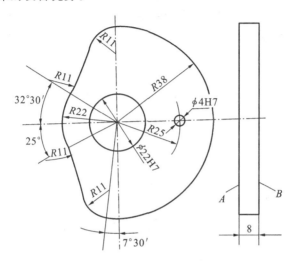

图 6-33 盘状凸轮

2)按粗、精加工分开的原则划分工序

如果将粗加工和精加工安排在同一工序中,不能满足工件的加工精度要求,例如对粗加工后需要短期时效(如8 h以上)处理的工件,或粗加工后可能引起变形、需要矫形(校正)的工件,为了确保加工精度,粗加工和精加工应分成两个工序完成。

3)按使用刀具的不同划分工序

为减少换刀次数,缩短空行程,在一个工序中,应用同一把刀具尽可能加工完工件上需用该刀加工的所有表面,尽量避免在其他工序中再一次使用该刀具,避免多次换用同一把刀具,无谓增加换刀次数,消耗换刀时间。

3. 加工顺序的安排

加工顺序(又称工序)通常包括切削加工工序、热处理工序和辅助工序等,工序安排得合理与否将直接影响零件的加工质量、生产率和加工成本。切削加工工序通常按以下原则安排。

1)先粗加工后精加工

先安排粗加工工步,后安排精加工工步。

零件的加工一般要经过粗加工、半精加工、精加工几个阶段,如果精度要求更高,还包括光整加工阶段。当零件数控加工精度高时,应将粗加工与精加工工序分开;一般情况下,在数控加工中将加工表面的粗、精加工安排在一个工序完成,为了减少热变形和切削力引起的变形对加工精度的影响,这时不允许将工件

某些表面加工完成后,再加工另一些表面,而应将工件各加工表面的粗加工工步集中安排在一起,先粗加工完,再依次进行精加工。

2)基准面先行

用做精基准的表面应先加工。在任何零件的加工过程中,总是先对定位基准进行粗加工和精加工,例如:对于轴类零件,总是先加工中心孔,再以中心孔为精基准加工外圆和端面;对箱体类零件,总是先加工定位用的平面及两个定位孔,再以平面和定位孔为精基准加工孔系和其他平面。

3)先平面后孔

先安排加工平面工步,后安排加工孔工步。对于箱体、支架等零件,平面尺寸轮廓较大,用平面定位比较稳定,而且孔的深度尺寸又是以平面为基准的,故应先加工平面,然后加工孔。

4)先主后次

即先加工主要表面,然后加工次要表面。

5)按所用刀具划分工步

在数控铣床上加工零件时,一般都有多个工步,使用多把刀具,因此安排加工工步时还应考虑减少换刀次数,节省辅助时间。一般情况下,每换一把新的刀具后,应通过移动坐标轴、回转工作台等方法将由该刀具切削的所有表面全部完成。某些机床工作台回转时间比换刀时间短,可以按使用刀具不同划分工步,以减少换刀次数、缩短辅助时间、提高加工效率。对每道工序还应尽量减少刀具的空行程移动量,按最短路线安排加工表面的加工顺序。

数控铣削加工在安排加工顺序时可参照采用粗铣大平面→粗镗孔、半精镗孔→立铣刀加工→加工中心孔→钻孔→攻螺纹→平面和孔精加工(精铣、铰、镗等)的加工顺序。

任务七　铣削加工走刀路线的确定

数控铣削加工中走刀路线对零件的加工精度和表面质量有直接的影响,因此,确定好走刀路线是保证铣削加工精度和表面质量的工艺措施之一,也是数控编程的前提。走刀路线的确定与工件表面状况、要求的零件表面质量、机床进给机构的间隙、刀具耐用度以及零件轮廓形状等有关。下面针对铣削方式和常见的几种轮廓形状来讨论数控铣削走刀路线的确定。

1. 顺铣和逆铣的选择

当工件表面无硬皮,机床进给机构无间隙时,应选用顺铣,按照顺铣安排进给路线。因为采用顺铣加工后,零件已加工表面质量好,刀齿磨损小。精铣时,尤其是零件材料为铝镁合金、钛合金或耐热合金时,应尽量采用顺铣。当工件表面有硬皮,机床的进给机构有间隙时,应选用逆铣,按照逆铣安排进给路线。因为逆铣时,刀齿是从已加工表面切入,不会崩刃;机床进给机构的间隙不会引起振动和爬行。

2. 铣削外轮廓的走刀路线

铣削平面零件外轮廓时,一般是采用立铣刀侧刃切削。刀具切入零件时,应避免沿零件外轮廓的法向切入,以免在切入处产生接刀痕,而应沿切削起始点延伸线(见图 6-34(a))或轮廓切线方向(见图 6-34(b))逐渐切入零件,保证零件曲线的平滑过渡。同样,在切离工件时,也应避免在切削终点处直接抬刀,要沿着切削终点延伸线或轮廓切线方向逐渐切离工件。

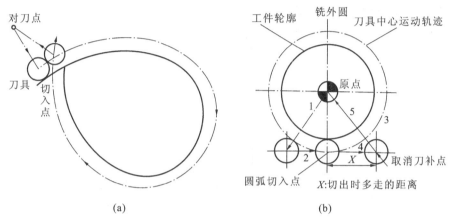

图 6-34 刀具切入、切出外轮廓的走刀路线

(a)切入;(b)切出

3. 铣削内轮廓的走刀路线

铣削封闭的内轮廓表面时,同铣削外轮廓一样,刀具同样不能沿轮廓曲线的法向切入和切出。此时刀具可以沿一过渡圆弧切入和切出工件轮廓。图 6-35 所示为铣切内圆的进给路线,图中 R_1 为零件圆弧轮廓半径,R_2 为过渡圆弧半径。

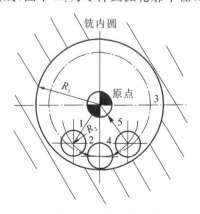

图 6-35 刀具切入、切出内轮廓的走刀路线

4. 位置精度要求高的孔走刀路线

对于位置精度要求较高的孔系加工,特别要注意孔的加工顺序的安排,安排不合理时,就有可能将沿坐标轴的反向间隙带入,直接影响位置精度。图 6-36(a)所示为带孔系零件图,要在该零件上加工六个尺寸相同的孔,有两种加工路线。当按图 6-36(b)所示路线加工时,由于 5、6 孔与 1、2、3、4 孔定位方向相反,在 Y 方向的反向间隙会使定位误差增加,而影响 5、6 孔与其他孔的位置精度。按图 6-36(c)所示走刀路线,加工完 4 孔后,往上移动一段距离到 P 点,然后再折回来加工 5、6 孔,这样方向一致,可避免反向间隙的引入,从而可提高 5、6 孔与其他孔的位置精度。

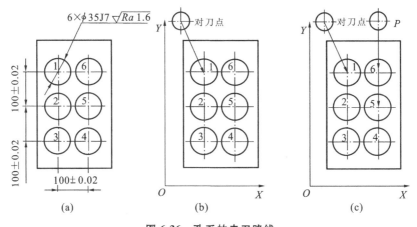

图 6-36 孔系的走刀路线

(a)带孔系零件图;(b)、(c)加工路线

5. 铣削内槽的走刀路线

所谓内槽是指以封闭曲线为边界的平底凹槽。这种内槽在飞机零件上常见,一律用平底立铣刀加工,刀具圆角半径应符合内槽的图样要求。图 6-37 所示为加工内槽的三种走刀路线。图 6-37(a)和图 6-37(b)所示分别为用行切法和环切法加工内槽。两种进给路线的共同点是都能切净内腔中全部面积,不留死角、不伤轮廓,同时尽量减少重复进给的搭接量。不同点是采用行切法时进给路线比采用环切法时短,但采用行切法时将在每两次进给的起点与终点间留下残留面积而达不到所要求的表面粗糙度;用环切法获得的表面粗糙度要好于用行切法获得的,但用环切法时需要逐次向外扩展轮廓线,刀位点计算较为复杂一些。综合行、环切法的优点,采用图 6-37(c)所示的进给路线,即先用行切法切去中间部分余量,最后用环切法切一刀,既能使总的进给路线较短,又能获得较好的表面粗糙度。

对于封闭型腔零件,当加工的型腔较深时,可用分层加工方式,这时要采用不同的下刀方式进入加工面。下刀方式主要有垂直下刀、螺旋下刀和斜线下刀三种,可根据加工情况进行具体选择。

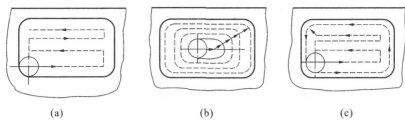

(a)　　　　　　　　　　(b)　　　　　　　　　　(c)

图 6-37　铣内槽的三种进给路线

(a)用行切法加工；(b)用环切法加工；(c)综合行、环切法加工

1）垂直下刀

垂直下刀方式主要应用在小面积切削和零件表面粗糙度要求不高的场合，可使用键槽铣刀直接垂直下刀并进行切削。因为虽然键槽铣刀端部刀刃通过铣刀中心，有垂直吃刀的能力，但由于键槽铣刀只有两刃切削，加工时的平稳性较差，因而表面粗糙度较高；同时，在同等切削条件下，键槽铣刀较立铣刀的每刃切削量大，因而刀刃的磨损也就较大，在大面积切削中的效率较低。所以，采用键槽铣刀直接垂直下刀并进行切削的方式，通常只用于小面积切削或被加工零件表面粗糙度要求不高的情况。对大面积的型腔一般采用加工时具有较高的平稳性和使用寿命较长的立铣刀来加工，但由于立铣刀的底切削刃没有到刀具的中心，所以立铣刀在垂直进刀时不能实现较大切深，因此一般先采用键槽铣刀（或钻头）垂直进刀，再换多刃立铣刀加工型腔。

2）螺旋下刀

螺旋下刀方式是现代数控加工应用较为广泛的下刀方式，特别是在模具制造行业中最为常见。刀片式合金模具铣刀可以进行高速切削，它和高速钢多刃立铣刀一样在垂直进刀时没有较大切深，但可以通过螺旋下刀的方式，通过刀片的侧刃和底刃的切削，避开刀具中心无切削刃部分与工件的干涉，使刀具沿螺旋槽深度方向渐进，从而达到进刀的目的。这样，可以在切削的平稳性与切削效率之间取得较好的平衡。螺旋下刀一般切削路线较长，在比较狭窄的型腔加工中往往因为切削范围过小无法实现螺旋下刀，有时需采用较大的下刀进给或钻下刀孔等方法来弥补，所以选择螺旋下刀方式时要注意灵活运用。

3）斜线下刀

斜线下刀时刀具快速下至加工表面上方一个距离后，改为以一个与工件表面成一角度的方向，以斜线的方式切入工件来达到 Z 向进刀的目的。斜线下刀方式作为螺旋下刀方式的一种补充，通常用于因范围的限制而无法实现螺旋下刀的长条形型腔的加工。

6. 铣削曲面的进给路线

对于边界敞开的曲面加工，可采用如图 6-38 所示的两种进给路线。对于发动机大叶片，当采用图 6-38(a)所示的加工方案时，每次沿直线加工，刀位点计算简单，程序短,加工过程有利于直纹面的形成,可以准确保证母线的直线度。当采用图 6-38(b)所示的加工方案时,便于加工后检验,叶形的准确度高,但程序较长。当曲面零件的边界是敞开的,没有其他表面限制时,曲面边界可以延伸,球头刀应由边界外开始加工。当边界不敞开,或有干涉曲面时,确定进给路线时要另行处理。

总之,确定进给路线的原则是在保证零件加工精度和表面粗糙度的条件下,尽量缩短进给路线,以提高生产率。

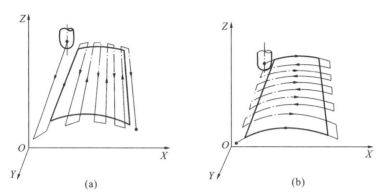

图 6-38　铣削曲面的两种进给路线

(a)方案一;(b)方案二

任务八　铣削加工切削用量的选择

合理的切削用量是指采用该切削用量时,能充分利用刀具的切削性能和机床性能,在保证加工质量的前提下,获得高生产率和低加工成本。不同性质的加工,对切削加工的要求是不一样的。因此,在选择切削用量时,考虑的侧重点也有所区别。

铣削加工的切削用量三要素为切削速度、进给量和背吃刀量或侧吃刀量。

1. 切削用量的选用原则

粗加工时,应尽量保证较高的金属切除率和必要的刀具寿命。因此,选择切削用量时应:首先选取尽可能大的背吃刀量;其次,根据机床动力和刚性的限制条件,选取尽可能大的进给量;最后根据刀具寿命要求,确定合适的切削速度。

精加工时,首先根据粗加工的余量确定背吃刀量;其次,根据已加工表面的粗糙度要求,选取合适的进给量;最后在保证刀具寿命的前提下,尽可能选取较高的切削速度。

2. 切削用量的选择方法

1)背吃刀量或侧吃刀量

背吃刀量(端铣)或侧吃刀量(周铣)的选取主要由加工余量和对表面质量的要求决定。在机床、工件和刀具刚度允许的条件下,尽量选取大值,这是提高生产率的一个有效措施。

（1）在工件表面粗糙度要求为 Ra 12.5～25 μm 时，如果圆周铣削的加工余量小于 5 mm，端铣的加工余量小于 6 mm，粗铣一次进给就可以达到要求。但在余量较大，工艺系统刚度较差或机床动力不足时，可分两次进给完成。

（2）在工件表面粗糙度要求为 Ra 3.2～12.5 μm 时，可分粗铣和半精铣两步进行。粗铣时背吃刀量或侧吃刀量选取同前。粗铣后留 0.5～1.0 mm 余量，在半精铣时切除。

（3）在工件表面粗糙度要求为 Ra 0.8～3.2 μm 时，可分粗铣、半精铣、精铣三步进行。半精铣时背吃刀量或侧吃刀量取 1.5～2 mm；精铣时采用周铣方式，侧吃刀量取 0.3～0.5 mm，面铣时背吃刀量取 0.5～1 mm。

2）进给速度

进给速度（进给量）是数控机床切削用量中的重要参数，主要根据零件的加工精度和表面粗糙度要求以及刀具、工件的材料性质选取，最大进给速度受机床刚度和进给系统的性能限制。

粗铣时，限制进给量提高的主要因素是切削进给量，主要根据铣床进给机构的强度、刀轴尺寸、刀齿强度以及机床夹具等工艺系统的刚性来确定，在强度、刚度许可的条件下，进给量应尽量取得大些。

精铣时，限制进给量提高的主要因素是表面粗糙度，为了减少工艺系统的弹性变形，减少已加工表面的残留面积高度，一般采取较小的进给量。

每齿进给量 f_z 的选取主要取决于工件材料的力学性能、刀具材料、工件表面粗糙度等因素。工件材料的强度和硬度越高，f_z 越小；反之，则越大。硬质合金铣刀的每齿进给量高于同类高速钢铣刀。工件表面粗糙度要求越高，f_z 就越小。每齿进给量的确定可参考表 6-6 选取。工件刚性差或刀具强度低时，应取小值。

表 6-6　各种铣刀每齿进给量　　　　　　　　　　　（mm/z）

工件材料	平铣刀	面铣刀	圆柱铣刀	端铣刀	成形铣刀	高速钢镶刃刀	硬质合金镶刃刀
铸铁	0.2	0.2	0.07	0.05	0.04	0.3	0.1
可锻铸铁	0.2	0.15	0.07	0.05	0.04	0.3	0.09
低碳钢	0.2	0.2	0.07	0.05	0.04	0.3	0.09
中高碳钢	0.15	0.15	0.06	0.04	0.03	0.2	0.08
铸钢	0.15	0.1	0.07	0.05	0.04	0.2	0.08
镍铬钢	0.1	0.1	0.05	0.02	0.02	0.15	0.06
高镍铬钢	0.1	0.1	0.04	0.02	0.02	0.1	0.05
黄铜	0.2	0.2	0.07	0.05	0.04	0.03	0.21
青铜	0.15	0.15	0.07	0.05	0.04	0.03	0.1

工件材料	平铣刀	面铣刀	圆柱铣刀	端铣刀	成形铣刀	高速钢镶刃刀	硬质合金镶刃刀
铝	0.1	0.1	0.07	0.05	0.04	0.02	0.1
铝硅合金	0.1	0.1	0.07	0.05	0.04	0.18	0.08
镁铝锌合金	0.1	0.1	0.07	0.04	0.03	0.15	0.08
铝铜镁合金 铝铜硅合金	0.15	0.1	0.07	0.05	0.04	0.02	0.1

3)切削速度

切削速度可根据已经选定的背吃刀量、进给量及刀具寿命进行选取。实际加工过程中,也可根据生产实践和查表来选取。

粗加工或工件材料的加工性能较差时,宜选用较低的切削速度。精加工或刀具材料、工件材料的切削性能较好时,宜选用较高的切削速度。

切削速度确定后,可根据刀具或工件直径按公式 $n=1\ 000\ v_c/\pi D$ 来确定主轴转速。切削速度选用可参照表 6-7。

表 6-7 铣刀切削速度　　　　　　　　　　　　　(m/min)

工件材料	铣 刀 材 料					
	碳素钢	高速钢	超高速钢	合金钢	碳化钛	碳化钨
铝合金	75～150	180～300		240～460		300～600
镁合金		180～270				150～600
钼合金		45～100				120～190
黄铜(软)	12～25	20～25		45～75		100～180
青铜	10～20	20～40		30～50		60～130
铸铁(硬)		10～15	10～20	18～28		45～60
(冷)铸铁			10～15	12～18		30～60
可锻铸铁	10～15	20～30	25～40	35～45		75～110
钢(低碳)	10～14	18～28	20～30		45～70	
钢(中碳)	10～15	15～25	18～28		40～60	
钢(高碳)		10～15	12～20		30～45	
合金钢					35～80	
高速钢			12～25		45～70	

知识链接

万能分度头

分度头是数控铣床常用的通用夹具之一,如图 6-39 所示。通常将万能分度头作为机床附件,其主要作用是对工件进行圆周等分分度或不等分分度。许多机械零件(如花键等)在铣削时,需要利用分度头进行圆周等分;万能分度头可把工件轴线装夹成水平、垂直或倾斜的位置,以便加工斜面。

在分度头上装夹工件时,应先销紧分度头主轴;调整好分度头主轴仰角后,应将基座上部的四个螺钉拧紧,以免零位移动;在分度头两顶尖间装夹工件时,应使前、后顶尖轴线同轴;在使用分度头时,分度手柄应朝一个方向转动,如果摇过位置,需反摇多于超过的距离再摇回到正确的位置,以消除传动间隙。

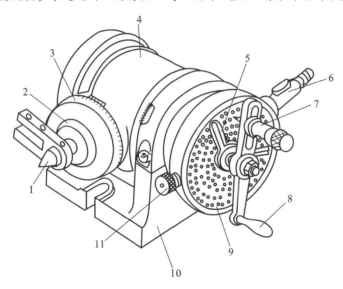

图 6-39　万能分度头 F125

1—顶尖;2—分度头主轴;3—刻度盘;4—壳体;5—分度叉;6—分度头外伸轴;7—插销;
8—分度手柄;9—分度盘;10—底座;11—锁紧螺钉

小　　结

在数控铣床加工中,数控铣削加工工艺的设计是数控程序编制的基础和保证。通过本模块的学习,要了解数控铣削加工工序的划分原则和方法,能正确地确定数控铣削加工各种表面的走刀路线,掌握数控铣削切削用量的选择原则,并能按加工要求正确选择数控铣削加工的切削用量。

能 力 检 测

1.数控铣削加工工序划分应考虑哪些因素？

2.如何确定零件数控铣削加工的内容？

3.数控铣削加工工序的划分原则有哪些？试举例说明。

4.数控铣削外轮廓、内轮廓、内槽的走刀路线如何安排？

5.数控铣削较深的封闭型腔零件，可采用哪些不同的下刀方式？

6.切削用量的选择应遵循哪些原则？具体应如何选择？

7.数控铣削薄壁件时，对切削用量的选择应注意哪些问题？

8.数控铣削一个长 250 mm、宽 100 mm 的槽，铣刀直径为 $\phi25$ mm，交叠量为 6 mm，加工时，以槽的左下角为坐标原点，刀具从点(500,250)开始移动，试绘出刀具的最短加工路线，并列出刀具中心轨迹各段始点和终点的坐标。

模块四　典型零件的数控铣削工艺

【学习目标】

熟悉：典型零件的数控铣削工艺安排流程。

掌握：数控铣削加工工艺的制订内容。

任务九　环形槽零件的数控铣削加工工艺制订

环形槽零件是数控铣削加工中常见的零件之一，其轮廓曲线由直线、圆弧、非圆直线等组成，所用数控机床多为两轴以上联动的数控铣床，其加工过程也大同小异。下面以图 6-40 所示环形槽零件为例分析其数控铣削工艺。

在加工零件图上，同时注明了装夹时所选择的定位基准与工件坐标系。

1. 工艺分析

图样上各加工部位的尺寸标注完整、无误。所铣削环形槽的轮廓比较简单（仅直线和圆弧相切），尺寸精度(IT12)和表面粗糙度($Ra \leqslant 6.3\ \mu m$)要求也不高。所加工的内容为上端平面、环形槽和四个螺孔。

2. 加工工艺安排

该零件为铸造件（灰口铸铁），其结构较复杂。根据图样要求可知，通过一次装夹定位后，所要加工的内容和尺寸为：铣削上表面，保证尺寸 $60_{0}^{+0.3}$ mm；铣槽，保证槽宽为$10_{0}^{+0.15}$ mm，槽深为 $6_{0}^{+0.12}$ mm；加工四个 M10 mm 螺纹孔。在机床加工前，为方便零件在数控铣床上加工时的定位，应先将 $\phi 80_{0}^{+0.046}$ mm 的孔及底面

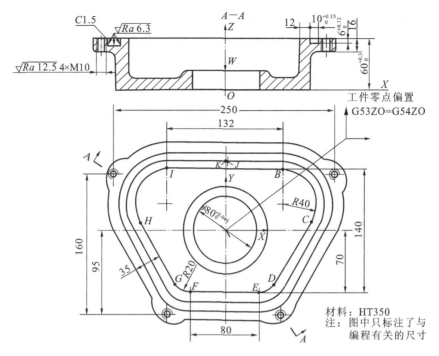

图 6-40 环形槽零件

和零件后侧面预加工完毕。

　　根据数控铣削加工工序划分的原则,先安排平面铣削,后安排孔和槽的加工。具体加工工序安排如下:先铣削基准(上)平面,然后用中心钻加工四个螺纹底孔的中心孔,并用钻头点环形槽窝,再钻四个底孔,用 $\phi18$ mm 钻头加工四个底孔的倒角,攻四个 M10 mm 螺纹孔,最后铣削 10 mm 槽。图 6-41 所示环形槽零件的工艺卡片如表 6-8 所示。

表 6-8　环形槽零件工艺卡片

零件号			零件名称		壳　　　体	材料	HT32-52
程序编号			机床型号		JCS-018	制表	年　月　日
工序内容	顺序号(N)	刀具号(T)	刀具种类	刀具长度	主轴转速(S)	进给速度(F)	补偿量(D,H)	备注
铣平面		T1	不重磨硬质合金端铣刀盘 $\phi80$ mm		S280	F56	D1	长度补偿
							D21	半径补偿
四个 M 10 mm 螺纹孔起点窝		T2	$\phi3$ mm 中心钻		S1 000	F100	D2	长度补偿

零件号		零件名称	壳 体		材料	HT32-52
钻四个 M10 mm 螺纹底孔 及 10 mm 宽槽起点窝	T3	高速钢 $\phi 8.5$ mm 钻头	S500	F50	D3	长度补偿
螺纹口倒角	T4	$\phi 18$ mm 钻头(90°)	S500	F50	D4	长度补偿
攻四个 M10 mm 螺纹孔 (×1.5mm)	T5	M10 mm (×1.5 mm) 丝锥	S60	F90	D5	长度补偿
铣 10 mm 宽槽	T6	$\phi 10^{+0.03}_{0}$ mm 高速钢立铣刀	S300	F30	D6	长度补偿
					D26	半径补偿,作位置偏置用 D26=17

3. 走刀路线安排

按照零件加工要求,铣上端平面、钻螺孔的中心孔与攻螺纹、铣环形槽的走刀路线安排如图 6-41 所示。

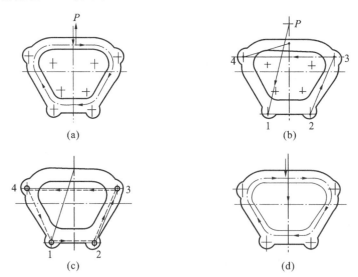

图 6-41 环形槽零件的数控铣削加工走刀路线安排

(a)铣上端平面;(b)钻螺纹孔的中心孔;

(c)钻环形槽起点窝、螺纹底孔、底孔倒角及攻螺纹;(d)铣环形槽

4. 零件的装夹与定位

该零件选择在数控铣床上加工。工件可采用"一面、一销、一板"的方式定位。即工件底面为第一定位基准，定位元件采用支承面，限制工件 $\vec{X}$、$\vec{Y}$、$\vec{Z}$ 三个自由度；$\phi 80^{+0.046}_{0}$ mm 孔为第二定位基准，定位元件采用带螺纹的短圆柱销，限制工件 $\vec{X}$、$\vec{Y}$ 两个自由度；工件的后侧面为第三定位基准，定位元件采用移动定位板，限制工件 $\vec{Z}$ 一个自由度。工件的装夹可通过压板从定位孔的上端面往下将工件压紧。

5. 选择刀具和切削用量

根据刀具的选择原则，选择刀具如表 6-9 所示。

表 6-9 环形槽零件刀具卡片

机床型号	JCS-018	零件号		程序编号			制表	
刀具号（T）	刀柄型号	刀具型号		刀具参数	工序号	补偿量	备注	
T1	JT57-XD	不重磨硬质合金端铣刀盘		$\phi 80$ mm		D1	长度补偿	
						D21	刀具半径补偿	
T2	JT57-Z13×90	中心钻		$\phi 3$ mm		D2	长度补偿，带自紧钻夹头	
T3	JT57-Z13×45	高速钢钻头		$\phi 8.5$ mm		D3	长度补偿，带自紧钻夹头	
T4	JT57-M2	高速钢钻头（90°）		$\phi 18$ mm		D4	长度补偿，带自紧钻夹头	
T5	JT57-GM3-12	丝锥		M10 mm× 1.5 mm		D5	长度补偿，带自紧钻夹头	
	GT3-12M10							
T6	JT57-Q2×90	高速钢立铣刀		$\phi 10^{+0.03}_{0}$ mm		D6	长度补偿，带自紧钻夹头	
	HQ2ϕ10					D26	D26＝17.0 刀补作位置偏置用	

选择切削用量时应充分考虑零件加工精度、表面粗糙度和刀具的强度、刚度以及加工效率等因素。在该零件的各道加工工序中，切削用量可参照表 6-8 进行选择。

任务十 支架零件的数控铣削加工工艺制订

图 6-42 所示为薄板状的支架，其结构形状较复杂，是适合数控铣削加工的一种典型零件。下面简要介绍该零件的工艺分析过程。

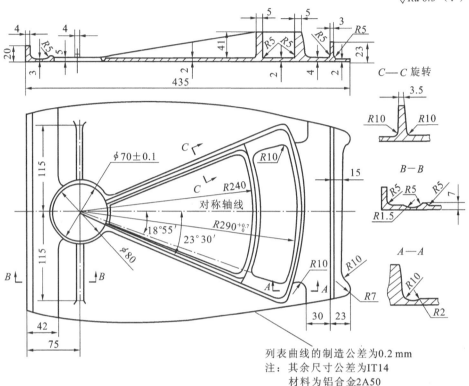

图 6-42　支架零件简图

1. 零件图样工艺分析

由图 6-43 可知,该零件的加工轮廓由列表曲线、圆弧及直线构成,形状复杂,加工、检验都较困难,除底平面宜在普通铣床上铣削外,其余各加工部位均需采用数控机床铣削加工。

该零件的尺寸公差为 IT14,表面粗糙度均为 Ra 6.3 μm,一般不难保证。但其腹板厚度只有 2 mm,且面积较大,加工时极易产生振动,可能会导致其壁厚公差及表面粗糙度要求难以达到。

支架的毛坯与零件相似,各处均有单边加工余量 5 mm(毛坯图略)。零件在加工后各处厚薄尺寸相差悬殊,除扇形框外,其他各处刚性较差,尤其是腹板两面切削余量相对值较大,故该零件在铣削过程中及铣削后都将产生较大变形。

该零件被加工轮廓表面的最大高度 $H = (41 - 2)\text{mm} = 39\text{ mm}$,转接圆弧半径 R 为 10 mm,R 略大于 0.2H,故该处的铣削工艺性尚可。圆角半径分别为 10 mm、5 mm、2 mm 及 1.5 mm,不统一,故需多把不同刀尖圆角半径的铣刀。

零件尺寸的标注基准(对称轴线、底平面、$\phi70$ mm 孔中心线)较统一,且无封闭尺寸;构成该零件轮廓形状的各几何元素条件充分,无相互矛盾之处,有利于编程。

分析其定位基准,只有底面及 $\phi70$ mm孔(可先制成 $\phi20H7$ mm 的工艺孔)可做定位基准,尚缺一孔,需要在毛坯上制作一辅助工艺基准。

根据上述分析,针对提出的主要问题,采取如下工艺措施。

(1)安排粗、精加工及钳工矫形。

(2)先铣加强肋,后铣腹板,以提高刚性,防止振动。

(3)采用小直径铣刀加工,减小切削力。

(4)在毛坯右侧对称轴线处增加一工艺凸耳,并在该凸耳上加工一工艺孔,解决缺少定位基准的问题;采用真空夹具夹紧,提高薄板件的装夹刚度。

(5)腹板与扇形框周缘相接处的底圆角半径为 10 mm,采用底圆半径为 10 mm的球头成形铣刀(带 7°斜角)补加工完成;将半径为 2 mm 和 1.5 mm 的圆角利用圆角制造公差统一为 $1.5^{+0.5}_{0}$ mm,省去一把铣刀。

2. 制订支架零件工艺过程

根据前述的工艺措施,制订的支架加工工艺过程如下。

(1)钳工:划两侧宽度线。

(2)普通铣床:铣两侧宽度。

(3)钳工:划底面铣切线。

(4)普通铣床:铣底平面。

(5)钳工:矫平底平面、划对称轴线、制定位孔。

(6)数控铣床:粗铣腹板厚度型面轮廓。

(7)钳工:矫平底面。

(8)数控铣床:精铣腹板厚度、型面轮廓及内外形。

(9)普通铣床:铣去工艺凸耳。

(10)钳工:矫平底面、表面光整、尖边倒角。

(11)表面处理。

3. 确定装夹方案

在数控铣削加工工序中,选择底面、$\phi70$ mm孔位置上预制的 $\phi20H7$ mm 工艺孔以及工艺凸耳上的工艺孔为定位基准,即以"一面两孔"定位,相应的定位元件为"一面两销"。

图 6-43 所示的即为数控铣削工序中使用的专用过渡真空平台,它能利用真空吸紧工件,夹紧面积大,刚性好,铣削时不易产生振动,尤其适用于薄板件的装夹。为防止抽真空装置发生故障或漏气,使夹紧力消失或下降而造成工件松动,可另加辅助夹紧装置。图 6-44 所示即为支架数控铣削加工装夹方法。

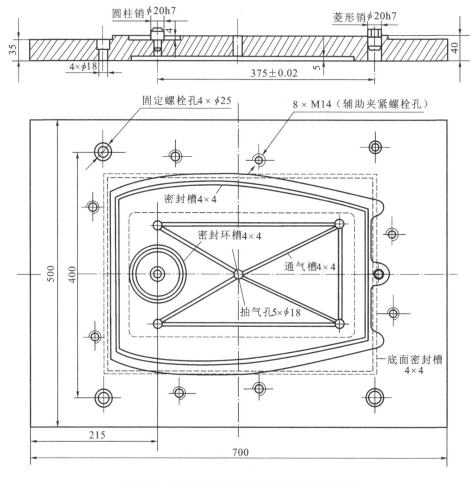

图 6-43　支架零件数控铣削专用过渡真空平台

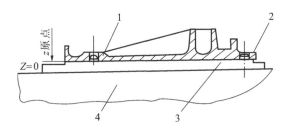

图 6-44　数控铣削加工装夹示意

1—支架；2—工艺凸耳；3—夹具过渡真空平台；4—机床工作台

4. 划分数控铣削加工工步和安排加工顺序

　　支架在数控机床上进行铣削加工的工序共两道，按同一把铣刀的加工内容来划分工步，其中数控精铣工序可划分为三个工步，具体的工步内容及工步顺序如表 6-10 所示（粗铣工序从略）。

表6-10　支架数控铣削加工工序卡片

（工厂）	数控加工工序卡片		产品名称（代号）	零件名称	材料	零件图号
				支架	LD5	
工序号	程序编号	夹具名称	夹具编号	使用设备		车间
		真空夹具				
工步号	工步内容		加工面	刀具号	刀具规格/mm	主轴转数/(r/min)	进给速度/(mm/min)	背吃刀量/mm	备注
1	铣型面轮廓周边 $R5$ mm 圆角			T01	$\phi20$	800	400		
2	铣扇形框内外形			T02	$\phi20$	800	400		
3	铣外形及 $\phi70$ mm 孔			T03	$\phi20$	800	400		
编制		审核		批准		共1页	第1页

5. 确定进给路线

为直观起见和方便编程，将进给路线绘成进给路线图。

图 6-45、图 6-46 和图 6-47 所示是数控精铣工序中三个工步的进给路线。图中 Z 值是铣刀在 Z 方向的移动坐标。在第三工步进给路线中，铣削 $\phi70$ mm 孔的进给路线未绘出。粗铣进给路线从略。

数控机床进给路线图		零件图号		工序号		工步号	1	程序编号	
型号	程序段号		加工内容		铣型面轮廓周边 $R5$mm 圆角			共3页	第1页

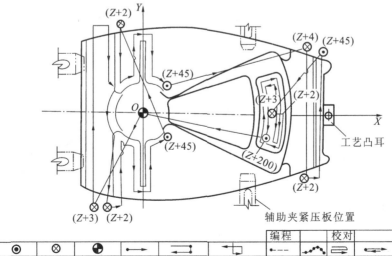

符号	◉	⊗	⦿	→	⇄	⇤	⬚			
							编程	校对	审批	
含义	抬刀	下刀	程编原点	起始	进给方向	进给线相交	爬斜坡	钻孔	行切	轨迹重叠	回切

图 6-45　铣削支架零件型面轮廓进给路线

数控机床进给路线图		零件图号		工序号		工步号	2	程序编号	
机床型号		程序段号		加工内容		铣扇形框内、外形		共3页	第2页

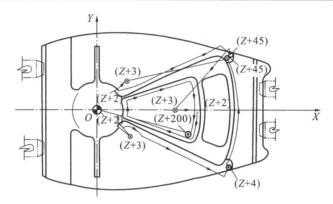

符号	⊙	⊗	⊕	→	⇉	↰	编程	∿	校对	⇄	审批	⊡
含义	抬刀	下刀	程编原点	起始	进给方向	进给线相交	爬斜坡	钻孔	行切	轨迹重叠	回切	

图 6-46　铣削支架零件扇形框内、外形进给路线

数控机床进给路线图		零件图号		工序号		工步号	3	程序编号	
机床型号		程序段号		加工内容		铣削外形及内孔ϕ70mm		共3页	第3页

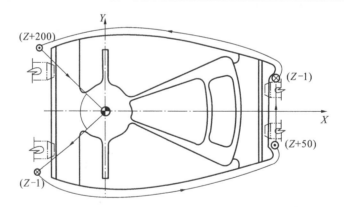

符号	⊙	⊗	⊕	→	⇉	↰	编程	∿	校对	⇄	审批	⊡
含义	抬刀	下刀	程编原点	起始	进给方向	进给线相交	爬斜坡	钻孔	行切	轨迹重叠	回切	

图 6-47　铣削支架零件外形进给路线

6. 选择刀具及切削用量

根据被加工表面的形状和尺寸选择铣刀种类及几何尺寸。该支架零件数控精铣工序选用铣刀为立铣刀和成形铣刀，刀具材料为高速钢，所选铣刀及其几何尺寸如表 6-11 所示。

表 6-11　数控加工刀具卡片

产品名称(代号)			零件名称	支　架	零件图号		程序号	
工步号	刀具号	刀具名称	刀柄型号	刀具		补偿量/mm	备注	
				直径/mm	刀长/mm			
1	T01	立铣刀		20	45		$R5$ mm 底圆角	
2	T02	成形铣刀		20(小头)	45		$R10$ mm 底圆角 带 7°斜角	
3	T03	立铣刀		20	40		$R0.5$ mm 底圆角	
编制		审核		批准			共 1 页	第 1 页

切削用量根据工件材料(这里为铝合金 2A50)、刀具材料及图样要求选取。数控精铣的三个工步所用铣刀直径相同,加工余量和表面粗糙度也相同,故可选择相同的切削用量。所选主轴转速 $n=800$ r/min,进给速度 $v_f=400$ mm/min。

知识链接

数控铣削的"超程"和"欠程"现象

数控铣削轮廓加工中,选择进给量时还应注意轮廓拐角处的"超程"和"欠程"问题。

如高速切削时,由于工艺系统的惯性,在拐角处易产生图 6-48 所示"超程"现象。

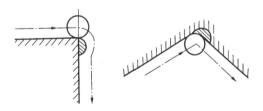

图 6-48　数控铣削拐角处的"超程"现象

再如图 6-49 所示,用圆柱铣刀铣削图示轮廓表面时,铣刀由 A 向 B 运动,进给速度较高时,由于惯性在拐角 B 处可能出现"超程"现象,拐角处的金属被多切去一些。为此要选择变化的进给量,即在接近拐角处应适当降低进给量,过拐角后再逐渐升高,以保证加工精度。

另外,在切削过程中,由于切削力的作用,机床、工件和刀具的工艺系统将产生变形,从而使刀具产生滞后,在拐角处会产生"欠程"现象。采用增加减速程序段或暂停程序的方法,可以减少由此产生的"欠程"现象。

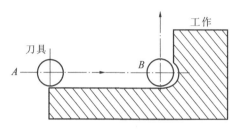

图 6-49　轮廓拐角处的"超程"现象

小　　结

　　本模块通过常见典型零件数控铣削加工工艺的制订案例,要求熟悉数控铣削加工工艺的制订流程和制订内容,并能举一反三学会各种数控铣削零件的加工工艺制订。

能 力 检 测

　　1.试制订图 6-50 所示法兰外轮廓面的数控铣削加工工艺(其余表面已加工)。

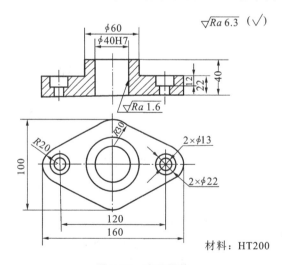

材料:HT200

图 6-50　法兰零件

2.加工图 6-51 所示的具有三个台阶的槽腔零件。试制订该槽腔零件的数控铣削加工工艺(其余表面已加工)。

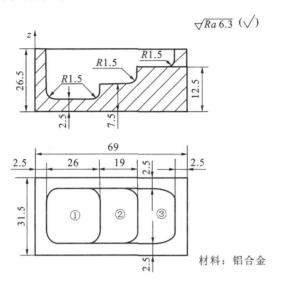

图 6-51　槽腔零件

3.加工图 6-52 所示偏心轮。先编制出该零件的整个加工工艺过程(毛坯为锻件),然后再制订轮廓及圆弧槽的数控铣削加工工艺。

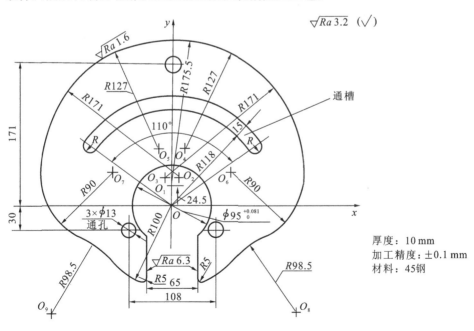

厚度：10 mm
加工精度：±0.1 mm
材料：45钢

图 6-52　偏心轮

4.编制图 6-53 所示零件的数控铣削加工工艺。

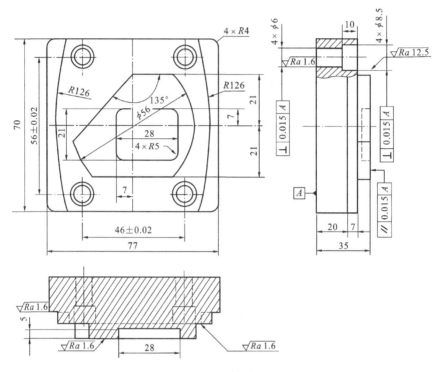

图 6-53　铣削零件

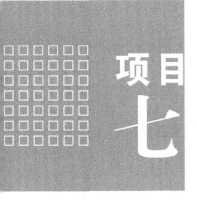

项目

七

加工中心工艺

模块一 加工中心加工工艺分析

任务一 加工中心的分类、加工中心的组成及特点

加工中心(machining center)简称 MC,是从数控铣床发展而来的。与数控铣床相同的是,加工中心同样是由计算机数控系统、伺服系统、机械本体、液压系统等各部分组成的,但加工中心又不同于数控铣床。加工中心与数控铣床的最大区别在于它具有自动交换加工刀具的能力,通过在刀库上安装不同用途的刀具,可在一次装夹后通过自动换刀装置改变主轴上的加工刀具,实现钻、铣、镗、扩、铰、攻螺纹、切槽等多种加工功能。因此,加工中心适合于小型板类、盖类、壳体类、模具等零件的多品种小批量加工。

1. 加工中心的分类

1)按功能特征分类

加工中心按功能特征可分为镗铣、钻削和复合加工中心。

(1)镗铣加工中心 镗铣加工中心是机械加工行业应用最多的一类数控设备,有立式和卧式的两种。其工艺范围主要是铣削、钻削、镗削。镗铣加工中心数控系统控制的坐标数多为三个,高性能的数控系统可以达到五个或更多。不同的数控系统对刀库的控制采取不同的方式,有伺服轴控制和 PLC 控制两种。

立式镗铣加工中心的回转工作台大多采用伺服轴控制,并能实现工作台在 360° 范围内任意定位。

(2)钻削加工中心　以钻削为主,刀库形式以转塔头形式为主,适用于中、小批量零件的钻孔、扩孔、铰孔、攻螺纹及连续轮廓铣削等工序加工。

(3)复合加工中心　在一台设备上可以完成车、铣、镗、钻等多种工序加工的加工中心称为复合加工中心,可代替多台机床实现多工序的加工。采用复合加工中心既可减少装卸时间,提高机床的生产效率,减少半成品库存量,又能保证和提高几何精度。

2)按主轴的位置不同分类

加工中心按主轴的位置不同分卧式、立式和五面加工中心,这是加工中心通常的分类方法。

(1)卧式加工中心　卧式加工中心(见图 7-1)是指主轴轴线水平放置的加工中心,有固定立柱式和固定工作台式的两种。固定立柱式加工中心的立柱不动,主轴箱在立柱上作上下移动,工作台可在水平面上作两个方向坐标(X、Z)移动;固定工作台式卧式加工中心 Z 坐标由立柱移动来定位,安装工件的工作台只完成 X 坐标移动。

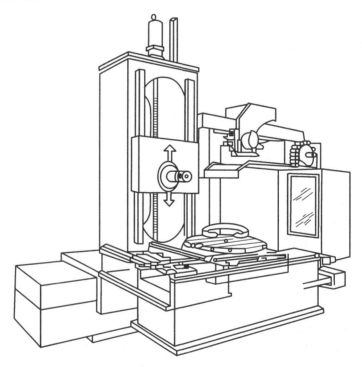

图 7-1　卧式加工中心

（2）立式加工中心 立式加工中心主轴的轴垂直设置，其结构多为固定立柱式，工作台为十字滑台。

（3）五面加工中心 五面加工中心具有立式和卧式加工中心的功能，在工件的一次装夹后，能完成除安装面外的所有五个面的加工。这种加工中心可以使工件的几何公差降低，省去二次装夹的工装，从而提高生产效率，降低加工成本。

3）按支承件的不同分类

（1）龙门式镗铣加工中心 龙门式加工中心的典型特征是具有一个龙门型的固定立柱，在龙门框架上安装有实现 X 向、Z 向移动的主轴部件，龙门式加工中心的工作台仅实现 Y 向移动。龙门式结构刚性好，常见于大型加工中心。

（2）动柱式镗铣加工中心 动柱式镗铣加工中心的主轴部件安装在加工中心的立柱上，实现 Z 向移动；立柱安装在 T 形底座上，实现 X 向移动。动柱式加工中心由于立柱通过滚动导轨与底座相连，刚性比龙门结构差，一般不适宜重切削加工；加工过程中立柱要完成支承工件和 X 向移动两个功能，加大的立柱质量限制了机床性能。动柱式结构常见于中小型或卧式镗铣加工中心。

4）其他分类

（1）双刀库加工中心 加工中心的生产效率可以由机床的加工速度、切削功率及刀具性能判定，而一次装夹能够完成的工序数量，是衡量机床辅助性能的重要指标。大中型加工中心在加工形状复杂、工序众多的工件时，通常要求机床有足够的刀具库容，以满足加工工艺的需要。加工中心的刀库一般使用链式刀库，为减小机床体积和机床占地面积，当库容大于 70～80 把刀具时，通常设计成双刀库模式，通过两个换刀机械手实现刀具的取还。加工过程中，数控机床系统刀库 PLC 模块对两个刀库中刀具的编号和对应编号刀具的刀补实行动态管理。

（2）多工位镗铣加工中心 多工位加工中心有时也称柔性加工单元，它有两个以上的可以更换的工作台，通过输送轨道或工作台交换结构，把加工完毕的工件连同工作台一起送出加工区，然后把装有待加工工件的工作台送至加工区。这种加工中心能实现连续加工，机床加工时间和工件装卸辅助时间重合，生产效率相对单台机床大大提高。多工位加工中心上每个工作台安装的零件可以是相同的也可以是不同的。多工位加工中心有立式和卧式两种形式，其结构复杂，但刀库容量较大，控制系统功能强，内存容量大，计算速度快。

2. 加工中心的组成及特点

1）加工中心的组成

1958 年，美国的卡尼-特雷克公司在一台数控镗铣床上增加了换刀装置，这标志着第一台加工中心问世。之后多年来出现了各种类型的加工中心，虽然外形结构各异，但总体上都是由以下几大部分组成的（见图 7-2）。

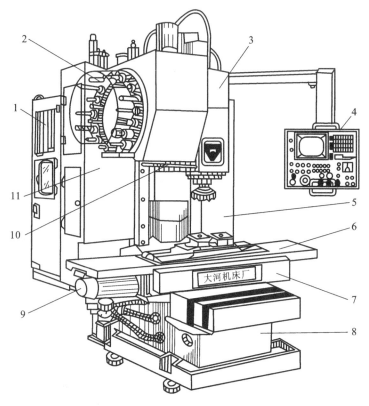

图 7-2 TH5632 型立式加工中心

1—数控柜;2—刀库;3—主轴箱;4—操纵台;5—驱动电源柜;6—纵向工作台;
7—滑座;8—床身;9—X 轴进给伺服电动机;10—换刀机械手;11—立柱

(1)基础部件 床身、立柱和工作台等大件是加工中心结构的基础部件。这些大件有铸铁件,也有焊接的钢结构件,它们要承受加工中心的静载荷以及在加工时的切削负载,因此必须具备更高的静、动刚度,也是加工中心中质量和体积最大的部件。

(2)主轴部件 主轴部件由主轴箱、主轴电动机、主轴和主轴轴承等零件组成。主轴的启动、停止等动作和转速均由数控系统控制,并通过装在主轴上的刀具进行切削。主轴部件是切削加工的功率输出部件,是加工中心的关键部件,其结构的好坏,对加工中心的性能有很大的影响。

(3)数控系统 数控系统由 CNC 装置、可编程序控制器、伺服驱动装置以及电动机等部分组成,是加工中心执行顺序控制动作和控制加工过程的系统。

(4)自动换刀装置 加工中心与一般通用机床的显著区别是具有对零件进行多工序加工的能力,有一套自动换刀装置。

2）加工中心的特点

（1）工序集中；

（2）对加工对象的适应性强；

（3）加工精度高；

（4）加工生产率高；

（5）操作者的劳动强度小；

（6）经济效益高；

（7）有利于实现生产管理的现代化。

任务二　加工中心的加工范围、加工零件的工艺性

1.加工中心的加工范围

加工中心适宜于加工复杂、工序多、要求精度高、需用多种类型的普通机床和众多刀具、夹具，且经多次装夹和调整才能完成加工的零件。其加工的主要对象有箱体类零件、复杂曲面、异形件、盘套板类零件和有特殊工艺要求的零件等。

1）箱体类零件

箱体类零件一般是指具有一个孔系，内部有型腔，在长、宽、高方向上有一定比例的零件。这类零件在机床、汽车、飞机制造等行业中应用较多。箱体类零件一般都需要进行多工位孔系及平面加工，公差要求较高，特别是形状和位置公差要求较为严格，通常要经过铣、钻、镗、扩、铰、锪、攻螺纹等工序，需要刀具较多，在普通机床上加工难度较大，工装套数多，工艺难以确定，需多次装夹、找正，手工测量次数多，加工时必须频繁地更换刀具，工艺难以确定，更重要的是精度难以保证。

加工箱体类零件，当加工工位较多、需工作台多次旋转角度才能完成时，一般选卧式镗铣类加工中心。当加工的工位较少且跨距不大时，可选立式加工中心，从一端开始加工。

2）复杂曲面

复杂曲面在机械制造业，特别是航天航空工业中占有特殊、重要的地位。复杂曲面采用普通机床加工是难以甚至无法完成的。在我国，传统的方法是采用精密铸造，其精度往往不能达到要求。复杂曲面类零件如各种凸轮、叶轮，导风轮，球面零件，各种曲面形成的模具，螺旋桨以及水下航行器的推进器，以及由一些其他形状的自由曲面形成的零件等，均可用加工中心进行加工。比较典型的零件有以下几种。

（1）凸轮　凸轮作为机械式信息储存与传递的基本元件，被广泛地应用于各种自动机械中，如各种曲线的盘形凸轮、圆柱形凸轮、圆锥形凸轮、桶形凸轮、端面凸轮等。加工这类零件时，可根据凸轮的复杂程度，选用三轴、四轴或五轴联动的加工中心机床。

（2）整体叶轮式　这类零件常见于航空发动机的空气机、制氧设备的膨胀机、单螺杆空气压缩机等，其型面采用四轴以上联动的加工中心才能完成。

（3）球面零件　球面可采用加工中心铣削。三轴铣削只能用球头铣刀进行逼近加工，效率较低；五轴铣削可采用端铣刀加工包络面来逼近球面。复杂曲面用加工中心时，编程工作量大，大多数采用自动编程技术。

（4）模具　如注塑模具、橡胶模具、真空成形吹塑模具、电冰箱发泡模具、压力铸造模具、精密铸造模具等均需采用加工中心加工。采用加工中心加工模具时，由于工序高度集中，在动模、静模等关键件的精加工中基本上是一次安装完成全部机加工内容，可减小尺寸累积误差，减少修配工作量。同时，模具的可复制性强、互换性好。机械加工留给钳工的工作量少，凡刀具可及之处，均应尽可能由机械加工完成，则可使模具钳工的工作主要是抛光。

3）异形件

异形件是外形不规则的零件，大都需要点、线、面多工位混合加工。异形件的刚性一般较差，夹压变形难以控制，加工精度也难以保证，甚至某些零件的个别加工部位用普通机床难以完成。用加工中心加工时采用合理的工艺措施，一次或两次装夹，利用加工中心多工位点、线、面混合加工的特点，完成多道工序或全部工序的内容。

4）盘、套、板类零件

带有键槽或径向孔，或端面有分布的孔系、曲面的盘套或轴类零件，如带法兰的轴套、带键槽或方头的轴类零件等，具有较多孔需加工的板类零件，如各种电动机盖等，均需采用加工中心加工。端面有分布孔系、曲面的盘类零件宜选用立式加工中心，有径向孔的可选择卧式加工中心。

5）有特殊工艺要求的零件

在熟练掌握了加工中心的功能之后，配合一定的工装和专用工具，利用加工中心可完成一些特殊的工艺制作，如在金属表面刻字、刻线、刻图案。在加工中心的主轴上装上高频电火花电源，可对金属表面进行线扫描表面淬火；在加工中心装上高频磨头，可实现小模数渐开线锥齿轮磨削及各种曲线、曲面的磨削等。

2. 零件对加工中心的工艺适应性

根据数控加工的优缺点及国内外大量应用实践，一般可按零件对加工中心的工艺适应程度将零件分为下列三类。

1）最适应类

（1）形状复杂，加工精度要求高，用通用加工设备无法加工或虽然能加工但很难保证产品质量的零件；

（2）用数学模型描述的复杂曲线或曲面轮廓零件；

（3）具有难测量、难控制进给、难控制尺寸的不开敞内腔的壳体或盒型零件；

（4）须在一次装夹中合并完成铣、镗、铰或攻螺纹等多工序的零件。

对于上述零件,可以先不要过多地考虑生产率与经济上是否合理,而首先应考虑能不能把它们加工出来,即要着重考虑可能性的问题。只要有可能,都应把采用数控加工作为优选方案。

2)较适应类

(1)在通用机床上加工时易受人为因素干扰,成本又高,一旦质量失控便造成重大经济损失的零件;

(2)在通用机床上加工必须制造复杂的专用工装的零件;

(3)需要多次更改设计后才能定型的零件;

(4)在通用机床上加工需要做长时间调整的零件;

(5)用通用机床加工时,生产率很低或体力劳动强度很大的零件。

对这类零件,在首先分析其可加工性以后,还要在提高生产率及经济效益方面做全面衡量,一般可把它们作为数控加工的主要选择对象。

3)不适应类

(1)生产批量大的零件(当然不排除其中个别工序用数控机床加工);

(2)装夹困难或完全靠找正定位来保证加工精度的零件;

(3)加工余量很不稳定,且数控机床上无在线检测系统可自动调整零件坐标位置的零件;

(4)必须用特定的工艺装备协调加工的零件。

以上零件采用数控加工后,在生产效率与经济性方面一般无明显改善,更有可能弄巧成拙或得不偿失,故一般不应作为数控加工的选择对象。

3. 加工零件的工艺性分析

数控加工工艺性分析涉及内容很多,从数控加工的可能性和方便性分析,应主要考虑以下几点。

1)零件图样上尺寸数据的标注原则

(1)零件图上尺寸标注应使编程方便。在数控加工图上,宜采用以同一基准引注尺寸或直接给出坐标尺寸。这种标注方法既便于编程,也便于协调设计基准、工艺基准、检测基准,方便编程零点的设置和计算。图 7-3 所示为压缩机缸盖进气口图,采用坐标法标注零件尺寸,编程十分方便。

(2)构成零件轮廓的几何元素的条件应充分。自动编程时要对构成零件轮廓的所有几何元素进行定义。在分析零件图时,要分析几何元素的给定条件是否充分,如果不充分,则无法对被加工零件进行造型,也就无法编程。

2)零件各加工部位的结构工艺性应符合数控加工的特点

(1)零件所要求的加工精度、尺寸公差应能得到保证。

(2)零件的内腔和外形最好采用统一的几何形状类型和尺寸,尽可能减少刀具规格和换刀次数。

(3)零件的工艺结构设计应确保能采用较大直径的刀具进行加工。采用大

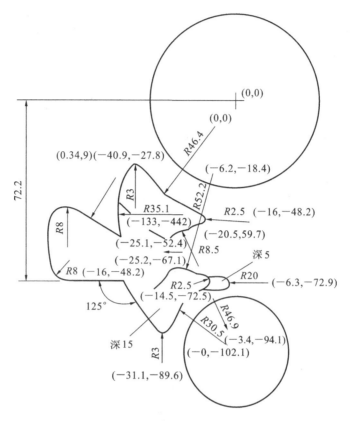

图 7-3 用坐标法标注零件尺寸

直径铣刀加工,能减少加工次数,提高表面加工质量。

如图 7-4 所示,零件的被加工轮廓面低、内槽圆弧大,则可以采用大直径的铣刀进行加工。因此,内槽圆角半径 R 不宜太小,且应尽可能使被加工零件轮廓面的最大高度 $H<5R$,以获得良好的加工工艺性。刀具半径 r 一般取为内槽圆角半径 R 的 $0.8\sim0.9$ 倍。

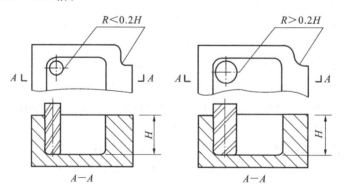

图 7-4 内槽结构工艺性对比

（4）零件铣削面的槽底圆角半径或腹板与缘板相交处的圆角半径 r 不宜太大，详见项目六模块一的任务二中所述。

（5）应采用统一的基准定位。数控加工过程中，若零件需重新定位安装而没有统一的定位基准，会导致加工结束后正、反两面的轮廓位置及尺寸不协调。因此，要尽量利用零件本身具有的合适的孔或设置专门的工艺孔，或以零件轮廓的基准边等作为定位基准，保证两次装夹加工后相对位置的准确。

4. 加工方法选择及加工方案确定

1）加工方法选择

在数控机床上加工零件，一般有以下两种情况。一是有零件图样和毛坯，要选择适合加工该零件的数控机床；二是已经有了数控机床，要选择适合该机床加工的零件。无论哪种情况，都应根据零件的种类和加工内容选择合适的数控机床和加工方法。

平面轮廓零件的轮廓多由直线、圆弧和曲线组成，一般应在两坐标联动的数控铣床上加工；具有三维曲面轮廓的零件，多采用三坐标或三坐标以上联动的数控铣床或加工中心加工。经粗铣的平面，尺寸精度可达 IT12～IT14 级（指两平面之间的尺寸），表面粗糙度可达 $Ra\ 12.5～50\ \mu m$。经粗、精铣的平面，尺寸精度可达 IT7～IT9 级，表面粗糙度可达 $Ra\ 1.6～3.2\ \mu m$。

孔加工的方法比较多，有钻削、扩削、铰削和镗削等。对大直径孔还可采用圆弧插补方式进行铣削加工。

对于直径大于 $\phi 30\ mm$ 已铸出或锻出毛坯孔的孔加工，一般采用"粗镗→半精镗→孔口倒角→精镗"加工方案。

孔径较大的可采用立铣刀"粗铣→精铣"加工方案。有空刀槽时，可用锯片铣刀在半精镗之后、精镗之前铣削完成，也可用镗刀进行单刃镗削，但单刃镗削效率低。

对于直径小于 $\phi 30\ mm$ 的无毛坯孔的孔加工，通常采用"锪平端面→打中心孔→钻→扩→孔口倒角→铰"加工方案。

有同轴度要求的小孔，须采用"锪平端面→打中心孔→钻→半精镗→孔口倒角→精镗（或铰）"加工方案。为提高孔的位置精度，在钻孔工步前须安排锪平端面和打中心孔工步。孔口倒角应安排在半精加工之后、精加工之前，以防孔内产生毛刺。

螺纹的加工根据孔径大小而定。一般情况下：对于公称直径在 5～20 mm 之间的螺纹，通常采用攻螺纹的方法加工；对于公称直径在 6 mm 以下的螺纹，应在加工中心上完成底孔加工后，再通过其他手段攻螺纹，因为在加工中心上攻螺纹不能随机控制加工状态，小直径丝锥容易折断；对公称直径在 25 mm 以上的螺纹，可采用镗刀镗削加工。

加工方法的选择原则是保证加工表面的精度和表面粗糙度的要求。由于获得同一级精度及表面粗糙度的加工方法一般有许多,因而在实际选择时,要结合零件的形状、尺寸和热处理要求全面考虑。例如,对于IT7级精度的孔,采用镗削、铰削、磨削等方法加工均可达到精度要求;但箱体上的孔一般采用镗削或铰削,而不采用磨削。一般小尺寸的箱体孔选择铰削,当孔径较大时则应选择镗削。此外,还应考虑生产率和经济性的要求,以及工厂的生产设备等实际情况。

2)加工方案确定

确定加工方案时,首先应根据主要表面的精度和表面粗糙度的要求,初步确定为达到这些要求所需要的加工方法,即精加工的方法,再确定从毛坯到最终成形的加工方案。

在加工过程中,工件按表面轮廓可分为平面类和曲面类零件,其中平面类零件中的斜面轮廓又分为有固定斜角和变斜角的外形轮廓面。外形轮廓面的加工,若单纯从技术上考虑,最好的加工方案是采用多坐标联动的数控机床,这样不但生产效率高,而且加工质量好。但由于一般中小企业无力购买这种价格昂贵、生产费用高的机床,因此应考虑采用二点五轴控制和三轴控制机床加工。

在二点五轴控制和三轴控制机床上加工曲面类的零件时,通常采用球头铣刀,轮廓面的加工精度主要通过控制走刀步长和加工带宽度来保证。加工精度越高,走刀步长和加工带宽度越小,编程效率和加工效率越低。

如图7-5所示,球头刀半径为r,零件曲面的曲率半径为ρ,行距为s,加工后曲面表面残留高度为H,则有

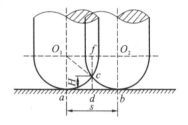

图7-5 行距的计算

$$s = \sqrt{H(2r - H) \times \rho/(r \pm \rho)}$$

式中,当被加工零件的曲面在ab段内凸起时取"+"号,凹下时取"−"号。

现在的CAD/CAM系统编程时选择行距与步长的方式主要有两种。一种是经过估算,选择等行距等步长。在规定的区域内不论曲面如何变化,刀具总是以相等的行距与步长进行切削。由于曲面的曲率和凹凸是变化的,所以采用这种方法切削后,曲面表面残留高度是不同的。另一种方法是等残留高度法,即在编程时,先确定整张曲面上的残留沟纹高度,CAD/CAM系统根据此高度自动计算出行距与步长。所以采用这种方法切削出的表面,不论曲面如何变化,残留高度总是相等的,但行距与步长却不相等。

 知识链接

加工中心是由机械设备与数控系统组成的用于加工复杂形状工件的高效率自动化机床。加工中心备有刀库,具有自动换刀功能,是对工件一次装夹

后进行多工序加工的数控机床。加工中心是高度机电一体化的产品,工件装夹后,数控系统能控制机床按不同工序自动选择、更换刀具,自动对刀,自动改变主轴转速、进给量等,可连续完成钻、镗、铣、铰、攻螺纹等多种工序,因而能大大减少工件装夹时间及测量和机床调整等辅助工序时间,用于加工形状比较复杂、精度要求较高、品种更换频繁的零件时,具有良好的经济效果。

小　结

加工中心是通过在刀库上安装不同用途的刀具,实现钻、铣、镗、扩、铰、攻螺纹、切槽等多种加工功能的机床,可在一次装夹后通过自动换刀装置改变主轴上的加工刀具,主要适合于箱体类零件,复杂曲面、异形件,盘、套、板类零件以及有特殊工艺要求的零件的加工。

能 力 检 测

1. 加工中心的分类如何? 其组成及特点如何?
2. 加工中心的加工范围如何?
3. 如何分析加工中心加工零件的工艺性?

模块二　加工中心的刀具及其选用

【学习目标】
了解:加工中心的标准刀具系统。
熟悉:加工中心的常用铣削刀具。
掌握:孔加工刀具。

数控刀具系统在数控加工中具有极其重要的意义,正确选择和使用与数控加工中心机床匹配的刀具系统是充分发挥机床功能和优势、保证加工精度以及控制加工成本的关键,这也是在编制程序时要考虑的主要内容之一。

任务三　常用铣削刀具及孔加工刀具

1. 加工中心常用的铣刀

1)面铣刀

端铣所用刀具为面铣刀(直径 32～250 mm),面铣刀可以是套式的,也可以是整体带柄式的,如图 7-6 所示。面铣刀适用于加工平面,尤其适合加工大面积平面。

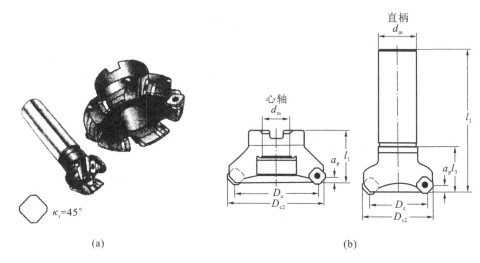

图 7-6 面铣刀

(a)面铣刀外形;(b)面铣刀结构参数

面铣刀的主切削刃分布在外圆柱面或外圆锥面上,其端面上的切削刃为副切削刃。主偏角为 90°的面铣刀称为方肩面铣刀(直径 40～250 mm),如图 7-7(a)所示。方肩面铣刀在加工平面的同时,能加工出与平面垂直的直角面,这一直角面的高度受到刀片长度的限制。如果需要加工出高于刀片长度的直立面,可以采用层切的方法,分层加工直立面,如图 7-7(b)所示。

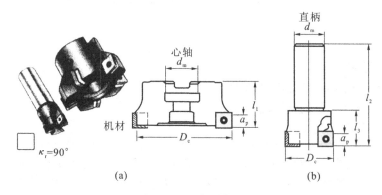

图 7-7 方肩面铣刀

(a)方肩面铣刀外形;(b)方肩面铣刀结构参数

方肩面铣刀采用螺旋线进给方式,能够镗铣加工孔。方肩面铣刀加工范围如图 7-8 所示。

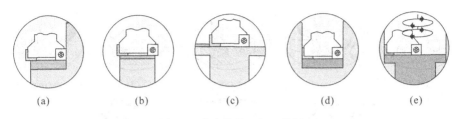

图 7-8　方肩面铣刀加工范围

(a)方肩铣;(b)面铣;(c)薄壁件面铣;(d)槽铣;(e)镗铣

　　面铣刀的直径一般较大,通常将其制成镶齿结构的,即将其刀齿和刀体分开。刀齿是由硬质合金制成的可转位刀片,刀体的材料为 40Cr,把刀齿夹固在刀体上,刀齿的一个切削刃用钝后,只需松开夹固件,直接在刀体上更换切削刃或刀片,重新夹固,即可继续切削。目前普遍使用的硬质合金铣刀片有四边形的和三角形的,可分为带后角的和不带后角的两种。一般带后角的刀片用于正前角铣刀,不带后角的刀片用于负前角铣刀。

　　面铣刀可以用于粗加工,也可以用于精加工。粗加工要求有较大的生产率,即要求有较大的铣削用量。为使粗加工时能取较大的切削深度以切除较大的余量,粗加工时宜选较小的铣刀直径。精加工要求保证加工精度,要求加工表面粗糙度要低,应该避免在精加工面上的接刀痕迹,所以精加工的铣刀直径要选大些,最好能包容加工面的整个宽度。

　　2)三面刃铣刀

　　三面刃铣刀的外圆周和两边侧面都有切削刃,如图 7-9 所示。三面刃铣刀可以用于加工台肩面、沟槽等,其加工范围如图 7-10 所示。

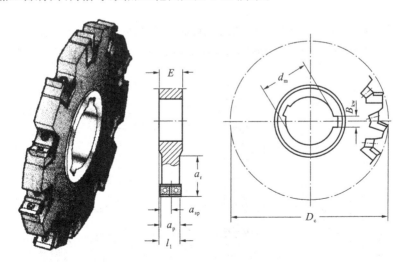

图 7-9　三面刃铣刀

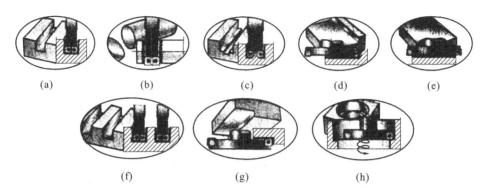

图 7-10　三面刃铣刀加工范围

(a)槽铣;(b)切断;(c)双侧铣;(d)方肩铣;(e)面铣;(f)组合铣;(g)背铣;(h)镗铣

3)立铣刀

(1)通用立铣刀　通用立铣刀从结构上可分为整体结构立铣刀(见图 7-11)和镶齿可转位立铣刀(见图 7-12)。镶齿可转位立铣刀又分为方肩式(见图 7-12(a))和长刃式(见图 7-12(b))的两种。长刃式镶齿可转位立铣刀也称为玉米铣刀。

立铣刀主要的切削工作由刀具端部完成。立铣刀有双齿、三齿和四齿甚至多齿的等多种类型,并分为右旋和左旋立铣刀。双齿立铣刀容屑能力大,切削用量大,四齿立铣刀适合精加工,三齿立铣刀性能介于这两者之间。立铣刀适合槽孔的切削,通常一次切削即可得到基本合格的表面加工质量。大多数情况下,三齿立铣刀的三个刀齿中有两个参与切削,其切削运动比较平稳而且噪声小。四槽立铣刀比两槽或三槽立铣刀加工表面粗糙度更小,切削时允许选用更大的进给速度。多槽立铣刀主要用于粗加工之后的精加工。

立铣刀每个刀齿的主切削刃分布在圆柱面上,呈螺旋线形,其螺旋角为 30°~45°,这样有利于提高切削过程的平稳性,将冲击减到最小,并可得到光滑的切削表面。

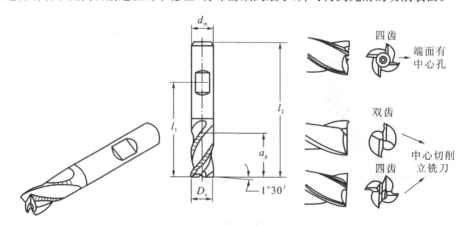

图 7-11　整体结构立铣刀

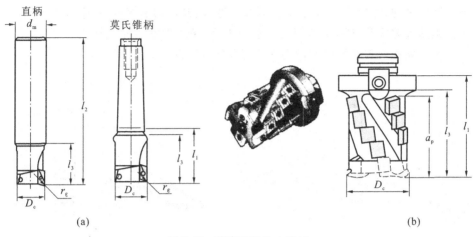

图 7-12 镶齿可转位立铣刀

(a)方肩式；(b)长刃式

立铣刀每个刀齿的副切削刃分布在端面上，用来加工与侧面垂直的底平面。立铣刀的主切削刃和副切削刃可以同时进行切削，也可以分别单独进行切削，如果立铣刀端部没有中心孔或切口，可以用于钻入式切削，即本身可以钻削定位孔，因而也被称为中心切削立铣刀；但是，如果立铣刀端部有中心孔或切口，则不能用来钻削孔。

直径较小的立铣刀一般制成带柄的形式，其柄可分为直柄($\phi 2 \sim 71$ mm 立铣刀)、莫氏锥柄($\phi 6 \sim 63$ mm 立铣刀)、锥度为 7：24 的锥柄($\phi 25 \sim 80$ mm 立铣刀)三种。

(2)圆角立铣刀　当立铣刀端面刃边缘具有刀尖圆角 r_ε 时，称之为圆角立铣刀，如图 7-13 所示。立铣刀的刀尖圆角半径提高了铣刀的使用寿命，此类立铣刀常用于加工槽或型腔的过渡圆角。

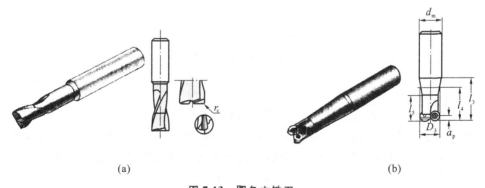

图 7-13 圆角立铣刀

(a)整体式；(b)硬质合金镶齿式

(3)球头立铣刀　显然，如果中心切削圆角立铣刀的圆角 r_ε 等于刀具半径，则刀具端面刃为球面，称之为球头立铣刀，如图 7-14 所示。球头立铣刀是由立铣刀发展而来的,可以沿刀具的轴向切入工件,以及沿刀具径向切削,主要用于加工三维的型腔或凸、凹模成形表面,也可以用于孔口倒角和平面倒角。

球头立铣刀包括圆柱形球头立铣刀和圆锥形球头立铣刀两种。

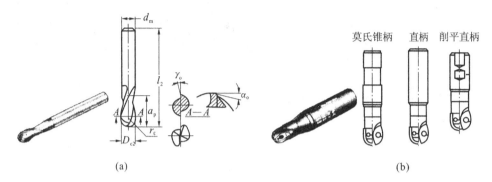

图 7-14　球头立铣刀

(a)整体式;(b)硬质合金镶齿式

(4)倒角铣刀　倒角铣刀的结构如图 7-15 所示。它主要用于工件边角的倒角。

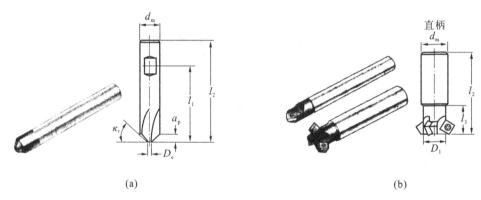

图 7-15　倒角铣刀

(a)整体式;(b)硬质合金镶齿式

4)键槽铣刀

用键槽铣刀加工键槽时,由于切削力的方向和刀具变形的影响,一步铣成形的键槽在其直角处误差较大。将键槽加工分为两步,可提高加工效率和加工精度,加工步骤如图 7-16 所示:先用小号铣刀粗铣全槽,然后以侧铣方式精铣槽的周边面,这样在槽根处能够加工出高精度的直角面。

5)钻铣刀

钻铣刀如图 7-17(a)所示。钻铣也称插铣,钻铣加工如图 7-17(b)所示。钻铣是高效率切除加工余量的加工方法,常用于粗加工。

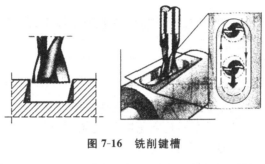

图 7-16　铣削键槽

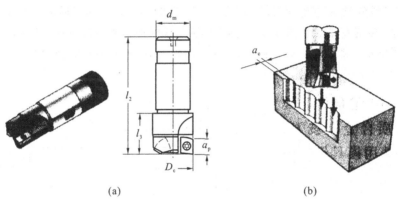

(a) (b)

图 7-17　钻铣

(a)钻铣刀;(b)钻铣加工示意

6)螺纹铣刀

螺纹铣刀结构如图 7-18(a)所示。螺纹铣刀用于铣削内、外螺纹表面,如图 7-18(b)所示。

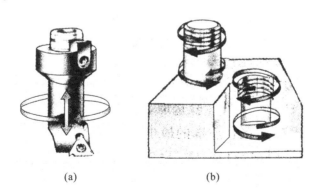

(a) (b)

图 7-18　螺纹铣刀

(a)螺纹铣刀;(b)铣削内、外螺纹示意

7)鼓形铣刀

鼓形铣刀如图 6-19 所示,常用在数控铣床和加工中心中加工立体曲面。

265

8)成形铣刀

成形铣刀(见图 6-20)一般为专用刀具,适用于加工特定形状的面和特殊的孔和槽,常用于型模加工。

2. 加工中心常用孔加工刀具

1)钻孔刀具

钻孔一般作为扩孔、铰孔前的粗加工工序,加工螺纹底孔也采用钻削方式等。加工中心钻孔所用刀具主要是麻花钻、中心孔钻和可转位浅孔钻等。

(1)麻花钻 麻花钻钻孔精度一般在 IT12 左右,表面粗糙度为 Ra 12.5 μm。按刀具材料分类,麻花钻可分为高速钢钻头(见图 7-19(a))和硬质合金钻头(见图 7-19(b));按麻花钻的柄部分类,分为直柄和莫氏锥柄钻头,直柄一般用于小直径钻头,莫氏锥柄一般用于大直径钻头;按麻花钻长度分,可分为基本型和短、长、加长、超长等类型钻头。

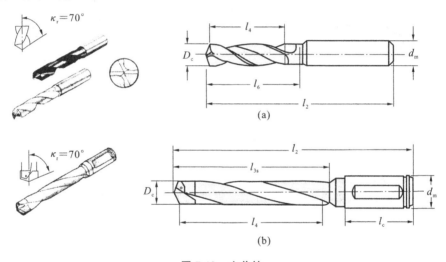

图 7-19 麻花钻

(a)高速钢钻头;(b)硬质合金钻头

(2)中心孔钻 中心孔钻是专门用于加工中心孔的钻头。用数控机床钻孔时,刀具的定位是由数控程序控制的,不需要钻模导向。为保证加工孔的位置精度,应该在用麻花钻钻孔前,用中心孔钻划窝,或用刚性较好的短钻头划窝,以将钻孔中的刀具引正,确保麻花钻的定位。

(3)硬质合金可转位浅孔钻 钻削直径为 20~60 mm、孔的长径比小于3~4的中等直径浅孔时,可选用硬质合金可转位浅孔钻,如图 7-20 所示。该钻头切削效率和加工质量均好于麻花钻,最适于箱体零件的钻孔加工,以及插铣加工,也可以用做扩孔刀具。可转位浅孔钻刀体头部装有一组硬质合金刀片(刀片可以是正多边形、菱形、四边形的),尺寸较大的可转位浅孔钻刀体上有内冷却通道及排屑槽。为了提高刀具的使用寿命,可以在刀片上涂镀碳化钛涂层。使用这种钻头钻箱体孔,比普通麻花钻可提高效率4~6倍。

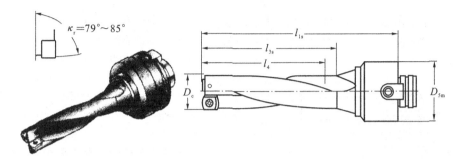

图7-20　硬质合金可转位刀片浅孔钻

2)扩孔刀具

扩孔是对已钻出、铸(锻)出或冲出的孔进行的进一步加工。在数控机床上扩孔多采用扩孔钻(见图7-21)加工,也可以采用立铣刀或镗刀扩孔。扩孔钻结构与麻花钻相比,有以下特点:扩孔钻的切削刃较多,一般有3~4个切削刃,切削导向性好;扩孔钻扩孔加工余量小,一般为2~4 mm;扩孔钻主切削刃短,容屑槽较麻花钻小,刀体刚度好;没有横刃,切削时轴向力小。所以扩孔加工质量和生产率均优于钻孔。扩孔对于预制孔的形状误差和轴线的歪斜有修正能力,它的加工精度可达IT10,表面粗糙度值为 Ra 3.2~6.3 μm,可以用于孔的最终加工,也可作为铰孔或磨孔的预加工。

扩孔钻切削部分的材料,可为高速钢或硬质合金。其刀柄部分结构有整体直柄(用于直径小的扩孔钻)、整体锥柄(用于中等直径的扩孔钻,见图1-11(a))和套式柄(用于直径较大的扩孔钻,见图1-11(b))三种。

3)铰孔刀具

铰孔是对已加工孔进行微量切削的工序,其合理切削用量为:背吃刀量取为铰削余量(粗铰余量为0.015~0.35 mm,精铰余量为0.05~0.15 mm);采用低速切削(粗铰钢件为5~7 m/min,精铰为2~5 m/min);进给量一般为0.2~1.2 mm/r,进给量太小会产生打滑和啃刮现象。铰孔时要合理选择切削液,在钢件上铰孔宜选用乳化液,在铸铁件上铰孔有时用煤油。

铰孔是一种对孔进行半精加工和精加工的加工方法,它的加工精度一般为IT6~IT9,表面粗糙度为 Ra 1.6~0.4 μm。但铰孔一般不能修正孔的位置误差,所以要求孔的位置精度应该由铰孔的上一道工序保证。

标准机用铰刀如图7-21所示。铰刀由工作部分、颈部和柄部组成,刀柄形式有直柄、锥柄和套式柄三种。铰刀的工作部分(即切削刃部分)又分为切削部分和校准部分。切削部分为锥形,承担主要的切削工作;校准部分包括圆柱部分和倒锥部分,圆柱部分主要起铰刀的导向、加工孔的校准和修光作用,倒锥部分主要起减少铰刀与孔壁的摩擦和防止孔径扩大的作用。

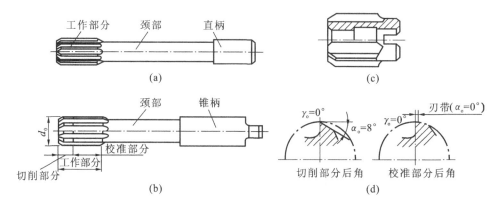

图 7-21 机用铰刀

(a)直柄机用铰刀;(b)锥柄机用铰刀;(c)套式机用铰刀;(d)切削校准部分角度

4)镗孔刀具

镗削常用于加工孔,也可镗削外圆柱面,如图 7-22 所示。镗刀与车刀类似,但刀具的大小受到孔径的尺寸限制,刚性较差,容易发生振动,所以在切削条件相同时,镗孔的切削用量一般比车削小 20%。镗孔是使用镗刀对已钻出的孔或毛坯孔进行进一步加工的方法。镗孔的通用性较强,可以粗加工、精加工不同尺寸的孔,以及镗通孔、盲孔、阶梯孔和加工同轴孔系、平行孔系等。粗镗孔的精度为 IT11~IT13,表面粗糙度为 Ra 6.3~12.5 μm;半精镗的精度为 IT9~IT10,表面粗糙度为 Ra 1.6~3.2 μm;精镗的精度可达 IT6,表面粗糙度为 Ra 0.1~0.4 μm。镗孔具有修正形状误差和位置误差的能力。常用的镗刀有以下几种。

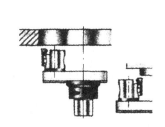

图 7-22 镗削内、外圆柱面

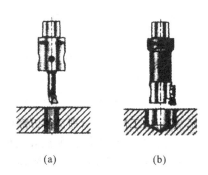

图 7-23 单刃镗刀

(a)夹持直柄单刃镗刀头;(b)带刀夹的单刃镗刀头

(1)单刃镗刀 单刃镗刀镗孔生产率较低,但其结构简单,通用性好,因此应用广泛。夹持直柄单刃镗刀头用于加工小直径孔,如图 7-23(a)所示。带刀夹的单刃镗刀头,用于加工较大直径的孔,如图 7-23(b)所示。

(2)双刃镗刀 镗刀的两端有一对对称的切削刃同时参与切削的镗刀称为双刃镗刀,如图 7-24 所示为机夹双刃镗刀。双刃镗刀的优点是可以消除背向力对镗杆的影响,增加系统刚度,能够采用较大的切削用量,生产率高。工件的孔径尺寸精度由镗刀来保证,调刀方便。

双刃镗削

图 7-24　机夹双刃镗刀

（3）微调镗刀　为提高镗刀的调整精度,在数控机床上常使用微调镗刀,如图 7-25 所示。这种镗刀的径向尺寸可在一定范围内调整,转动调整螺母可以调整镗削直径,螺母上有刻度盘,其读数精度可达 0.01 mm。调整尺寸时,先松开拉紧螺钉 6,然后转动带刻度盘的调整螺母 3,待刀头调至所需尺寸,再拧紧螺钉 6 进行锁紧。这种镗刀结构比较简单,刚性好。

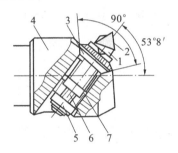

图 7-25　微调镗刀
1—刀体；2—刀片；3—调整螺母；4—刀杆；5—螺母；6—拉紧螺钉；7—导向键

任务四　加工中心的标准刀具系统的选用

加工中心刀具通常由刃具和刀柄两部分组成。刃具有面加工用的各种铣刀和孔加工用的各种钻头、扩孔钻、镗刀、铰刀及丝锥等；刀柄要满足机床主轴自动松开和夹紧定位要求,并能准确地安装各种刃具和适应换刀机械手的夹持等。

在加工中心上使用的刀具种类很多,刀柄与拉钉的结构与尺寸都已经标准化和系列化,在我国应用最广泛的是 BT40 和 BT50 系列刀柄和拉钉。其中各部尺寸可查阅相关标准资料（GB 10944—2006《自动换刀机床用 7:24 圆锥工具柄部 40、45 和 50 号柄》和 GB 10945—2006《自动换刀机床用 7:24 圆锥工具柄部 40、45 和 50 号柄用拉钉》）。此外还有 BT30 和 BT45 系列的刀柄和拉钉,不同的标准系列还有 ISO 系列刀柄和 NT 系列刀柄,它们与 BT 系列相似,结构稍有差异,但锥柄和拉钉的结构相同。

不同的刀具类型和刀柄的结合构成一个工具系统,工具系统由与机床主轴连接的锥柄(即刀柄)、接杆(延伸部分)和刀具(工作部分)组成。它们经组合就成为铣、钻、扩、铰、镗和攻螺纹等加工的工具,供加工中心使用。镗铣类工具系统分为整体式和模块式两大类。

(1)我国提出的 TSG82 工具系统属于整体式结构的工具系统,其特点是将锥柄和接杆连成一体,不同品种和规格的工作部分都必须与一定的锥柄配合。其优点是结构简单、可靠、使用方便等,缺点是锥柄(刀柄)的品种规格较多。

(2)模块式结构的工具系统是把工具的刀柄和工作部分分开,制成系统化的主柄模块、中间模块和工作模块,每类模块中又分为若干小类和规格,然后用不同规格的模块组装成不同规格、不同用途的刀具,从而方便了刀具的制造、使用和保管,对加工中心设备较多的企业具有很高的实用价值。例如国外的山特维克公司具有较完善的模块式工具系统,在国内许多企业应用这一工具系统。图7-26 所示为模块式工具系统。

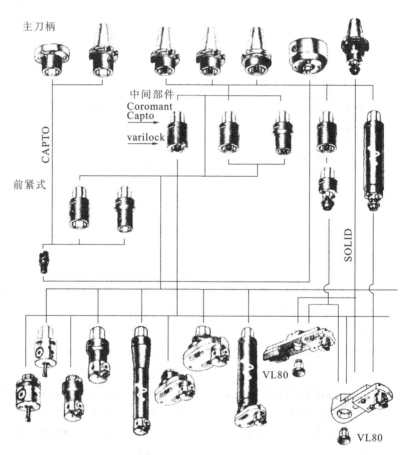

图 7-26　模块式工具系统

知识链接

　　工件在加工中心上经一次装夹后,数字控制系统能控制机床按不同加工工序,自动选择及更换刀具,自动改变机床主轴转速、进给速度和刀具相对工件的运动轨迹及其他辅助功能,依次完成工件多个面上多工序的加工,并且有多种换刀或选刀功能,从而使生产效率大大提高。

　　加工中心由于工序的集中和自动换刀,能减少工件的装夹、测量和机床调整等时间,使机床的切削时间达到机床开动时间的80%左右(普通机床仅为15%～20%),同时能减少工序之间的工件周转、搬运和存放时间,缩短生产周期,具有明显的经济效益。加工中心适用于零件形状比较复杂、精度要求较高、产品更换频繁的中小批量生产。

　　与立式加工中心相比较,卧式加工中心结构复杂,占地面积大,价格也较高,而且卧式加工中心在加工时不便观察,零件装夹和测量时不方便,但加工时排屑容易,对加工有利。

小　　结

　　加工中心所加工的零件比较复杂,往往是既有铣削加工,又有孔类的加工,工步比较集中。为了达到零件的设计精度要求,加工顺序安排应遵循先粗后精、基面先行、先面后孔、按所用刀具安排工步的原则。

能 力 检 测

　　1.加工中心常用的铣削刀具及孔加工刀具有哪些?
　　2.如何选用加工中心的标准刀具系统?

模块三　加工中心加工工艺设计

【学习目标】
　　了解:加工中心加工顺序的确定。
　　熟悉:加工中心切削用量的确定。
　　掌握:加工中心走刀路线的确定。

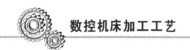

任务五　加工顺序的确定

在加工中心上加工零件,一般都有多个工步,使用多把刀具,因此加工顺序安排是否合理,直接影响到加工精度、加工效率、刀具数量和经济效益。在安排加工顺序时应遵循以下原则。

1. 先粗后精

数控加工经常是将加工表面的粗、精加工安排在一个工序内完成。为了减少热变形和切削力引起的变形对加工精度的影响,在加工精度要求高时,不允许将工件的一个表面粗、精加工完成后,再加工另一个表面,而应将工件各表面先全部依次粗加工完,然后再全部依次进行精加工。这样,在一个表面的粗加工和精加工之间的间断时间内可使加工表面得到短暂的时效处理和散热。

2. 基面先行

用做精基准的表面先加工。在任何零件的加工过程中总是先对定位基准进行粗加工和精加工,例如:对轴类零件总是先加工中心孔,再以中心孔为基准加工外圆和端面;对箱体类零件总是先加工定位用的平面及两个定位孔,再以平面和定位孔为精基准加工孔系和其他平面。

3. 先面后孔

箱体、支架等零件平面尺寸轮廓较大,用平面定位比较稳定,平面铣削力大,工件易产生变形,先铣面后加工孔,可以减少切削力引起的变形对孔加工精度的影响。而且孔的深度尺寸又是以平面为基准的,故应先加工平面,然后加工孔。

4. 按所用刀具划分工步

先安排用大直径刀具加工表面的工步,后安排用小直径刀具加工表面的工步。这与"先粗后精"是一致的,大直径刀具切削用量大,适于粗加工,小直径刀具适于精加工。同时,某些机床工作台回转时间比换刀时间短,按使用刀具不同划分工步,可以减少换刀次数、缩短辅助时间,从而提高加工效率。

安排加工顺序时可参照采用"铣大平面→粗镗孔和半精镗孔→立铣刀加工→加工中心孔→钻孔→攻螺纹→平面和孔精加工(精铣、铰、镗等)"的加工顺序。

综上所述,在划分工序时,一定要视零件的结构与工艺性、机床的功能、零件数控加工内容的多少、安装次数及本部门生产组织状况等灵活掌握。零件采用工序集中的原则还是采用工序分散的原则,也要根据实际需要和生产条件确定,要力求合理。

加工顺序的安排应根据零件的结构和毛坯状况,以及定位安装与夹紧的需要来考虑,重点是工件的刚性不被破坏。顺序安排一般应按下列原则进行。

(1)上道工序的加工不能影响下道工序的定位与夹紧,中间穿插有通用机床加工工序的也要综合考虑。

(2)先进行内腔加工工序,后进行外形加工工序。

（3）在同一次安装中安排多道工序，应先安排对工件刚性破坏小的工序。

（4）以相同定位、夹紧方式或同一把刀具加工的工序，最好连续进行，以减少重复定位次数、换刀次数与挪动压板次数。

为了便于分析和描述较复杂的工序，在工序内又可划分工步，工步的划分主要从加工精度和效率两方面考虑。如零件在加工中心上加工，对同一表面由粗加工、半精加工到精加工依次完成，整个加工表面按先粗后精加工分开进行；对既有铣面又有镗孔工序的零件，可先铣面后镗孔，以减少因铣削切削力大、零件发生变形而对孔的精度造成的影响；对具有回转工作台的加工中心，若回转时间比换刀时间短，可按刀具划分工步，以减少换刀次数、提高加工效率。但数控加工按工步划分后，三检（自检、互检、专检）制度不方便执行，为了避免零件发生批次性质量问题，应采用分工步交检方式，而不是加工完整个工序之后再交检。

任务六 走刀路线的确定

在数控加工中，刀具刀位点相对于工件运动的轨迹称为走刀路线，它是编程的依据，直接影响加工质量和效率。在确定走刀路线时要考虑以下几点。

（1）保证零件的加工精度和表面质量，且效率要高。

（2）减少编程时间和程序容量。

（3）减少空刀时间和在轮廓面上的停刀次数，以免划伤零件。

（4）减少零件的变形。

（5）对位置精度要求高的孔系零件的加工，应避免带入机床反向间隙而影响孔的位置精度。

（6）对复杂曲面零件的加工，应根据零件的实际形状、精度要求、加工效率等多种因素来确定是行切还是环切，采用等距切削还是等高切削的加工路线等。

加工中心上刀具的走刀路线包括以下几种。

1.孔加工走刀路线的确定

孔加工时，一般是先将刀具在 OXY 平面内快速定位到孔中心线上，然后再沿 Z 向（轴向）运行加工。

刀具在 OXY 平面内的运动为点位运动，确定其进给路线时重点考虑以下几点。

（1）定位迅速，空行程路线要短。

（2）定位准确，避免机械进给系统反向间隙对孔位置精度的影响。

（3）当定位迅速与定位准确的条件不能同时满足时，若按最短走刀路线能保证定位精度，则取最短路线，反之，应取能保证定位准确的路线。

刀具在 Z 向的走刀路线分为快速移动走刀路线和工作走刀路线，如图7-30所示，其中实线所示为快速移动走刀路线，虚线所示为工作走刀路线。刀具先从初始平面快速移动到 R 平面（距工件加工表面有一切入距离的平面）上，然后按工件走刀速度加工。图 7-27(a)所示为单孔加工时的走刀路线。对多孔加工,为减少刀具空行程走刀时间,加工后续孔时,刀具只要退回到 R 平面即可,如图 7-27(b)所示。

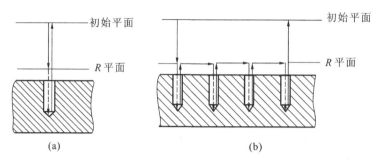

图 7-27　孔加工时刀具 Z 向进给路线示例
(a)单孔加工;(b)多孔加工

R 平面距工件表面的距离称为切入距离。加工通孔时,为保证全部孔深都加工到,应使刀具伸出工件底面一段距离(切出距离)。切入、切出距离的大小与工件表面状况和加工方式有关,一般可取 $2\sim5$ mm。

2.铣削平面走刀路线的确定

铣削加工走刀路线包括切削走刀路线和 Z 向快速移动走刀路线两种。加工中心是在数控铣床的基础上发展起来的,其加工工艺仍以数控铣削加工为基础,因此铣削加工走刀路线的选择原则对加工中心同样适用,此处不再重复。Z 向快速移动走刀常采用下列走刀路线。

(1)铣削开口不通槽时,铣刀在 Z 向可直接快速移动到位,不需要工作走刀,如图 7-28(a)所示。

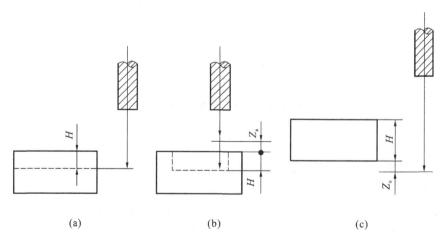

图 7-28　铣削加工时刀具 Z 向进给路线
(a)铣削开口不通槽;(b)铣削封闭槽;(c)铣削轮廓

（2）铣削封闭槽（如键槽）时，铣刀需要有一切入距离。先快速移动到距工件加工表面一切入距离 Z_a 的位置上（R 平面），然后以工件走刀速度走刀至铣削深度 H，如图 7-28(b)所示。

（3）铣削轮廓及通槽时，铣刀应有一段切出距离 Z_o，可直接快速移动到距工件表面 Z_o 处，如图 7-28(c)所示。

3. 刀具轴向进给的切入与切出距离的确定

如图 7-29 所示为用钻头钻孔。钻头定位于 R 点，从 R 点以进给速度作 Z 向进给，到孔底部后，快速退到 R 点，R 点与切入点距离为 A，λ 为切出距离。刀具的轴向引入距离的经验数据为：在已加工面上钻、镗、铰孔，$A=1\sim3$ mm；在毛坯表面上钻、镗、铰孔，$\lambda=5\sim8$ mm。钻孔时刀具的轴向切出距离为 $1\sim3$ mm，当刀具顶角 $\theta=118°$ 时，切削长度 $\lambda=D\cos\theta/2\sim0.3D$。

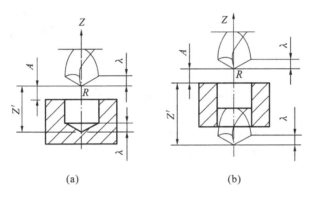

(a)   (b)

图 7-29 钻孔的切入和切出距离

(a)钻不通孔；(b)钻通孔

4. 曲面铣削

1）曲面铣削的步骤

曲面铣削分粗铣、半精铣、精加工三步进行。

（1）粗铣 粗铣时应根据被加工曲面给出的余量，用立铣刀按等高面一层一层地铣削，这种铣削方式效率高。粗铣后的曲面类似于山坡上的梯田。台阶的高度视粗铣精度而定。粗加工留给半精加工工序的余量为 $0.5\sim1$ mm。

（2）半精铣 半精铣的目的是铣掉"梯田"的台阶，使被加工表面更接近于理论曲面，采用球头铣刀或圆弧刀加工，一般为精加工工序留出 $0.2\sim0.5$ mm 的余量。半精加工的行距和步长可比精加工大。

（3）精加工 精加工用于最终加工出理论曲面。用球头铣刀精加工曲面时，一般用行切法。对开敞性比较好的零件，行切的接近点应选在曲面的外面，即在编程时，应把曲面向外延伸一些。对开敞性不好的零件表面，由于折返时切削速度的变化，很容易在已加工表面上及检查面上留下由于停顿和振动产生的刀痕。

所以在加工和编程时,一是在折返时应降低进给速度,二是应使被加工曲面折返点稍离开检查面。对曲面与检查面相贯线应单独编写一个清根程序另外加工,这样就会使被加工曲面与检查面光滑连接,而不致产生很大的刀痕。

2)加工曲面时应注意的问题

(1)球头铣刀在铣削曲面时,其刀尖处的切削速度很低,如果用球头铣刀垂直于被加工面铣削比较平缓的曲面,球刀刀尖切出的表面质量将比较差,所以应适当地提高主轴转速,另外还应避免用刀尖切削。

(2)避免垂直进刀。平底立铣刀可有两种。一种端面有顶尖孔,其切削刃不过中心;另一种端面无顶尖孔,端刃相连且过中心。在铣削曲面时,有顶尖孔的立铣刀绝对不能像钻头似的向下垂直进刀,除非预先钻有工艺孔,否则会把铣刀顶断。如果用无顶尖孔的立铣刀,可以垂直向下进刀,但由于刀刃角度太小,轴向力很大,所以也应尽量避免。最好的办法是向斜下方进刀,进到一定深度后再用侧刃横向切削。在铣削凹槽面时,可以预钻出工艺孔以便进刀。用球头铣刀垂直进刀的效果虽然比用平底端铣刀的要好,但也因轴向力过大,切削效果会受到影响,最好不使用这种进刀方式。

(3)铣削曲面零件时,如果发现零件材料热处理不好,有裂纹、组织不均匀等缺陷时,应及时停止加工,以免浪费工时。

(4)在铣削模具型腔比较复杂的曲面时,一般需要较长的周期,因此,在每次开机铣削前应对机床、夹具、刀具进行适当的检查,以免在中途发生故障,影响加工精度,甚至造成废品。

(5)在模具型腔铣削时,应根据加工表面的粗糙度适当掌握修锉余量。对铣削比较困难的部位,如果加工表面粗糙度较差,应适当多留些修锉余量;对平面、直角沟槽等容易加工的部位,应尽量降低加工表面粗糙度以减少修锉工作量,避免因大面积修锉而影响型腔曲面的精度。

任务七　切削用量的选择

用加工中心加工时,切削用量的选择原则、方法与用数控机床车、铣时的一致,这里只介绍走刀量的选择与切削速度的选择。

1. 走刀量的选择

粗加工时,由于对工件表面质量没有太高的要求,这时主要考虑机床进给机构的强度和刚性及刀杆的强度和刚性等限制因素。根据加工材料、刀杆尺寸、工件直径及已确定的背吃刀量来选择走刀量。

在半精加工和精加工时,则按表面粗糙度要求,根据工件材料、刀尖圆弧半径、切削速度来选择走刀量。

2. 切削速度的选择

根据已经选定的背吃刀量、走刀量及刀具寿命选择切削速度。可用经验公式计算,也可根据生产实践经验在机床说明书允许的切削速度范围内查表选取。

切削速度 v_c 确定后,用下面的公式计算出机床转速 n(对有级变速的机床,须按机床说明书选择与计算转速 n 接近的转速)。

$$n = 1000v_c / \pi d$$

式中　d ——加工直径或刀具直径(mm)。

参看表 7-1 至表 7-4,根据不同加工条件,选择加工余量。

表 7-1　平面精铣、磨削加工方式余量　　　　　　　　　　　　　　(mm)

加工性质	加工面长度	加工面宽度					
		≤100		>100~300		>300~1000	
		余量 a	公差(+)	余量 a	公差(+)	余量 a	公差(+)
精铣	≤100	1.0	0.3	1.5	0.5	2	0.7
	>100~300	1.2	0.4	1.7	0.6	2.2	0.8
	>300~1000	1.5	0.5	2	0.7	2.5	1.0
	>1000~2000	2	0.7	2.5	1.2	3	1.2
精加工后磨削,零件在装夹时未经校准	≤100	0.3	0.1	0.4	0.12	—	—
	>100~300	0.35	0.11	0.45	0.13	0.5	0.12
	>300~1000	0.4	0.12	0.5	0.15	0.6	0.15
	>1000~2000	0.5	0.15	0.6	0.15	0.7	0.15
精加工后磨削,零件装夹在夹具中或用百分表校准	≤100	0.2	0.1	0.25	0.12	—	—
	>100~300	0.22	0.11	0.27	0.13	0.3	0.12
	>300~1000	0.25	0.12	0.3	0.15	0.4	0.15
	>1000~2000	0.3	0.15	0.4	0.15	0.4	0.15

注　(1)精铣时,最后一次行程前留的余量应不小于 0.5 mm。

　　(2)热处理零件磨削的加工余量应将表中值乘以 1.2。

表 7-2　H13～H7 孔加工的余量(孔长度≤5 倍直径)　　　　　　(mm)

孔的精度	孔的毛坯性质	
	在实体材料上加工孔	预先铸出或热冲出的孔
H13、H12	一次钻孔	用车刀或扩孔钻镗孔
H11	孔径≤10:一次钻孔; 孔径>10~30:钻孔及扩孔; 孔径>30~80:钻孔、扩钻及扩孔;或钻孔,用扩孔刀或车刀镗孔及扩孔	孔径≤80:粗扩和精扩;或用车刀粗镗和精镗;或根据余量一次镗孔钻孔及扩孔;或钻孔,用扩孔刀或车刀镗孔及扩孔或扩孔

续表

孔的精度	孔的毛坯性质	
	在实体材料上加工孔	预先铸出或热冲出的孔
H10、H9	孔径≤10：钻孔及铰孔； 孔径>10～30：钻孔、扩孔及铰孔； 孔径>30～80：钻孔、扩孔及铰孔；或钻孔，用扩孔刀镗孔、扩孔及铰孔	孔径≤80：扩孔（一次或两次，根据余量而定）及铰孔；或用车刀镗孔（一次或两次，根据余量而定）及铰孔
H8、H7	孔径≤10：钻孔及一次或两次铰孔； 孔径>10～30：钻孔、扩孔及一次或两次铰孔； 孔径>30～80：钻孔、扩钻（或用扩孔刀镗扩孔及一次或两次铰孔）	孔径≤80：扩孔（一次或两次，根据余量而定）一次或两次铰孔；或用车刀镗孔（一次或两次，根据余量而定）及一次或两次铰孔

注　当孔径≤30 mm，直径余量≤4 mm和孔径为30～80 mm，直径余量≤6 mm时，采用一次扩孔或一次镗孔。

表 7-3　H7孔加工的余量　　　　　　　　　　　　　　　　　　　　　（mm）

加工孔的直径	直径						加工孔的直径	直径					
	钻		用车刀镗以后	扩孔钻	粗铰	精铰H7		钻		用车刀镗以后	扩孔钻	粗铰	精铰H7
	第一次	第二次						第一次	第二次				
3	2.9					3	30	15.0	28.0	29.8	29.8	29.93	30
4	3.9					4	32	15.0	30.0	31.7	31.75	31.93	32
5	4.8					5	35	20.0	33.0	34.7	34.75	34.93	35
6	5.8					6	38	20.0	36.0	37.7	37.75	37.93	38
8	7.8				7.96	8	40	25.0	38.0	39.7	39.75	39.93	40
10	9.8				9.96	10	42	25.0	40.0	41.7	41.75	41.93	42
12	11.0			11.85	11.95	12	45	25.0	43.0	44.7	44.75	44.93	45
13	12.0			12.85	12.95	13	48	25.0	46.0	47.7	47.75	47.93	48
14	13.0			13.85	13.95	14	50	25.0	48.0	49.7	49.75	49.93	50
15	14.0			14.85	14.95	15	60	30	55.0	59.5	59.5	59.9	60
16	15.0			15.85	15.95	16	70	30	65.0	69.5	69.5	69.9	70
18	17.0			17.85	17.95	18	80	30	75.0	79.5	79.5	79.9	80
20	18.0		19.8	19.8	19.94	20	90	30	80.0	89.3		89.8	90

续表

加工孔的直径	直径						加工孔的直径	直径					
	钻		用车刀镗以后	扩孔钻	粗铰	精铰H7		钻		用车刀镗以后	扩孔钻	粗铰	精铰H7
	第一次	第二次						第一次	第二次				
22	20.0		21.8	21.8	21.94	22	100	30	80.0	99.3		99.8	100
24	22.0		23.8	23.8	23.94	24	120	30	80.0	119.3		119.8	120
25	23.0		24.8	24.8	24.94	25	140	30	80.0	139.3		139.8	140
26	24.0		25.8	25.8	25.94	26	160	30	80.0	159.3		159.8	160
28	26.0		27.8	27.8	27.94	28	180	30	80.0	179.3		179.8	180

注 在铸铁上加工直径为 30 mm 与 32 mm 的孔可分别用 ϕ28 mm 与 ϕ30 mm 钻头钻一次。

表 7-4　按 H8 与 H7 级精度加工已预先铸出或热冲出的孔的余量　（mm）

加工孔的直径	直径					加工孔的直径	直径				
	粗镗		半精镗	粗铰或一次半精铰	精铰或精镗		粗镗		半精镗	粗铰或一次半精铰	精铰或精镗
	第一次	第二次					第一次	第二次			
30		28.0	29.8	29.93	30	105	100	103.0	104.3	104.8	105
32		30.0	31.7	31.93	32	110	105	108.0	109.3	109.8	110
35		33.0	34.7	34.93	35	115	110	113.0	114.3	114.8	115
38		36.0	37.7	37.93	38	120	115	118.0	119.4	119.8	120
40		38.0	39.7	39.93	40	125	120	123.0	124.3	124.8	125
42		40.0	41.7	41.93	42	130	125	128.0	129.3	129.8	130
45		43.0	44.7	44.93	45	135	130	133.0	134.3	134.8	135
48		46.0	47.7	47.93	48	140	135	138.0	139.3	139.8	140
50	45	48.0	49.7	49.93	50	145	140	143.0	144.3	144.8	145
52	47	50.0	51.7	51.93	52	150	145	148.0	149.3	149.8	150
55	51	53.0	54.5	54.92	55	155	150	153.0	154.3	154.8	155
58	54	56.0	57.5	57.92	58	160	155	158.0	159.3	159.8	160
60	56	58.0	59.5	59.95	60	165	160	163.0	164.3	164.8	165
62	58	60.0	61.5	61.92	62	170	165	168.0	169.3	169.8	170
65	61	63.0	64.5	64.92	65	175	170	173.0	174.3	174.8	175

续表

加工孔的直径	直径					加工孔的直径	直径				
	粗镗		半精镗	粗铰或一次半精铰	精铰或精镗		粗镗		半精镗	粗铰或一次半精铰	精铰或精镗
	第一次	第二次					第一次	第二次			
68	64	66.0	67.5	67.90	68	180	175	178.0	179.3	179.8	180
70	66	68.0	69.5	69.90	70	185	180	183.0	184.3	184.8	185
72	68	70.0	71.5	71.90	72	190	185	188.0	189.3	189.8	190
75	71	73.0	74.5	74.90	75	195	190	193.0	194.3	194.8	195
78	74	76.0	77.5	77.90	78	200	194	197.0	199.3	199.8	200
80	75	78.0	79.5	79.90	80	210	204	207.0	209.3	209.8	210
82	77	80.0	81.3	81.85	82	220	214	217.0	219.3	219.8	220
85	80	83.0	84.3	84.85	85	250	244	247.0	249.3	249.8	250
88	83	86.0	87.3	87.85	88	280	274	277.0	279.3	279.8	280
90	85	88.0	89.3	89.85	90	300	294	297.0	299.3	299.8	300
92	87	90.0	91.3	91.85	92	320	314	317.0	319.3	319.8	320
95	90	93.0	94.3	94.85	95	350	342	347.0	349.3	349.8	350
98	93	96.0	97.3	97.85	98	380	372	377.0	379.2	379.75	380
100	93	98.0	99.3	99.85	100	400	392	397.0	399.2	399.75	400

注　①如果铸出的孔有很大的加工余量,则第一次粗镗可分为两次或多次粗镗。

②如果只进行一次半精镗,则其加工余量为表中"半精镗"和"粗铰或一次半精铰"加工余量之和。

知识链接

　　加工中心最初是从数控铣床发展而来的。20 世纪 40 年代末,美国开始研究数控机床,1952 年,美国麻省理工学院伺服机构实验室成功研制出第一台数控铣床,并于 1957 年投入使用。第一台加工中心是 1958 年由美国卡尼-特雷克公司首先研制成功的。它在数控卧式镗铣床的基础上增加了自动换刀装置,工件一次装夹后即可进行铣削、钻削、镗削、铰削和攻螺纹等多种工序的集中加工。这是制造技术发展过程中的一个重大突破,标志着制造领域中数控加工时代的开始。数控加工是现代制造技术的基础,这一发明对于制造行业而言,具有划时代的意义和深远的影响。世界上主要工业发达国家都十分重视数控加工技术的研究和发展。

20世纪70年代以来,加工中心得到迅速发展,出现了可换主轴箱加工中心,它备有多个可以自动更换的装有刀具的多轴主轴箱,能对工件同时进行多孔加工。

我国于1958年开始研制数控机床,成功试制出配有电子管数控系统的数控机床,1965年开始批量生产配有晶体管数控系统的三轴数控铣床。经过几十年的发展,目前的数控机床已实现了计算机控制并在工业界得到广泛应用,在模具制造行业的应用尤为普及。

小　　结

切削用量的大小对切削力、切削功率、刀具磨损、加工质量和加工成本均有显著影响。选择切削用量时,就是在保证加工质量和刀具寿命的前提下,充分发挥机床性能和刀具切削性能,使切削效率最高,加工成本最低。

能 力 检 测

1. 如何确定加工中心的加工顺序?
2. 如何确定加工中心的走刀路线?
3. 如何确定加工中心的切削用量?

模块四　典型零件加工中心的工艺

【学习目标】

了解:加工中心的选择。

熟悉:盖类零件、箱体类零件的工艺制订。

掌握:盖类零件的加工中心加工工艺,箱体类零件的加工中心加工工艺。

任务八　盖类零件的加工工艺制订

在加工中心上加工如图 7-30 所示的盖板零件,要求编写其加工工艺。

1.分析图样,选择加工内容

该盖板的材料为铸铁,故毛坯为铸件。由图 7-30 可知,盖板的四个侧面为不加工表面,全部加工表面都集中在 A、B 面上。最高精度为 IT7 级。从工序集中和便于定位两个方面考虑,选择 B 面及位于 B 面上的全部孔在加工中心上加工,将 A 面作为主要定位基准,并在前道工序中加工好。

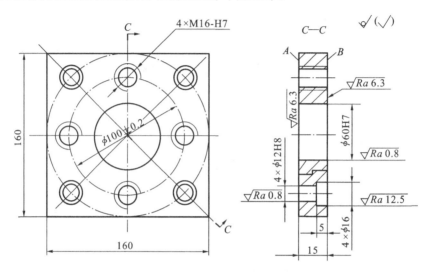

图 7-30　盖板零件

2.选择加工中心

由于 B 面及位于 B 面上的全部孔只需单工位加工即可完成,故选择立式加工中心。加工表面不多,只有粗铣、精铣、粗镗、半精镗、精镗、钻、扩、锪、铰及攻螺纹等工步,所需刀具不超过二十把,选用国产 XH714 型立式加工中心即可满足上述要求。工件一次装夹后可自动完成铣、钻、镗、铰及攻螺纹等工步的加工。XH714 型立式加工中心的主要技术参数如表 7-5 所示。

表 7-5　XH714 型立式加工中心的主要技术参数

项　目	参　数	项　目		参　数
工作台尺寸(长×宽)/(mm)	800×400	刀具	长/mm	300
			直径/mm	100
			质量/kg	8
行程/mm	600×400×600	选刀方式		随机

项　　目	参　　数	项　　目	参　　数
工作台 T 形槽宽度/mm×数量	14H8×4	压缩气压力/MPa	0.4～0.6
主轴端面到工作台距离/mm	200～800	定位精度/mm	±0.01/300，±0.015 全长
进给速度/(mm/min)	1～2000	重复定位精度/mm	0.008
快速移动/(m/min)	25	程序容量	64KB，200 个程序号
主轴锥孔	BT40	显示方式	9in(1in＝25.4 mm)单色 CRT
主轴转速/(r/min)	20～6000	最小输入单位/mm	0.001
刀库容量/把	18	数控系统	FANUC－0i，三轴联动

3. 设计工艺

1)选择加工方法

B 平面用铣削方法加工,因其表面粗糙度为 $Ra\,6.3\ \mu m$,故采用"粗铣→精铣"方案;$\phi 60H7$ mm 孔为已铸出毛坯孔,为达到 IT7 级精度和 $Ra\,0.8\ \mu m$ 的表面粗糙度,需经三次镗削,即采用"粗镗→半精镗→精镗"方案;对 $\phi 12H8$ mm 孔,为防止钻偏和达到 IT8 级精度,按"钻中心孔→钻孔→扩孔→铰孔"方案进行;$\phi 16$ mm 孔在 $\phi 12$ mm 孔基础上锪至尺寸即可;M16 mm 螺纹孔采用先钻底孔后攻螺纹的加工方法,即按"钻中心孔→钻底孔→倒角→攻螺纹"方案加工。

2)确定加工顺序

按照先面后孔、先粗后精的原则确定。

具体加工顺序:粗、精铣 B 面→粗、半精、精镗 $\phi 60H7$ 孔→钻各光孔和螺纹孔的中心孔→钻、扩、锪、铰 $\phi 12H8$ mm 及 $\phi 16$ mm 孔→M16 mm 螺孔钻底孔、倒角和攻螺纹。

图 7-30 所示盖板的数控加工工艺卡片如表 7-6 所示。

表7-6　盖板零件数控加工工艺卡片

（企业）	数控加工工艺卡片		产品名称及代号	零件名称	材料	零件图号
				盖板	HT200	
工序号	程序编号	夹具名称	夹具编号	使用设备		车间
		台虎钳		XH714		
工步号	工步内容	加工面	刀具号	刀具规格/mm	主轴转速/(r/min)	进给速度/(mm/min)	背吃刀量/mm	备注
1	粗铣 B 平面,留余量 0.5 mm		T01	$\phi100$	300	70	3.5	
2	精铣 B 平面至尺寸		T13	$\phi100$	350	50	0.5	
3	粗镗 ϕ60H7 mm 孔至 ϕ58 mm		T02	$\phi58$	400	60		
4	半精镗 ϕ60H7 mm 孔至 ϕ59.95 mm		T03	ϕ59.95	450	50		
5	精镗 ϕ60H7 mm 孔至尺寸		T04	ϕ60H7	500	40		
6	钻四个 ϕ12H8 mm 及四个 M16 mm 的中心孔		T05	$\phi3$	1000	50		
7	钻四个 ϕ12H8 mm 孔至 ϕ10 mm		T06	$\phi10$	600	60		
8	扩四个 ϕ12H8 mm 孔至 ϕ11.85 mm		T07	ϕ11.85	300	40		
9	锪四个 ϕ16 mm 孔至尺寸		T08	$\phi16$	150	30		
10	铰四个 ϕ12H8 mm 孔至尺寸		T09	ϕ12H8	100	40		
11	钻四个 M16 mm 底孔至 ϕ14 mm		T10	$\phi14$	450	60		
12	四个 M16 mm 底孔倒角		T11	$\phi18$	300	40		
13	攻四个 M16 mm 螺纹孔		T12	M16	100	200		
编制		审核		批准		共 1 页	第 1 页	

3)确定装夹方案和选择夹具

该盖板零件形状简单,四个侧面较光整,加工面与不加工面之间的位置精度要求不高,故可选用通用台虎钳,以盖板底面和两个侧面定位,用台虎钳钳口从侧面夹紧。

4)选择刀具

所需刀具有面铣刀、镗刀、中心钻、麻花钻、铰刀、立铣刀(锪 ϕ16 mm 孔)及丝锥等,其规格根据加工尺寸选择。B 面粗铣铣刀直径应选小一些,以减小切削力矩,但也不能太小,以免影响加工效率;B 面精铣铣刀直径应选大一些,以减少接刀痕迹,但要考虑到刀库允许装刀直径(XH714 型加工中心的允许装刀直径:无相邻刀具为 ϕ150 mm,有相邻刀具为 ϕ80 mm)也不能太大。刀柄柄部根据主轴锥孔和拉紧机构选择。XH714 型加工中心主轴锥孔为 ISO40,适用刀柄为BT40(日本标准 JISB 6339—1998),故刀柄柄部应选择 BT40 型。具体所选刀具及刀柄如表 7-7 所示。

表 7-7 盖板零件数控加工刀具卡片

产品名称及代号			零件名称	盖板	零件图号	参数	
工步号	刀具号	刀具名称	刀柄名称	刀具		补偿值/mm	备注
				直径/mm	长度/mm		
1	T01	φ100 mm 面铣刀	BT40-XM32-75	φ100			
2	T13	φ100 mm 面铣刀	BT40-XM32-75	φ100			
3	T02	φ58 mm 镗刀	BT40-TQC50-180	φ58			
4	T03	φ59.95 mm 镗刀	BT40-TQC50-180	φ59.95			
5	T04	φ60H7 mm 镗刀	BT40-TW50-140	φ60H7			
6	T05	φ3 mm 中心钻	BT40-Z10-45	φ3			
7	T06	φ10 mm 麻花钻	BT40-M1-45	φ10			
8	T07	φ11.85 mm 扩孔钻	BT40-M1-45	φ11.85			
9	T08	φ16 mm 阶梯铣刀	BT40-MW2-55	φ16			
10	T09	φ12H8 mm 铰刀	BT40-M1-45	φ12H8			
11	T10	φ14 mm 麻花钻	BT40-M1-45	φ14			
12	T11	φ18 mm 麻花钻	BT40-M2-50	φ18			
13	T12	M16 mm 机用丝锥	BT40-G12-130	M16			
编制			审核		批准		共1页 第1页

5）确定进给路线

B 面的粗、精铣削加工进给路线根据铣刀直径确定，因所选铣刀直径为 100 mm，故安排沿 X 方向两次进给（见图 7-31）。

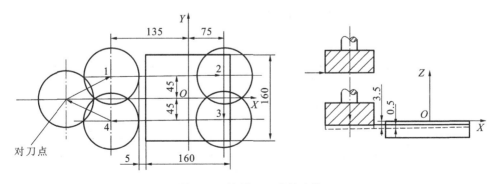

图 7-31 铣削 B 面进给路线

所有孔的加工进给路线均按最短路线确定,因为孔的位置精度要求不高,机床的定位精度完全能保证,图 7-32 至图 7-36 所示的即为各孔加工工步的进给路线。

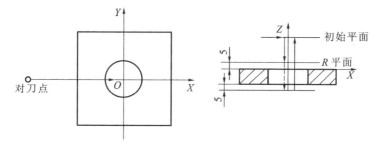

图 7-32　镗 ϕ 60H7 mm 孔进给路线

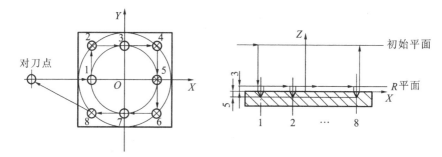

图 7-33　钻中心孔进给路线

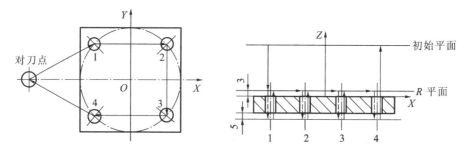

图 7-34　钻、扩、铰 ϕ 12H8 mm 孔进给路线

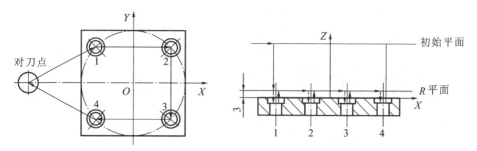

图 7-35　锪 ϕ 16 mm 孔进给路线

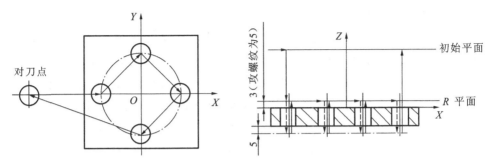

图 7-36　钻螺纹底孔、攻螺纹进给路线

6）选择切削用量

确定切削速度和进给量，然后计算出机床主轴和机床进给速度，详见表 7-6 所示数控加工工艺卡片。

任务九　箱体类零件的加工工艺制订

在加工中心上加工图 7-37 所示的箱体类零件（座盒）的工艺分析如下。

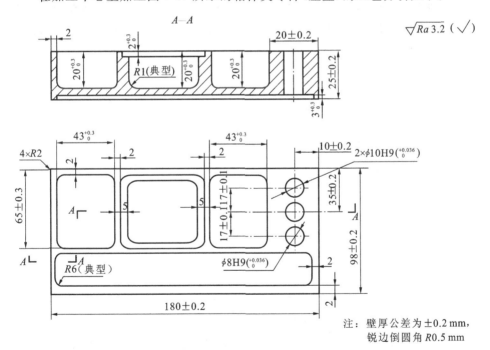

图 7-37　座盒零件简图

座盒零件材料为 YL12，毛坯尺寸（长×宽×高）为 190 mm×110 mm× 35 mm，采用 TH5660A 立式加工中心加工，单件生产，其加工工艺分析如下。

1. 零件图工艺分析

该零件主要由平面、型腔以及孔系组成。零件尺寸较小，正面有四处大小不同的矩形槽，深度均为 20 mm，在右侧有两个 $\phi 10$ mm、一个 $\phi 8$ mm 的通孔，反面是一个 176 mm×94 mm、深度为 3 mm 的矩形槽。该零件形状结构并不复杂，尺寸精度要求也不是很高，但有多处转接圆角，使用的刀具较多，要求保证壁厚均匀；中小批量加工零件的一致性高。零件材料为 YL12，切削加工性较好，可以采用高速钢刀具。该零件比较适合采用加工中心加工。

主要的加工内容有平面、四周外形、正面四个矩形槽、反面一个矩形槽以及三个通孔。该零件壁厚只有 2 mm，加工时除了保证形状和尺寸要求外，主要是要控制加工中的变形，因此外形和矩形槽要采用依次分层铣削的方法，并控制每次的背吃刀量。孔加工采用钻、铰即可达到要求。

2. 确定装夹方案

由于零件的长、宽方向上有四处 R2 mm 的圆角，最好一次连续铣削出来，同时为方便在正、反面加工时零件的定位装夹，并保证正、反面加工内容的位置关系，在毛坯的长度方向两侧设置 30 mm 左右的工艺凸台和两个 $\phi 8$ mm 工艺孔，如图 7-38 所示。

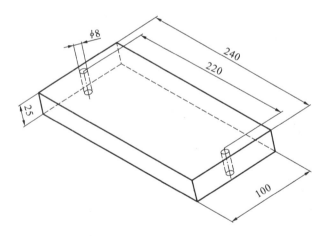

图 7-38　工艺凸台及工艺孔

3. 确定加工顺序及进给路线

根据先面后孔的原则，安排加工顺序为：铣上、下表面→打工艺孔→铣反面矩形槽→钻、铰 $\phi 8$ mm、$\phi 10$ mm 孔→依次分层铣正面矩形槽和外形→钳工去工艺凸台。由于是单件生产，铣削正、反面矩形槽（型腔）时，可采用环形进给路线。图 7-39 所示是底盒正、反面外形。

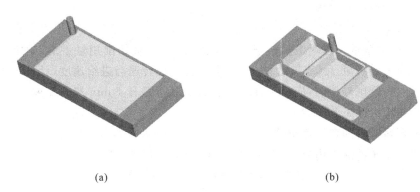

(a)   (b)

图 7-39 座盒外形

(a)反面外形；(b)正面外形

4. 刀具的选择

铣削上、下平面时，为提高切削效率和加工精度，减少接刀刀痕，选用 $\phi 125$ mm 硬质合金可转位面铣刀。根据零件的结构特点，铣削矩形槽时，铣刀直径受矩形槽拐角圆弧半径 $R6$ mm 限制，选择 $\phi 10$ mm 高速钢立铣刀，刀尖圆弧半径 r_ε 受矩形槽底圆弧半径($R1$ mm)限制，取 $r_\varepsilon = 1$ mm。加工 $\phi 8$ mm、$\phi 10$ mm 孔时，先用 $\phi 7.8$ mm、$\phi 9.8$ mm 钻头钻削底孔，然后用 $\phi 8$ mm、$\phi 10$ mm 铰刀铰孔。所选刀具及其加工表面如表 7-8 所示。

表 7-8 座盒零件数控加工刀具卡片

产品名称或代号				零件名称	座盒	零件图号	
序号	刀具号	刀具				加工表面	备注
		规格名称	数量	刀长/mm			
1	T01	$\phi 125$ mm 可转位面铣刀	1			铣上、下平面	
2	T02	$\phi 4$ mm 中心钻	1			钻中心孔	
3	T03	$\phi 7.8$ mm 钻头	1	50		钻 $\phi 8H9$ mm 孔和工艺孔的底孔	
4	T04	$\phi 9.8$ mm 中心钻	1	50		钻两个 $\phi 10H9$ mm 孔的底孔	
5	T05	$\phi 8$ mm 铰刀	1	50		铰 $\phi 8H9$ mm 孔和工艺孔	
6	T06	$\phi 10$ mm 铰刀	1	50		铰两个 $\phi 10H9$ mm 孔	
7	T07	$\phi 10$ mm 高速钢立铣刀	1	50		铣削矩形槽、外形	
编制		审核		批准		年 月 日	共 页	第 页

5.切削用量的选择

精铣上、下表面时留 0.1 mm 铣削余量,铰 $\phi 8$ mm、$\phi 10$ mm 两个孔时留 0.1 mm铰削余量。选择主轴转速与进给速度时,先查切削用量手册,确定切削速度与每齿进给量 f_z(或进给量 f),然后计算主轴转速与进给速度(计算过程从略)。注意:铣削外形时,应使工件与工艺凸台之间留有 1 mm 左右宽度的材料,最后由钳工去除工艺凸台。

6.填写数控加工工序卡片

将各工步的加工内容、所用刀具和切削用量填入表7-9。

表 7-9　座盒零件数控加工工序卡片

单位名称	×××	产品名称或代号	零件名称	零件图号
		×××	座盒	×××
工序号	程序编号	夹具名称	使用设备	车间
×××	×××	螺旋压板	TH5632	数控中心

工步号	工步内容	刀具号	刀具规格/mm	主轴转速/(r/min)	进给速度/(mm/min)	背/侧吃刀量/mm	备注
1	粗铣上表面	T01	$\phi 125$	200	100		自动
2	精铣上表面	T01	$\phi 125$	300	50	0.1	自动
3	粗铣下表面	T01	$\phi 125$	200	100		自动
4	精铣下表面,保证尺寸(25±0.2) mm	T01	$\phi 125$	300	50	0.1	自动
5	钻工艺孔的中心孔(两个)	T02	$\phi 4$	900	40		自动
6	钻中心孔底孔至 $\phi 7.8$ mm	T03	$\phi 7.8$	400	60		自动
7	铰工艺孔	T05	$\phi 8$	100	40		自动
8	粗铣底面矩形槽	T07	$\phi 10$	800	100	0.5	自动
9	精铣底面矩形槽	T07	$\phi 10$	1000	50	0.2	自动
10	底面及工艺孔定位,钻 $\phi 8$ mm、$\phi 10$ mm 中心孔	T02	$\phi 4$	900	40		自动
11	钻 $\phi 8H9$ mm 孔的底孔至 $\phi 7.8$ mm	T03	$\phi 7.8$	400	60		自动
12	铰 $\phi 8H9$ mm 孔	T05	$\phi 8$	100	40		自动
13	钻两个 $\phi 10H9$ mm 底孔至 $\phi 9.8$ mm	T04	$\phi 9.8$	400	60		自动
14	铰两个 $\phi 10H9$ mm 孔	T06	$\phi 10$	100	40		自动
15	粗铣正面矩形槽及外形(分层)	T07	$\phi 10$	800	100	0.5	自动
16	精铣正面矩形槽及外形	T07	$\phi 10$	1000	50	0.1	自动
编制		审核		批准		年　月　日　　共　页　　第　页	

小 结

通过典型盖板类和箱体类零件的数控加工工艺的分析与工步的安排，充分理解加工顺序的安排原则。

能 力 检 测

1. 零件如图 7-40 所示，分别按"定位迅速"和"定位确定"的原则确定 OXY 平面内的孔加工进给路线。

2. 如图 7-41 所示的零件，A、B 面已加工好，在加工中心上加工其余表面，试确定其定位、夹紧方案。

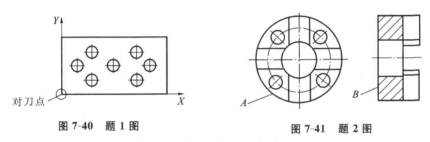

图 7-40　题 1 图　　　　　　　　图 7-41　题 2 图

3. 在加工中心上加工如图 7-42 所示零件，试制订其加工工艺。

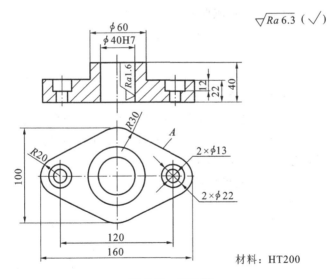

材料：HT200

图 7-42　题 3 图

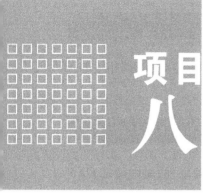

项目八

数控电加工工艺

【学习目标】

了解：数控电火花加工原理。

熟悉：数控电火花成形加工机床。

掌握：数控电火花成形加工机床的特点、种类、功能等。

本模块主要对数控电火花成形加工机床的特点、种类、功能和主要技术参数加以概述，使初学者对数控电火花成形加工机床有一个基本认识。

任务一　数控电火花成形加工原理及机床分类

1. 数控电火花成形加工原理

数控电火花成形加工是在液体介质中进行的，机床的自动进给调节装置使工件和工具电极之间保持适当的放电间隙，在工具电极和工件之间施加很强的脉冲电压（达到间隙中介质的击穿电压）时，电压会击穿介质绝缘强度最低处。由于放电区域很小，放电时间极短，所以，能量高度集中，可使放电区的温度瞬时高达 10 000～12 000℃，工件表面和工具电极表面的金属局部熔化，甚至汽化蒸发。局部熔化和汽化的金属在爆炸力的作用下被抛入工作液中，并冷却为金属小颗粒，然后被工作液迅速冲离工作区，从而使工件表面形成一个微小的凹坑。一次放电后，介质的绝缘强度恢复，等待下一次放电。如此反复，使工件表面不断被蚀除，并在工件上复制出工具电极的形状，从而达到成形加工的目的。电火花加工原理如图 8-1 所示。

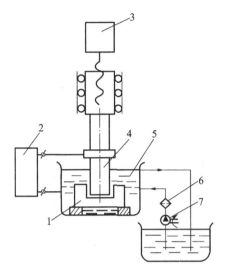

图 8-1 电火花加工原理

1—工件；2—脉冲电源；3—自动进给装置；4—工具电极；5—工作液；6—过滤器；7—工作液泵

数控电火花成形加工是不断放电蚀除金属的过程。虽然一次脉冲放电的时间很短，但它是电磁学、热力学和流体力学等综合作用的过程，是相当复杂的。综合起来，一次脉冲放电的过程可分为以下几个阶段。

1）极间介质的电离、击穿及放电通道的形成

当脉冲电压施加于工具电极与工件之间时，两极之间立即形成一个电场，电场强度与电压成正比、与电极间的距离成反比，随着电极间电压的升高和电极间距离的减小，电极间电场强度也将增大。由于工具电极和工件的微观表面是凸凹不平的，电极间距离又很小，因而电极间电场强度很不均匀，两电极间离得最近的突出点或尖端处的电场强度一般最大。当电场强度增大到一定数量时，介质被击穿，放电间隙电阻从绝缘状态迅速降低到几分之一欧姆，间隙电流迅速上升到最大值。由于通道直径很小，所以通道中的电流密度很高。间隙电压由击穿电压迅速下降到火花维持电压（一般为 20～30 V），电流则由零上升到某一峰值电流。

2）介质热分解、电极材料熔化、汽化热膨胀

电极间介质一旦被电离、击穿，形成放电通道，脉冲电源将使通道间的电子高速奔向正极、正离子奔向负极。电能变成动能，动能通过碰撞又转变为热能。于是在通道内正极和负极表面分别成为瞬时热源，达到很高的温度。通道高温使工作液介质汽化，进而热分解。这些汽化后的工作液和金属蒸汽瞬间体积猛增，在放电间隙内成为气泡，迅速热膨胀并具有爆炸的特性。观察电火花加工过程，可以看到放电间隙有气泡冒出，工作液逐渐变黑，并能听到轻微而清脆的爆炸声。电火花加工主要靠热膨胀和局部微爆炸，将熔化、汽化了的电极材料抛出

蚀除。

3）电极材料的抛出

通道和正、负极表面放电点瞬时高温使工作液汽化和使金属材料熔化、汽化，发生热膨胀，产生很高的瞬时压力。通道中心的压力最高，汽化的气体不断向外膨胀，压力高处的熔融金属液体和蒸汽，就被排挤、抛出而进入工作液中。由于表面张力和内聚力的作用，抛出的材料具有最小的表面积，冷凝时凝聚成细小的圆球颗粒。

熔化和汽化了的金属在抛离电极表面时，向四处飞溅，除绝大部分抛入工作液中并收缩成小颗粒外，还有一小部分飞溅、镀覆、吸附在对面的电极表面上。这种互相飞溅、镀覆以及吸附的现象，在某些条件下可以用来减少或补偿工具电极在加工过程中的损耗。

实际上，金属材料的蚀除、抛出过程是比较复杂的，目前，人们对这一复杂的机理的认识还在不断深化中。

4）极间介质的消电离

随着脉冲电压的结束，脉冲电流也迅速降为零，但此后仍应有一段间隔时间，使间隙介质消电离，即放电通道中的带电粒子复合为中性粒子，恢复本次放电通道处介质的绝缘强度，以及降低电极表面温度等，以免下次总是重复在同一处发生放电而导致电弧放电，从而保证在两电极间最近处或电阻率最小处形成下一次击穿放电通道。

由此可见，为了保证电火花加工过程正常地进行，在两次脉冲放电之间一般要有足够的脉冲间隔时间。此外，还应留有余地，使击穿、放电点分散、转移，否则仅在一点附近放电，易形成电弧。

2. 数控电火花成形机的分类及结构

1）电火花成形机概述

在 20 世纪 60 年代，我国生产的电火花成形机分为电火花穿孔加工机床和电火花成形加工机床。20 世纪 80 年代后，我国开始大量采用晶体管脉冲电源，所生产的电火花成形机既可用于穿孔加工，又可用于成形加工。自 1985 年起我国把电火花穿孔加工机床和成形加工机床称为电火花穿孔成形加工机床或统称为电火花成形机床。

电火花成形加工机床的主要技术参数通常包括工作台纵横向行程、主轴伺服行程、最大工件质量、最大电极质量、X 和 Y 坐标读数精度、最大加工电流、最大电源功率、最大生产率、最小电极损耗和所能达到的表面粗糙度等。

目前，电火花成形机床型号是根据 JB/T7445.2—1998《特种加工机床　型号编制方法》的规定编制的，如型号 DK7125 表示机床工作台宽度为 250 mm 的数控电火花成形机床。

精密数控电火花成形机床是为了适应工业飞速发展，尤其是模具制造工业发展而设计的新型数控机床,有较高的加工工艺指标,广泛应用于电机、仪表、电器、汽车制造、宇航、家电、轻工、军工等多种行业中的模具制造加工。可以加工各种中小型冲裁模（落料模、复合模和连续模）、型腔模（精密压铸、压延、塑料、玻璃制品及粉末冶金制品和胶木制品等）、异型曲面零件、坐标孔零件及成形零件,而且能用于各种超硬度材料的加工。机床可以加工ϕ0.1 mm以上的孔径和0.2 mm以上的窄缝,切割各种硬质合金等,能对碳钢、工具钢、淬火钢、硬质合金钢以及其他高硬度金属材料进行放电加工,是加工复杂模具和复杂零件的理想设备。

2)电火花成形加工机床的组成

不同品牌的数控电火花成形加工机床的外观不一样,但主要都由主机、工作油箱、数控电源柜等部分组成。主机包括床身、主轴头、工作台等。数控电源柜由输入装置（如键盘手控盒）、输出装置（如彩色 CRT 显示器）,以及数控电气装备等部分组成。数控电源柜是控制点火化成形机床动作的装置。

下面介绍数控电火花加工机床的主要装置。

(1)输入装置　操作过程中,操作者可以通过键盘、磁盘等装置输入操作指令或程序、图形等并控制机械动作。如果输入内容较多,则可以直接连接外部计算机通过连线输入。

(2)输出装置　通过 CRT 显示器、磁盘等装备,将电火花加工用的程序、图形等资料输送出来。

(3)加工电源　电火花加工的原理是在极短的时间内击穿工作介质,在工具电极和工件之间进行脉冲火花放电,通过热能熔化、汽化工具材料来去除工件上多余的金属。

电火花成形机床的加工电源性能好坏直接关系到电火花加工的加工速度、表面质量、加工精度、工具电极损耗等工件指标,所以电源往往是电火花机床制造厂商的核心机密之一。

(4)伺服系统　在实际操作过程中,当电极与工件距离较远时,由于脉冲电压不能击穿电极与工件间的绝缘工件液,故不会产生火花放电;当电极与工件直接接触时,则所供的电流只是流过却无法加工工件。正常加工时,电极与工件之间应保持一个微小的距离。

在放电加工中,电极的长度在加工中会逐渐减小。为了使电极与工件之间保持一定的间隙,以实现正常的放电加工,电极必须随着与工件距离的减小而逐渐下降。伺服系统的主要作用就是随时能够保持电极与工件之间的间隙,使放电加工处于效率最佳的状态。

(5)记忆系统　一般电火花成形加工机床的记忆系统主要记忆的是文字资料。

3. 数控电火花成形加工特点

与传统金属切削加工相比,数控电火花成形加工具有如下特点:

(1)是采用成形电极进行的无切削力加工;

(2)电极相对工件作简单或复杂的运动;

(3)工件与电极之间的相对位置可手动控制或自动控制;

(4)加工一般浸在煤油中进行;

(5)一般只能用于加工金属等导电材料,只有在特定条件下才能加工半导体和非导体材料;

(6)加工速度一般较慢、效率较低,且最小角部半径有限制。

4. 数控电火花成形应用范围

由于电火花成形加工具有许多传统切削加工所无法比拟的优点,因此其应用领域日益扩大,目前已广泛应用于机械(特别是模具制造)、航空航天、电子、电机、电器、精密微细机械、仪器仪表、汽车、轻工等行业,以解决难加工材料及复杂形状零件的加工问题。其加工范围已达到尺寸小至几十微米的小轴及孔、缝,大到几米的超大型模具和零件。

电火花成形加工具体应用范围如下:

(1)高硬脆材料加工;

(2)各种导电材料的复杂表面加工;

(3)微细结构和形状加工;

(4)高精度加工;

(5)高表面质量加工。

任务二　数控电火花成形加工工艺

1. 数控电火花成形加工常用术语

(1)放电间隙　它是指放电时工具电极和工件间的距离,大小一般在 $0.01\sim0.5$ mm 之间,粗加工时间隙较大,精加工时则较小。

(2)脉冲宽度　脉冲宽度简称脉宽,是加到电极和工件上放电间隙两端的电压脉冲的持续时间。为了防止电弧烧伤,电火花加工只能用断断续续的脉冲电压波。一般来说,粗加工时可用较大的脉宽,精加工时只能用较小的脉宽。

(3)脉冲间隔　脉冲间隔简称脉间或间隔,它是两个电压脉冲间隔的放电时间。间隔时间过短,放电间隙来不及消电离和恢复绝缘,容易产生电弧放电,烧伤电极和工件,脉冲间隔得过长,将降低加工生产率。加工面积、加工深度较大时,脉冲间隔也应稍大。

(4)击穿延时　从间隙两端加上脉冲电压后,一般均要经过一小段延续时间,工作液介质才能被击穿放电,这一小段时间称为击穿延时。击穿延时与平均放电间隙的大小有关,工具欠进给时,平均放电间隙变大,击穿延时就长;反之,工具过进给时,放电间隙变小,击穿延时也就短。

(5)放电时间(电流脉宽) 放电时间是工作液介质击穿后放电间隙中流过放电电流的时间,即电流脉宽,它比电压脉宽稍小,二者相差一个击穿延时。对电火花加工的生产率、表面粗糙度和电极损耗有很大影响,但实际起作用的是电流脉宽。

(6)占空比 占空比是脉冲宽度与脉冲间隔之比。粗加工时占空比一般较大,精加工时占空比应较小,否则放电间隙来不及消电离恢复绝缘,容易引起电弧放电。

(7)开路电压(峰值电压) 开路电压是流隙开路和间隙击穿之前这段时间内电极间的最高电压。一般晶体管方波脉冲电源的峰值电压为 $60\sim80$ V,高低压复合脉冲电源的高压峰值电压为 $175\sim300$ V。峰值电压高时,放电间隙大,生产率高,但成形复制精度较差。

(8)加工电压(间隙平均电压) 加工电压(间隙平均电压)是指加工时电压表上指示的放电间隙两端的平均电压,它是多个开路电压、火花放电维持电压、短路和脉冲间隔等电压的平均值。

(9)加工电流 加工电流是加工时电流表上指示的流过放电间隙的平均电流。加工电流在精加工时小,粗加工时大;间隙偏开路时小,间隙合理或偏短路时则大。

(10)短路电路 短路电流是放电间隙短路时电流表上指示的平均电流,它比正常加工时的平均电流要大 $20\%\sim40\%$。

(11)峰值电流 峰值电流是间隙火花放电时脉冲电流最大值(瞬时)。虽然峰值电流不易测量,但它是影响加工速度、表面质量等的重要参数。在设计制造脉冲电源时,每一功率放大管的峰值电流是预先计算好的,选择峰值电流实际是选取几个功率管进行加工。

(12)放电状态 放电状态指电火花放电间隙内每一个脉冲放电时的基本状态。一般分为五种放电状态和脉冲类型。

①开路,空载脉冲;

②火花放电,工作脉冲,或称有效脉冲;

③短路,短路脉冲;

④电弧放电,稳定电弧放电;

⑤过渡电弧放电,不稳定电弧放电,或称不稳定火花放电。

2. 数控电火花成形加工规律简介

1)数控电火花成形加工的基本规律

(1)极性效应 火花放电时电极和工件都会被蚀除掉,但蚀除的速度是不同的,这种现象称为极性效应。

由于电子的质量小、离子质量大,它们在电场力作用下轰击阳极和阴极的能量不同。长脉冲加工时,正离子对负极的轰击能量大,工件接正极(称正极性加工)。短脉冲加工时正好相反。

(2)覆盖效应 在材料放电腐蚀过程中,一个电极的电蚀产物转移到另一个电极表面上,形成一定厚度的覆盖层,这种现象称为覆盖效应。合理利用覆盖效应,有利于降低电极损耗。

在油类介质中加工时,覆盖层主要是石墨化的碳素层,其次是黏附在电极表面的金属微粒黏结层。碳素层的生成条件主要有以下几个。

①要有足够高的温度;

②要有足够多的电蚀产物,尤其是介质的热解产物——碳粒子;

③要有足够的时间,以便在这一表面上形成一定厚度的碳素层;

④一般采用负极性加工,因为碳素层易在阳极表面生成;

⑤必须在油类介质中加工。

2)数控电火花成形加工工艺规律

数控电火花成形加工的主要工艺指标有加工速度、表面粗糙度、电极损耗、加工精度和表面变化层的力学性能等。影响工艺指标的因素很多,诸因素的变化都将引起工艺指标相应的变化。

影响加工速度的主要因素有矩形脉冲的峰值电流、脉冲宽度和脉冲间隔、工件材料、工作液。

影响加工精度的因素有机床精度、工件的装夹精度、电极制造及装夹精度、放电间隙、电极损耗和加工斜度。

影响表面质量的因素有脉冲宽度、峰值电流。

3. 数控电火花成形电极的设计与制作

电极的设计与制作是数控电火花成形加工中关键的步骤之一。要想设计及制作出满足实际加工需要的电极,应考虑的因素有:电极材料的选用、电极的尺寸、电极的个数、电极上是否要开设排气孔和冲液孔、电极定位的基准面、电极的制作方法等。

1)电极材料的选用

在数控电火花电极设计中如何选用电极材料呢? 一般来说,主要考虑电极的放电加工特性、价格和切削加工性能。目前常采用的电极材料有铜(紫铜、黄铜)、石墨、银钨合金、铜钨合金等。

2)电极的设计

在电极设计中:首先要详细分析产品图样,确定电火花加工位置;其次根据现有设备、材料、拟采用的加工工艺等具体情况确定电极的结构形式;最后根据电极损耗、放电间隙等工艺要求对照型腔尺寸进行缩放,同时要考虑工具电极部位投入放电加工的先后顺序,工具电极上各点的总加工时间和损耗,同一电极上端角、边和面上的损耗值等因素来适当补偿电极。

（1）电极的结构形式　数控电火花成形加工所用电极有整体电极、组合电极、镶拼式电极等。

（2）电极的尺寸　电极的尺寸包括垂直尺寸、水平尺寸。

（3）电极的排气孔和冲液孔　电火花成形加工时，型腔一般均为盲孔，排气、排屑条件较为困难，这将直接影响加工效率与稳定性，精加工时还会影响加工表面质量粗糙度。为改善排气、排屑条件，大、中型腔加工电极都设计有排气、冲液孔。一般情况下，开孔的位置应尽量保证冲液均匀和气体易于排出。在实际设计中主要考虑如下几点：

①为方便排气，可将冲油孔或排气孔上端直径加大；

②气孔尽量开在蚀除面积较大以及电极端部凹进的位置；

③冲液孔要尽量开在不易排屑的拐角、窄缝处；

④排气孔和冲液孔的直径为平动量的 $1 \sim 2$ 倍；

⑤尽可能避免冲液孔在加工后留下柱芯；

⑥冲液孔的布置需注意冲油要流畅，不可出现无工作液流经的"死区"。

3）电极的制造

在进行电极制造时，尽可能将要加工的电极坯料夹在即将进行电火花加工的装夹系统上，避免因装卸而产生定位误差。

常用的电极制造方法有切削加工、线切割加工、电铸加工。

4. 电极的装夹、校正与定位

电极装夹的目的是将电极安装在机床的主轴头上；电极校正的目的是使电极的轴线平行于主轴头的轴线，即保证电极与工作台台面垂直，必要时还应保证电极的横截面基准与机床的 X、Y 轴平行。

1）电极的装夹

电极在安装时，一般使用通用夹具或专用夹具直接将电极装夹在机床主轴的下端电极夹头上。

小型的整体式电极多数采用通用夹具直接装夹在机床主轴下端，采用标准套筒、钻夹头装夹；对于尺寸较大的电极，常将电极通过螺纹连接直接装夹在夹具上。

镶拼式电极的装夹比较复杂，一般先用连接板将几块电极拼接成所需的整体，然后再用机械方法固定；也可以用聚氯乙烯醋酸溶液或环氧树脂黏合。拼接中各结合面需平整密合，然后再将连接板连同电极一起装夹在电极柄上。

2）电极的校正

电极装夹好后，必须进行校正才能加工，即不仅要调节电极使其与工件基准面垂直，而且需在水平面内调节、转动一个角度，使工具电极的截面形状与将要加工的工件型孔或行腔定位的位置一致。电极的校正主要靠调节电极夹头的相应螺钉。

将电极装夹到主轴上后，必须对其进行校正，一般校正方法有：

(1)根据电极的侧基准面,采用千分表找正电极的垂直度;

(2)电极上无侧面基准时,将电极上端面作为辅助基准找正电极的垂直度。

3)电极的定位

电极装夹好后,还应将工件夹好,然后再将电极定位于要加工工件的某一位置。

数控电火花成形加工工件的装夹与机械切削机床相似,但数控电火花成形加工中的作用力很小,所以工件更容易装夹。

在实际生产中,工件常用压板、磁极吸盘(在吸盘中的内六角孔中插入扳手可以调整磁力)、虎钳等固定在机床工作台上,多数用百分表来校正,使工件的基准面分别与机床的 X、Y 轴平行。

电极相对于工件定位是指将已安装校正好的电极对准工件上的加工位置,以保证加工的孔或型腔在工件上的位置精度。习惯上将电极相对于工件的定位过程称为找正。电极找正与其他数控机床的定位方法大致相同,读者可以借鉴参考。

 知识链接

数控电火花成形加工的异常放电

正常的火花放电过程一般认为是"击穿→介质游离→放电→放电结束→绝缘恢复"的过程。过去认为在电火花稳定加工的状态下不会产生异常放电现象,但试验表明,即使在非常稳定的加工状态下也会产生异常放电现象,只不过此时的异常放电现象微弱而短暂。另外在加工过程中,并不是所有的脉冲都放电加工,进给速度越快,脉冲利用率就越高,但产生异常放电的几率也就越大。异常放电主要有烧弧、桥接、短路等几种形式。

产生异常放电的原因很多,主要有以下几点。

(1)电蚀产物的影响 电蚀产物中金属微粒、炭黑以及气体都是异常放电的"媒介"。传统理论将间隙中炭黑微粒的浓度视为评判间隙污染的程度的标准,污染严重时不利于加工,因此必须及时清除。但近来研究表明,由于间隙污染,放电的击穿距离增大到与维持放电的距离接近,有利于加工的稳定性。另外,炭黑微粒在放电过程中会参与物理化学作用,在某些加工状态下将使电极损耗减少,起到积极的作用。

(2)进给速度的影响 一般来说,进给速度太快是造成异常放电的直接原因。在正常加工时,电极应该有一个适当的进给速度。为保持加工状态而不产生异常放电,进给速度应该略低于蚀除速度。

（3）电规准的影响 放电的强弱和电规准的选择不当容易造成异常放电。一般来说，电规准较强、放电间隙大时不易产生异常放电；而在规准较弱的精加工中，放电间隙小且电蚀产物不易排除，容易产生异常放电。此外，放电脉冲间隔小、峰值电流过大、加工面积小而使加工电流密度超过规定值，以及极性选择不当都可能引起异常放电。

小 结

电火花加工必须具备以下条件：必须使两极表面之间经常保持一定的放电间隙；所使用的电源应该具有脉冲性、间歇性；电火花加工必须在绝缘的液体介质中进行。电火花加工的最大特点是不受待加工工件材料硬度的限制。放电间隙、加工斜度、电规准参数、电极损耗、极性效应等均是影响电火花加工的工艺因素。

能 力 检 测

1.试述数控电火花成形加工工作原理。

2.数控电火花成形加工主要有哪几个步骤？

3.简述电火花的发现与发展。

模块二 数控电火花线切割加工工艺

【学习目标】

了解：数控电火花线切割机床型号中各数字及字母的含义。

熟悉：数控电火花线切割机床基本组成。

掌握：数控电火花线切割加工原理、特点及应用。

数控电火花线切割加工（wire cut EDM，WEDM）也称数控线切割加工，它是在电火花成形加工基础上发展起来的一种新的工艺形式，因其由数控装置控制机床的运动，采用线状电极（铜丝或钼丝）、靠火花放电对工件进行切割，有时简称数控线切割加工。数控电火花线切割加工自 20 世纪 50 年代末诞生以来，获得了极其迅速的发展，已逐步成为一种高精度和高自动化的加工方法，在模具制造、成形刀具加工、难加工材料和精密复杂零件的加工等方面获得了广泛应用。

数控电火花线切割机床利用电蚀加工原理，采用金属导线作为工具电极切割工件，以满足加工要求。机床通过数字控制系统的控制，可按加工要求，自动切割任意角度的直线和圆弧。这类机床主要适用于切割淬火钢、硬质合金等金属材料,特别适用于一般金属切削机床难以加工的细缝槽或形状复杂的零件,在模具行业的应用尤为广泛。

任务三　数控电火花线切割加工原理及机床结构

1. 数控电火花线切割加工原理

数控电火花线切割加工过程由三部分构成:电极丝与工件之间的脉冲放电;电极丝沿其轴向(垂直或 Z 方向)作走丝运动;工件相对于电极丝在 OXY 平面内作数控运动。

1)电极丝与工件之间的脉冲放电

电火花切割时,在电极丝和工件之间进行脉冲放电。如图 8-2 所示,电极丝接脉冲电源的负极,工件接脉冲电源的正极。当接受一脉冲电压时,在电极丝和工件之间产生一次火花放电,放电通道的中心瞬时温度可高达 10000℃以上,高温使工件金属熔化,甚至有少量汽化,高温也使电极丝和工件之间的工作液部分产生汽化。这些汽化后的工作液和金属蒸汽瞬间迅速膨胀,产生局部微爆炸,抛出融化和汽化的金属材料,从而实现对工件材料的电蚀切割加工。

为了使数控电火花线切割加工顺利进行,必须创造条件保证每来一个电脉冲时在电极丝和工件之间产生的是火花放电而不是电弧放电。首先必须使两个电脉冲之间有足够的间隔时间,使放电间隙中的介质消电离,即使放电通道中的带电粒子复合为中性粒子,恢复本次放电通道处间隙中介质的绝缘强度,以免总在同一处发生放电而导致电弧放电。一般脉冲间隔应为脉冲宽度的 4 倍以上。

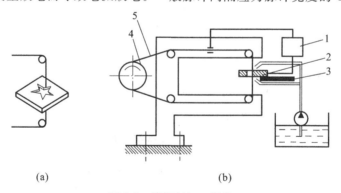

(a)　　　　　　　　　　　　(b)

图 8-2　线切割加工原理

(a)加工示意图;(b)线切割加工原理示意图

1—脉冲电源;2—工件;3—绝缘底板;4—滚丝筒;5—电极丝

为了保证火花放电时电极丝不被烧断,必须向放电间隙注入大量工作液,以使电极丝得到充分冷却。同时电极丝必须作高速轴向运动,以避免火花放电总在电极丝的局部位置而被烧断,电极丝速度在 7～10 m/s。电极丝高速运动还有利于不断往放电间隙中带入新的工作液,同时也有利于把电蚀产物从间隙中带出去。

数控电火花线切割加工时,为了获得比较好的表面粗糙度和高的尺寸精度,并保证电极丝不被烧断,应选择好相应的脉冲参数。

2)走丝运动 为了避免火花放电总在电极丝的局部位置而被烧断,影响加工质量和生产效率,在加工过程中电极丝需沿轴向运动。走丝原理如图 8-2(b)所示。钼丝整齐地缠绕在储丝筒上,并形成闭合状态,走丝电动机带动储丝筒转动时,通过导丝轮使钼丝作轴线运动。

3)X、Y 坐标工作台运动

工件安装在上、下两层的 X、Y 坐标工作台上,分别由步进电动机驱动作数控运动。工件相对于电极丝的运动轨迹是由线切割编程所决定的。

2. 数控电火花线切割加工机床的基本组成

数控电火花线切割加工机床可分为控制柜和机床主机两大部分。

1)控制柜

控制柜中装有控制系统和自动编程系统,利用控制柜能进行自动编程和对机床坐标工作台的运动进行数字控制。

2)机床主机

机床主机主要包括坐标工作台、运丝机构、丝架、冷却系统和床身五个部分。

(1)坐标工作台 它用来装夹被加工的工件,其运动分别由两个步进电动机控制。坐标工作台主要由拖板、导轨、丝杠运动副等组成,如图 8-3 所示。

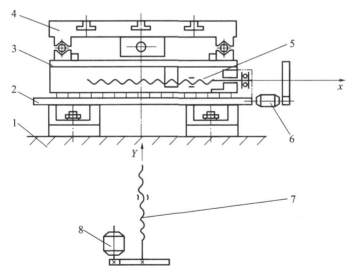

图 8-3 工作台结构

1—床身;2—下拖板;3—中拖板;4—上拖板;5、7—丝杠;6、8—驱动电机

(2)运丝机构 它用来控制电极丝与工件之间的相对运动,由储丝筒组合件(见图 8-4),上、下拖板、齿轮副、丝杠运动副、换向装置和绝缘件等组成。

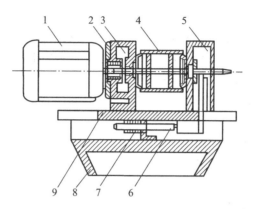

图 8-4　储丝筒组合件

1—电动机；2—联轴器；3—支架；4—储丝筒；5—支架；6—滚珠丝杠；7—螺母；8—底座；9—拖板

（3）丝架　它与运丝机构一起构成电极丝的运动系统。它的功能主要是对电极丝起支承作用，并使电极丝工作部分与工作台平面保持一定的几何角度，以满足各种工件（如带锥工件）加工的需要。丝架采用单柱支承、双臂悬梁结构，如图 8-5、图 8-6 所示。

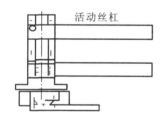

图 8-5　丝架结构示意图

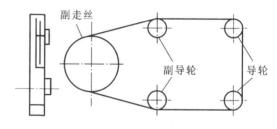

图 8-6　走丝示意图

（4）冷却系统　它用来提供有一定绝缘性能的工作介质——工作液，同时可对工件和电极丝进行冷却。

3. 数控电火花线切割加工的特点

（1）直接利用线状的电极丝作工具电极，不需要像电火花成形加工一样的成形工具电极，可节约电极制造时间和电极材料，降低制造成本，缩短生产周期。

（2）可以加工用一般切削方法难以加工或无法加工的微细异形孔、窄缝和形状复杂的零件，尺寸精度可达 $0.01 \sim 0.02$ mm，表面粗糙度可达 $Ra\ 1.25\ \mu m$。

（3）传统的车、铣、钻加工中，刀具硬度必须比工件硬度大，而数控电火花线切割机床的电极丝不必比工件材料硬，所以可以加工硬度很高或很脆、用一般切削加工方法难以加工或无法加工的材料。在加工中作为刀具的电极丝无须刃磨，可节省辅助时间和刀具费用。

（4）利用电蚀原理加工，加工中工具电极和工件不直接接触，没有像机械加工那样的切削力，因而工件的变形很小，电极丝、夹具不需要太高的强度，适宜于加工低刚度工件及细小零件。

（5）由于电极丝比较细，切缝很窄，只对工件材料进行"套料"加工，实际金属去除量很少，轮廓加工时所需余量也少，故材料的利用率很高，能有效地节约贵重材料。

（6）由于采用移动的长电极丝进行加工，使单位长度电极丝的损耗较小，从而对加工精度的影响比较小，特别在低速走丝线切割加工时，电极丝一次使用，电极损耗对加工精度的影响更小。

（7）依靠数控系统的线径偏移补偿功能，使冲模加工的凹、凸模间隙可以任意调节。依靠锥度切割功能，有可能实现凹、凸模一次加工成形。

（8）对于粗、半精、精加工，只需调整电参数即可，操作方便，自动化程度高。采用乳化液或去离子水的工作液，不必担心发生火灾，可以昼夜无人值守连续加工。

4. 数控电火花线切割机床的应用

数控电火花线切割机床主要适用于切割淬火钢、硬质合金等高硬度、高强度、高韧度和脆性好的金属材料，特别适用于一般金属切削机床难以胜任的细缝槽或形状复杂零件的加工，在模具行业的应用尤为广泛。采用数控电火花线切割机床加工的零件如图 8-7 至图 8-10 所示。

图 8-7　棱锥体

图 8-8　各种形状复杂的零件

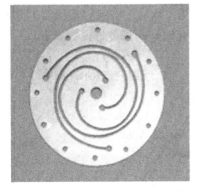

图 8-9　有多孔、窄缝的零件

图 8-10　冷冲凸模

5. 正确使用数控电火花线切割机床的外部必备条件

1）钼丝

钼丝必须采用正规厂生产的，符合国家标准的 $\phi0.1\sim\phi0.2$ mm 真空包装钼丝。推荐使用 $\phi0.15\sim\phi0.18$ mm 的钼丝。

2）被加工工件材料

被加工工件材料必须符合导电、内应力小、加工时不变形的条件。常用于电火花线切割加工的工件材料为 45、T10 碳素钢，或 Cr12、CrWMn 合金钢，经淬火处理，淬火硬度为 45～65 HRC。

3）电源

外接电源为三相 50 Hz 交流电，电源电压为 380 V。加工时的电压波动绝对值＜10％，如波动电压＞10％一般需自备稳压电源。

4）工作液

必须使用线切割机床专用工作液。推荐使用南光 1 号乳化液，也可使用 DX-1、DX-2、DX-3、DX-4 乳化液。切勿使用磨床乳化液。南光 1 号配比为 1：25，有效工作时间为 10 个工作班次左右。DX 水溶液配比为 1：10，有效工作时间为 10 个工作班次左右。当加工精度及工件表面粗糙度要求较高时，工作液配比浓度应高些。当切割大厚度工件时，工作液配比浓度应低些。工作液的主要功能和要求有：具有一定的绝缘性能、较好的冷却性能、较好的洗涤排屑性能和对环境无污染、对人体无害等。

5）工作环境

机床工作环境需无尘、干燥无震动、无腐蚀、无大功率电器设备干扰，光线充足，通风良好，室内温度应控制在 5～35 ℃范围内。

6）操作者

数控电火花线切割机床操作人员应为能识图，有一定的计算机使用经验，经专业培训合格者，或有熟练电加工机床操作经验者。开机前操作者需仔细阅读机床使用说明书。

6. 数控电火花线切割加工机床的型号

我国电火花线切割机床型号是根据 JB/T 7445.2—1998《特种加工机床　型号编制方法》的规定编制的。高速走丝电火花线切割机型号说明如下。

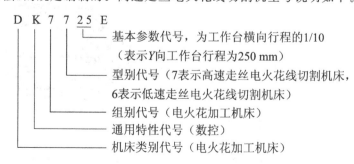

任务四　数控电火花线切割机床工艺范围、主要技术参数

1. 数控电火花线切割机床的分类

根据电极丝的移动速度即走丝速度,电火花线切割机通常分为两大类。

一类是高速走丝(快走丝)电火花线切割机,或称往复走丝电火花线切割机。这类机床的电极作高速往复运动,一般走丝速度为 8～10 m/s,这是我国生产和使用的主要机种,也是我国独创的电火花线切割加工模式,用于加工中、低精度的模具和零件。

另一类是低速走丝(慢走丝)电火花线切割机,或称单向走丝电火花线切割机。这类机床的电极丝作低速单向运动,一般走丝速度低于 0.2 m/s,这是国外生产和使用的主要机种,用于加工高精度的模具和零件,主要生产厂家有瑞士阿奇夏米尔公司、日本沙迪克公司等。

高速走丝电火花线切割机与低速走丝电火花线切割机的主要区别如下。

(1)结构　高速与低速走丝电火花线切割机结构的主要区别在于走丝系统。低速走丝电火花线切割机的电极丝是单向移动的,一端是放丝轮,一端是收丝轮,加工区的电极丝由高精度的导向器定位;高速走丝电火花线切割机的电极丝是往复移动的,电极丝的两端都固定在储丝筒上,因其走丝速度高,加工区的电极丝由导轮定位。

(2)性价比　从机床的价位上比较,低速走丝线切割机的价格是高速走丝电火花线切割机的 10～100 倍。从性价比的角度看,低速走丝线切割机的功能完善、先进、可靠。例如,对于控制系统的闭环控制、电极丝的恒张力控制、拐角控制、自动穿丝等高精度加工的常用功能,大多数高速走丝电火花线切割机目前还不具备。

(3)工艺指标　高速走丝电火花线切割机和低速走丝电火花线切割机的工艺指标如表 8-1 所示。

表 8-1　高速走丝电火花线切割机床与低速走丝电火花线切割机床工艺指标

机型/工艺指标	加工精度/μm	表面粗糙度值/μm	最大加工速度/(mm/min)
低速走丝	0.2	Ra 0.1	300
高速走丝	1.5	Ra 2.5	120

20 世纪 80 年代初期,高速走丝电火花线切割机与低速走丝电火花线切割机在工艺指标上还各有所长,差距不明显。近二十年来,低速走丝电火花线切割机的发展很快,高速走丝电火花线切割机虽然在加工速度、大厚度切割方面有一定的提高,而且人们在多次切割工艺上对其做了大量的实验和研究,但是在加工精度上仍然徘徊不前。

任务五　数控电火花线切割加工工艺分析

1. 数控电火花线切割加工工艺指标

数控电火花线切割加工中的工艺指标包括加工精度、表面粗糙度、加工速度

以及电极损耗比等,影响因素有电参数和非电参数。电参数主要有脉冲宽度、脉冲间隔、峰值电压、峰值电流、加工极性等;非电参数主要有压力、流量、抬刀高度、抬刀频率、平动方式、平动量等。这些参数相互影响,关系复杂。

1)加工精度

电火花加工与机械加工一样,机床本身的各种误差以及工件和工具电极的定位、安装误差都会影响到加工精度,另外电火花加工的一些工艺特性也将影响加工精度,主要有以下几点:

(1)放电间隙的大小及其一致性;

(2)工具电极的损耗;

(3)电极的制造精度;

(4)二次放电;

(5)工作液温度升高引起机床的热变形;

(6)装夹定位的影响;

(7)电极夹持部分刚性、平动刚性、平动精度、电极冲油压力、电极运动精度等直接关系电火花加工精度。

2)表面粗糙度

电火花加工表面和机械加工的表面不同,它由无方向性的无数小坑和硬凸边所组成,特别有利于保存润滑油。机械加工表面则由切削或磨削刀痕所组成,且具有方向性。因此,电火花加工表面的润滑性能和耐磨损性能优于机械加工表面。

2. 数控线切割加工工艺的制订

数控电火花线切割加工一般是作为工件尤其是模具加工中的最后工序。要达到加工零件的精度及表面粗糙度要求,应合理控制线切割加工时的各种工艺参数(如电参数、切割速度等),同时应安排好零件的工艺路线及线切割加工前的准备工作。

模具加工的线切割加工工艺准备和工艺过程如图 8-11 所示。

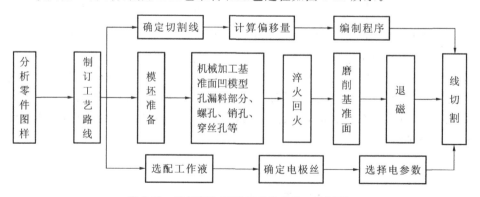

图 8-11 线切割加工的工艺准备和工艺过程

3. 模坯准备

1）工件材料及毛坯

模具工作零件一般采用锻造毛坯，其线切割加工常在淬火与回火后进行。由于受材料淬透性的影响，当大面积去除金属和切断加工时，会使材料内部残余应力的相对平衡状态遭到破坏而产生变形，影响加工精度，甚至在切割过程中造成材料突然开裂。为减少这种影响，除在设计时应选用锻造性能好、淬透性好、热处理变形小的合金工具钢（如 Cr12、Cr12MoV、CrWMn）做模具材料外，模具毛坯锻造及热处理工艺也应正确进行。

2）模坯准备工序

模坯的准备工序是指凸模或凹模在线切割加工之前的全部加工工序。

（1）凹模的准备工序　凹模的准备工序包括以下几个。

①下料　用锯床切断所需材料。

②锻造　改善内部组织，并锻成所需的形状。

③退火　消除锻造内应力，改善加工性能。

④刨（铣）　刨六面，并留磨削余量 0.4～0.6 mm。

⑤磨　磨出上、下平面及相邻两侧面。

⑥划线　划出刃口轮廓线和孔（如螺孔、销孔、穿丝孔等）的位置。

⑦加工型孔部分　当凹模较大时，为减少线切割加工量，需将型孔漏料部分铣（车）出，只切割刃口高度；对淬透性差的材料，可将型孔的部分材料去除，留3～5 mm切割余量。

⑧孔加工　加工螺孔、销孔、穿丝孔等。

⑨淬火　至达到设计要求。

⑩磨　磨削上、下平面及相邻两侧面。

（2）凸模的准备工序　凸模的准备工序，可根据凸模的结构特点，参照凹模的准备工序安排，将其中不需要的工序去掉即可，但应注意以下几点。

①为便于凸模加工和装夹，一般都将毛坯锻造成平行六面体。对尺寸、形状相同，断面尺寸较小的凸模，可将几个凸模制成一个毛坯。

②凸模的切割轮廓线与毛坯侧面之间应留足够的切割余量（一般不小于5 mm）。毛坯上还要留出装夹部位。

③在有些情况下，为防止切割时模坯产生变形，要在模坯上加工出穿丝孔。切割的引入程序从穿丝孔开始。

4. 工件的装夹与调整

1）工件的装夹

装夹工件时，必须保证工件的切割部位位于机床工作台纵向、横向进给的允许范围之内，避免超出极限。同时应考虑切割时电极丝运动空间。夹具应尽可能选择通用(或标准)件,所选夹具应便于装夹,便于协调工件和机床的尺寸关系。在加工大型模具时,要特别注意工件的定位方式,尤其在加工快结束时,工件的变形、重力的作用会使电极丝被夹紧,影响加工。

(1)悬臂装夹 如图 8-12 所示采用的是悬臂装夹方式,这种装夹方式方便、通用性强。但由于工件一端悬伸,易出现切割表面与工件上、下平面间的垂直度误差,仅用于加工要求不高或悬臂较短的情况。

(2)两端支承装夹 如图 8-13 所示的是两端支承装夹方式,这种方式装夹方便、稳定,定位精度高,但不适于装夹较大的零件。

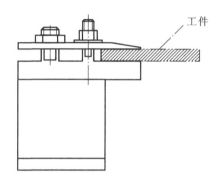

图 8-12 悬臂装夹

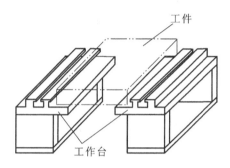

图 8-13 两端支承装夹

(3)桥式支承装夹 这种方式是在通用夹具上放置垫铁后再装夹工件,如图 8-14 所示。这种方式装夹方便,大、中、小型工件的装夹都能采用。

(4)板式支承装夹 图 8-15 所示是板式支承装夹方式。根据常用的工件形状和尺寸,采用有通孔的支承板装夹工件。这种方式装夹精度高,但通用性差。

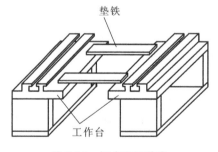

图 8-14 桥式支承装夹

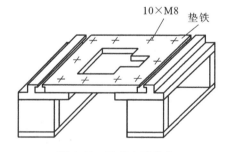

图 8-15 板式支承装夹

2)工件的调整

采用以上方式装夹工件,还必须配合找正法进行调整,方能使工件的定位基准面分别与机床的工作台面和工作台的进给方向 X、Y 方向保持平行,以保证所切割的表面与基准面之间的相对位置精度。常用的找正方法如下。

(1)用百分表找正 如图 8-16 所示,用磁力表架将百分表固定在丝架或其他位置上,百分表的测量头与工件基面接触,往复移动工作台,按百分表指示值调整工件的位置,直至百分表指针的偏摆范围达到所要求的数值。找正应在相互垂直的三个方向上进行。

(2)用划线法找正　工件的切割图形与定位基准之间的相互位置精度要求不高时,可采用划线法找正,如图8-17所示。利用固定在丝架上的划针对准工件上划出的基准线,往复移动工作台,目测划针、基准间的偏离情况,将工件调整到正确位置。

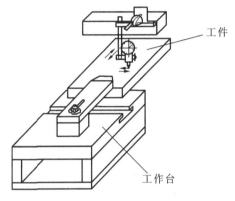

图8-16　用百分表找正

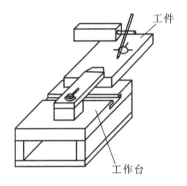

图8-17　用划线法找正

5.电极丝的选择和调整

1)电极丝的选择

电极丝应具有良好的导电性和抗电蚀性,抗拉强度高、材质均匀。常用电极丝有钼丝、钨丝、黄铜丝和包芯丝等。钨丝抗拉强度高,直径在0.03～0.1 mm范围内,一般用于各种窄缝的精加工,但价格昂贵。黄铜丝适合于低速加工,加工表面粗糙度和平直度较好,蚀屑附着少,但抗拉强度差,损耗大,直径在0.1～0.3 mm范围内,一般用于低速单向走丝加工。钼丝抗拉强度高,适于高速走丝加工,所以我国高速走丝机床大都选用钼丝做电极丝,直径在0.08～0.2 mm范围内。

电极丝直径的选择应根据切缝宽窄、工件厚度和拐角尺寸大小来选择。加工带尖角、窄缝的小型模具时,宜选用较细的电极丝;加工大厚度工件或大电流切割时,应选较粗的电极丝。一般电极丝的主要规格如下:钼丝直径为0.08～0.2 mm;钨丝直径为0.03～0.1 mm;黄铜丝直径为0.1～0.3 mm;包芯丝直径为0.1～0.3 mm。

2)穿丝孔和电极丝切入位置的选择

穿丝孔是电极丝相对工件运动的起点,同时也是程序执行的起点,一般选在工件上的基准点处。为缩短开始切割时的切入长度,穿丝孔也可选在距离型孔

边缘 2～5 mm 处,如图 8-18(a)所示。加工凸模时,为减小变形,电极丝切割时的
运动轨迹与边缘的距离应大于 5 mm,如图 8-18(b)所示。

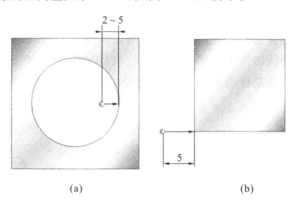

(a) (b)

图 8-18 切入位置的选择

(a)凹模;(b)凸模

3)电极丝位置的调整

线切割加工之前,应将电极丝调整到切割的起始坐标位置上,其调整方法有
以下几种。

(1)目测法 对加工要求较低的工件,可直接利用工件上的有关基准线或基
准面,沿某一轴向移动工作台,借助于目测或 2～8 倍的放大镜,当确认电极丝与
工件基准面接触或使电极丝中心与基准线重合后,记下电极丝中心的坐标值,再
以此为依据推算出电极丝中心与加工起点之间的相对距离,将电极丝移动到加
工起点上,如图 8-19 所示。其中图 8-19(a)所示为观测电极丝与工件基准面接触
时的情况;图 8-19(b)所示为观测电极丝中心与穿丝孔处划出的十字基准线在
纵、横两个方向上分别重合时的情况。注意操作前应将工件基准面清理干净,不
能有氧化皮、油污和工作液等。

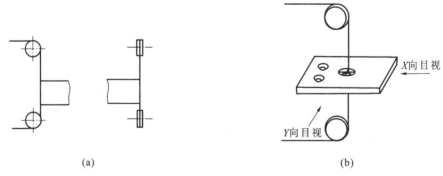

(a) (b)

图 8-19 用目测法调整电极丝位置

(a)观测基准面;(b)观测基准线

（2）火花法　如图 8-20 所示，移动工作台使工件的基准面逐渐靠近电极丝，在出现火花的瞬时，记下工作台的相应坐标值，再根据放电间隙推算电极丝中心的坐标。此法简单易行，但往往会因电极丝靠近基准面时产生的放电间隙，与正常切割条件下的放电间隙不完全相同而产生误差。

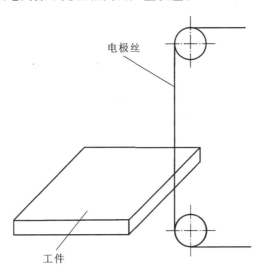

图 8-20　用火花法调整电极丝位置

（3）接触感知法　目前装有计算机数控系统的线切割机床都具有接触感知功能，用于电极丝定位最为方便：利用电极丝与工件基准面由绝缘到短路的瞬间两者间电阻值突然变化的特点，确定电极丝是否接触到工件，确定电极丝接触到工件时，在接触点自动停下来，显示接触点的坐标，该坐标值即为电极丝中心的坐标值。如图 8-21 所示：首先启动 X 方向接触感知功能，使电极丝朝工件基准面运动并感知到基准面，记下该点坐标，据此算出加工起点的 X 坐标；再用同样的方法得到加工起点的 Y 坐标；最后将电极丝移动到加工起点。

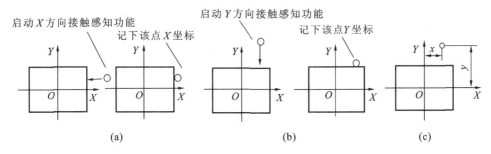

图 8-21　接触感知法

(a) X 方向接触感知；(b) Y 方向接触感知；(c)得到接触点坐标值

基于接触感知，还可实现自动找中心功能，即让工件孔中的电极丝自动找正后停止在孔中心处实现定位。

具体方法为:横向移动工作台,使电极丝与一侧孔壁相接触短路,记下坐标值 x_1,反向移动工作台至孔壁另一侧,记下相应坐标值 x_2;同理也可得到 y_1 和 y_2。则基准孔中心的坐标为 $\left(\dfrac{|x_1|+|x_2|}{2},\dfrac{|y_1|+|y_2|}{2}\right)$,将电极丝中心移至该位置即可定位,如图 8-22 所示。

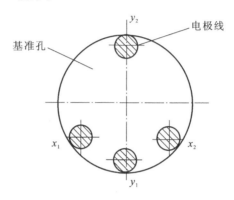

图 8-22 自动找中心

6. 工艺参数的选择

1)脉冲参数的选择

线切割加工一般都采用晶体管高频脉冲电源,用单个脉冲能量小、脉宽窄、频率高的脉冲参数进行正极性加工。加工时,可改变的脉冲参数主要有电流峰值、脉冲宽度、脉冲间隔、空载电压、放电电流。要求获得较好的表面粗糙度时,所选用的电参数要小;若要求获得较高的切割速度,脉冲参数要选得大一些,但加工电流的增大受排屑条件及电极丝横截面积的限制,且过大的电流易引起断丝。高速走丝电火花线切割加工脉冲参数的选择如表 8-2 所示,低速走丝电火花线切割加工脉冲参数的选择如表 8-3 所示。

表 8-2 高速走丝电火花线切割加工脉冲参数的选择

应 用	脉冲宽度	电流峰值 I_e/A	脉冲间隔 t_0/μs	空载电压/V
快速切割或加大厚度工件 $Ra>2.5\,\mu m$	20~40	>12	为实现稳定加工,一般选择 $t_0/t_i=3\sim4$ 以上	70~90
半精加工 $Ra=1.25\sim2.5\,\mu m$	6~20	6~12		
精加工 $Ra<1.25\,\mu m$	2~6	<4.8		

表 8-3　低速走丝电火花线切割加工脉冲参数的选择

工件材料:WC　　　　　加工液电阻率:$10 \times 10^4 \, \Omega \cdot cm$

电极丝直径:$\phi 0.2 \, mm$　　　加工液压力:第一次切割 12 kg/cm²;第二次切割 1~2 kg/cm²

电极丝张力:0.2A(1200 g)

电极丝速度:6~10 mm/min

加工液流量:第一次切割,上/下 5~6 L/min

　　　　　　第二次切割,上/下 1~2 L/min

工件厚度/mm	切割次序	加工条件编号	偏移量编号	电压/V	电流/A	速度/(mm/min)
20	1	C423	H175	32	7.0	2.0~2.6
	2	C722	H125	60	1.0	7.0~8.0
	3	C752	H115	65	0.5	9.0~10.0
	4	C782	H110	60	0.3	9.0~10.0
30	1	C433	H174	32	7.2	1.5~1.8
	2	C722	H124	60	1.0	6.0~7.0
	3	C752	H114	60	0.7	9.0~10.0
	4	C782	H109	60	0.3	9.0~10.0
40	1	C433	H178	34	7.5	1.2~1.5
	2	C723	H128	60	1.5	5.0~6.0
	3	C753	H113	65	1.1	9.0~10.0
	4	C783	H108	30	0.7	9.0~10.0
50	1	C453	H178	35	7.0	0.9~1.1
	2	C723	H128	58	1.5	4.0~5.0
	3	C753	H113	42	1.3	6.0~7.0
	4	C783	H108	30	0.7	9.0~10.0
60	1	C463	H179	35	7.0	0.8~0.9
	2	C724	H129	58	1.5	4.0~5.0
	3	C754	H114	42	1.3	6.0~7.0
	4	C784	H109	30	0.7	9.0~10.0
70	1	C473	H185	33	6.8	0.6~0.8
	2	C724	H135	55	1.5	3.5~4.5
	3	C754	H115	35	1.5	4.0~5.0
	4	C784	H110	30	1.0	7.0~8.0

工件厚度/mm	切割次序	加工条件编号	偏移量编号	电压/V	电流/A	速度/(mm/min)
80	1	C483	H185	33	6.5	0.5～0.6
	2	C725	H135	55	1.5	3.5～4.5
	3	C755	H115	35	1.5	4.0～5.0
	4	C785	H110	30	1.0	7.0～8.0
90	1	C493	H185	34	6.5	0.5～0.6
	2	C725	H135	52	1.5	3.0～4.0
	3	C755	H115	30	1.5	3.5～4.5
	4	C785	H110	30	1.5	7.0～8.0
100	1	C493	H185	34	6.3	0.4～0.5
	2	C725	H135	52	1.5	3.0～4.0
	3	C755	H115	30	1.5	3.0～4.0
	4	C785	H110	30	1.0	7.0～8.0

2）工艺尺寸的确定

丝切割加工时，为了获得所要求的加工尺寸，电极丝和加工图形之间必须保持一定的距离，如图 8-23 所示。图中双点画线表示电极丝中心的轨迹，实线表示型孔或凸模轮廓。编程时首先要求出电极丝中心轨迹与加工图形之间的垂直距离 ΔR（间隙补偿距离），并将电极丝中心轨迹分割成单一的直线或圆弧段，求出各线段的交点坐标后，逐步进行编程。具体步骤如下。

（1）设置加工坐标系　根据工件的装夹情况和切割方向，确定加工坐标系。为简化计算，应尽量选取图形的对称轴为坐标轴。

（2）补偿计算　按选定的电极丝半径 r，放电间隙 δ 和凸、凹模的单面配合间隙 $Z/2$，则加工凹模的补偿距离 $\Delta R_1 = r + \delta$，加工凸模的补偿距离 $\Delta R_2 = r + \delta - Z/2$，如图 8-23 所示。

（3）计算坐标值　将电极丝中心轨迹分割成平滑的直线和单一的圆弧线，按型孔或凸模的平均尺寸计算出各线段交点的坐标值。

3）工作液的选配

工作液对切割速度、表面粗糙度、加工精度等都有较大影响，加工时必须正确选配。常用的工作液主要有乳化液和去离子水。

（1）低速走丝线切割加工目前普遍使用去离子水。为了提高切割速度，在加工时还要加入有利于提高切割速度的导电液，以增加工作液的电阻率。加工淬火钢，电阻率应为 $2 \times 10^4 \ \Omega \cdot cm$ 左右；加工硬质合金，电阻率应为 $30 \times 10^4 \ \Omega \cdot cm$

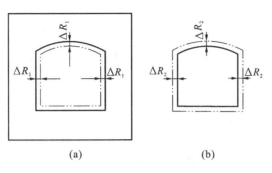

图 8-23　电极丝中心轨迹

(a)凹模;(b)凸模

左右。

(2)高速走丝线切割加工目前最常用的是乳化液。乳化液是用乳化油和工作介质配制的。

7.数控低速走丝电火花线切割加工示例

1)零件及加工要求

图 8-24 所示为一精密冲裁模的凸模,其厚度为 30 mm,材料采用 Cr12MoV,零件的公差要求为:基本尺寸有一位小数的,公差为±0.10 mm;基本尺寸有两位小数的,公差为±0.02 mm;基本尺寸有三位小数的,公差为±0.002 mm。

2)准备工作

由于该零件精度较高,主要部分采用低速走丝电火花线切割机床加工。零件在线切割之前就进行了精加工,三个相互垂直的面的加工精度控制得较好,且线切割余量少。加工路径如图 8-25 中实线部分所示,图中双点画线所示为毛坯形状。

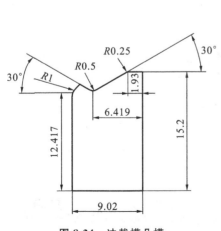

图 8-24　冲裁模凸模

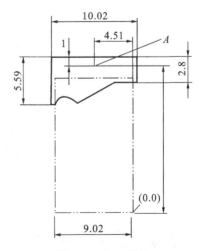

图 8-25　加工路径

3）操作步骤及内容

要达到工件精度要求，必须采用少量、多次切割方式，加工余量逐次减少，加工精度逐渐提高。从开机到加工结束的具体操作步骤大致如下：

（1）合上总电源开关；

（2）按下控制面板上的按钮，启动数控系统及机床；

（3）安装并找正工件；

（4）按机床操作说明书的要求，通过在不同操作模块间的切换，完成生成工件切割的程序、调整电极丝垂直度、将电极丝移至穿丝点等基本操作；

（5）选择合适的加工参数，并在加工过程中将各项参数调到最佳适配状态，使加工稳定，达到质量要求；

（6）切割结束后，取下工件。

以上各项步骤视机床不同有的可以省略。

 知识链接

脉冲电源

脉冲电源是电火花加工设备的重要组成部分，它对电火花加工的速度、加工表面质量和电极损耗等工艺指标影响极大。当前针对各种加工对象开发出了不同功能的电源，如高效镜面加工、加工屑控制、加工硬质合金和钛合金的脉冲电源等。

电火花精加工和镜面加工的加工速度很低，所以其脉冲电源在市场上很有竞争力。高速精加工电源无阻抗、脉冲宽度极窄，瞬时峰值电流达 1000 A，效率高、加工速度快，比一般的电源提高一倍，加工表面粗糙度 $Ra \leqslant 0.2 \ \mu m$，超硬材料 $Ra \leqslant 0.18 \ \mu m$，电极损耗极小。

小　　结

本模块学习数控电火花线切割加工原理及机床结构，数控电火花线切割加工工艺及应用方面的理论及相关知识，主要包括数控电火花线切割加工原理、特点、应用范围及发展情况，以及电火花线切割加工的基本规律，以及线切割加工工艺应用等。

能 力 检 测

1.选择题。

(1)电火花线切割加工的特点有(　　)。

A. 不必考虑电极损耗

B. 不能加工精密细小,形状复杂的工件

C. 不需要制造电极

D. 不能加工盲孔类和阶梯型面类工件

(2)电火花线切割加工的对象有(　　)。

A. 任何硬度、高熔点包括经热处理的碳素钢和合金钢

B. 成形刀、样板

C. 阶梯孔、阶梯轴

D. 塑料模中的型腔

(3)对于线切割加工,下列说法正确的有(　　)。

A. 线切割加工圆弧时,其运动轨迹是折线

B. 线切割加工斜线时,其运动轨迹是斜线

C. 加工斜线时,取加工的终点为编程坐标系的原点

D. 加工圆弧时,取圆心为编程坐标系的原点

2.说明数控电火花线切割加工机床型号 7725E 中各数字及字母的含义。

3.数控电火花线切割加工机床由哪几部分组成?

4.数控电火花线切割加工机床加工原理及特点是什么?

5.电火花数控线切割工作时主要经历哪几个阶段?

参 考 文 献

[1] 赵长明,刘万菊.数控加工工艺及设备[M].北京:高等教育出版社,2008.

[2] 张超英,罗学科.数控机床加工工艺、编程及操作实训[M].北京:高等教育出版社,2003.

[3] 陈洪涛.数控加工工艺与编程[M].北京:高等教育出版社,2009.

[4] 宋放之,杨伟群.数控工艺培训教程[M].北京:清华大学出版社,2002.

[5] 王侃夫.机床数控技术基础[M].北京:机械工业出版社,2001.

[6] 眭润舟.数控编程与加工技术[M].北京:机械工业出版社,2001.

[7] 华茂发.数控机床加工工艺[M].2版.北京:机械工业出版社,2011.

[8] 顾京.数控加工程序编制[M].4版.北京:机械工业出版社,2009.

[9] 王平.数控机床与编程使用教程[M].2版.北京:化学工业出版社,2010.

[10] 徐宏海.数控加工工艺[M].2版.北京:化学工业出版社,2008.

[11] 朱焕池.机械制造工艺学[M].北京:机械工业出版社,2009.

[12] 李正峰.数控加工工艺[M].上海:上海交通大学出版社,2004.

[13] 张秀珍,晋其纯.机械加工质量控制与检测[M].北京:北京大学出版社,2008.

[14] 李云.机械制造工艺及设备设计指导手册[M].北京:机械工业出版社,1997.

[15] 王茂元.机械制造技术[M].北京:机械工业出版社,2001.

[16] 张秀珍,冯伟.数控加工课程设计指导[M].北京:机械工业出版社,2009.

[17] 赵宏立.机械加工工艺与装备[M].北京:人民邮电出版社,2009.

[18] 田春霞.数控加工工艺[M].北京:机械工业出版社,2006.

[19] 薛源顺.机床夹具设计[M].北京:机械工业出版社,2010.

[20] 秦国华,张卫红.机床夹具的现代设计方法[M].航空工业出版社,2006.

[21] 张国政.基于工序集中要求的加工中心夹具设计研究[J].重庆科技学院学报(自然科学版),2012(3):128-132.

[22] 周保牛.数控铣削与加工技术[M].北京:机械工业出版社,2007.

[23] 林国臣.数控机床编程[M].北京:机械工业出版社,2009.

[24] 徐横.FANUC系统数控铣床和加工中心培训教程[M].北京:化学工业出版社,2009.

[25] 杨海琴,侯先勤.FANUC系统数控铣床编程及实训精讲[M].西安:西安交通大学出版社,2010.